ZHUANGXIU SHIGONGTU
SHIDU YIBEN JIUGOU

装修施工图识读一本就够

汤留泉　编著

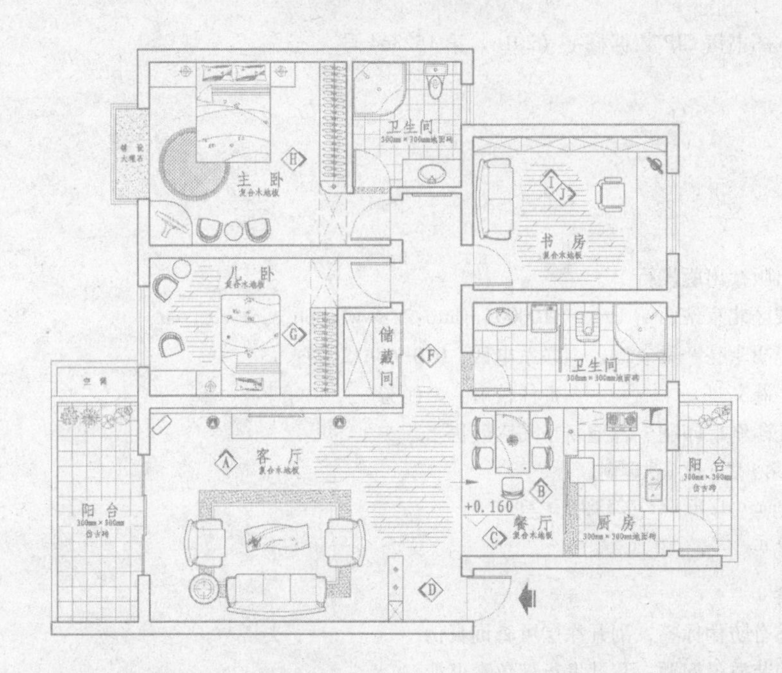

中国电力出版社
CHINA ELECTRIC POWER PRESS

内 容 提 要

本书详细讲解了装修施工图的识读方法，全面贯彻国家制图标准，文字表述简明、通畅，提出严谨的制图思想和丰富的识读方法，深入浅出地分析绘制原理，并列举大量实际案例作支撑。书中不间断穿插优秀图纸，使读者将注意力放在识读要领上，做到识读一本就够。本书主要内容包括装修施工图基础、国家制图标准、制图种类与方法、优秀图纸解析等十个章节，其中制图种类与方法又细分为总平面图、平面图、给排水图、电气图、暖通空调图、立面图、构造详图和轴测图等的绘制方法，图纸涵盖面广，绘制精细。

本书内容将国家制图标准与实践经验相结合，主要作为装修项目经理、施工员等装修从业人员识读施工图必备参考用书，同时也可作为大中专院校相关专业的辅助教材。

图书在版编目（CIP）数据

装修施工图识读一本就够/汤留泉编著. —北京：中国电力出版社，2016.9
ISBN 978-7-5123-9521-3

Ⅰ.①装… Ⅱ.①汤… Ⅲ.①建筑装饰-建筑制图-识别 Ⅳ.①TU767

中国版本图书馆 CIP 数据核字（2016）第 152364 号

中国电力出版社出版发行
北京市东城区北京站西街 19 号 100005 http://www.cepp.sgcc.com.cn
责任编辑：胡堂亮 梁 瑶 联系电话：010-63412605
责任印制：蔺义舟 责任校对：朱丽芳
北京市同江印刷厂印刷・各地新华书店经售
2016 年 9 月第 1 版・第 1 次印刷
700mm×1000mm 1/16・11.625 印张・238 千字
定价：39.80 元

前 言

近年来，建筑装饰设计与室内外设计随着社会经济发展成为热门行业，拥有大量的从业人员，其中设计师和绘图员是主流，激烈的行业竞争要求从业人员不断提高工作效率。

然而，就目前发展来说，很多装修从业人员的受教育背景大不相同，他们接受教育的程度和质量也存在着很大差别，因此在实际工作中需要一本完整和标准的指导性图书来规范他们的工作，从而提高其工作能力与工作效率。此外，很多装修投资方和装修业主也有了解一定识图常识的自主学习需求，以便在装修施工时能与设计方和施工方进行有效的沟通，因此他们也同样需要一本通用教程。

本书就是从实际情况出发，全面讲述装修设计图纸的绘制与识读，针对装修行业设计师与施工员进行快速职业技能培训，满足快速上手、快速应用等特点，同时，本书也以简练的语言、直观的图解和典型的装修案例，将装修施工图设计的基本方法和规范传授给读者，非常适合学习装修的设计师快速掌握装修施工图的绘制技巧，也是施工技术人员快速提升读图和识图能力的一本行业参考书，同时还能满足一些装修业主相关装修施工知识的自主学习。

本书的主要内容包括装修施工图的基本概念、房屋建筑施工图的识读和建筑装饰装修工程图识读等内容。此外，本书运用创造性的制图与识读形式来表达装修设计图纸，重点总结现代制图与识读特点，结合传统图学精华，提出当今装修施工图识读的创新方向，在现有制图识读模式的影响下，进一步贯彻新的国家标准规范。

本书的编写得到了广大同仁的热情支持，其中本书采用的大部分设计作品、图纸、文字主要由以下同仁提供，分别是向芷君、赵媛、康璇、邓雯、范雷、钟傲、李文、郑婧逸、李吉章、桑永亮、田蜜、万阳、徐莉、杨清、朱莹、张刚、邓贵艳、邓世超、张慧娟，在此表示感谢！

编 者

使用说明

《装修施工图识读一本就够》内容全面，深入讲解了各种绘图方法。为了提升本书的使用效率，特作以下说明。

1. 国家制图标准

本书主要根据2011年3月实施的国家房屋建筑制图统一标准来编写，图纸和图例均严格对照国家标准执行，尽量将插图中的线宽、比例、文字、数据及图文的疏密关系调整到位。如仍有不清楚的地方，请参考正式出版发行的国家制图标准，具体名称见书中正文部分。

2. 正文

正文主要按章节顺序详细讲解施工图识读方法与步骤，简单且常见的问题简写，复杂且少用的问题详写，真正做到全面覆盖知识点。对于表述绘图步骤的文字内容，本书没有再编写繁琐的细分标题，避免标题过于复杂，导致读者将更多精力放在理清文字层级关系上，而忽略了插图的重要性。取而代之的是“首先”“然后”“接着”“最后”等序列用语。因此，每种图例的绘制过程一般不超过4个步骤，更加方便阅读。

3. 绘图提示

绘图提示以段落文本框的形式穿插在正文中，提出与正文内容密切相关的知识点，提升读者对施工图的认知度，扩展装修施工图的知识面，但识读提示中的内容不作为本书重点。

4. 插图

本书插图均经过严格审核和修改，尽量保证图纸的精度和比例符合出版印刷要求，同时也满足读者深入研究的需求。

5. 章节结尾优秀图纸

本书第三章至第十章后都附有不同种类的章节对应优秀图纸，能满足施工图识读的大多数需求，希望初学者勤学多练，努力提高制图水平，如有不足之处，望广大读者指正，谢谢!

目 录

第一章 装修施工图基础

这一章节详细讲述了我国传统设计制图与识读的起源和发展，引入中国传统设计图学、规范制图与识读概念，分析现代装修施工图制图与识读原理，让初学者基本了解装修施工图的发展历程等知识，并为装修施工图学习奠定良好基础。

第一节 施工图的发展

在文字出现以前，我国古代劳动人民就已经开始使用图形了，从而派生出象形文字。图形一直是人们认识自然、交流思想的重要工具。“仓颉作书，史皇作图”是战国时期赵国史书《世本·作篇》中提出最早关于“图”的概念，汉代宋衷在为该书作注时，将“史皇作图”中的“图”译为“谓画物象”或“图画形象”，具有一定的科学性。因此，制图是古代劳动人民的早期绘画活动。人类文明成熟以后，制图用于各种工程活动，中国古代有关制图的名词一般分为地图（见图 1-1）、机械图、建筑图（见图 1-2）、耕织图四个方面，其中建筑制图的影响最广，对人类社会发展起到了举足轻重的作用。

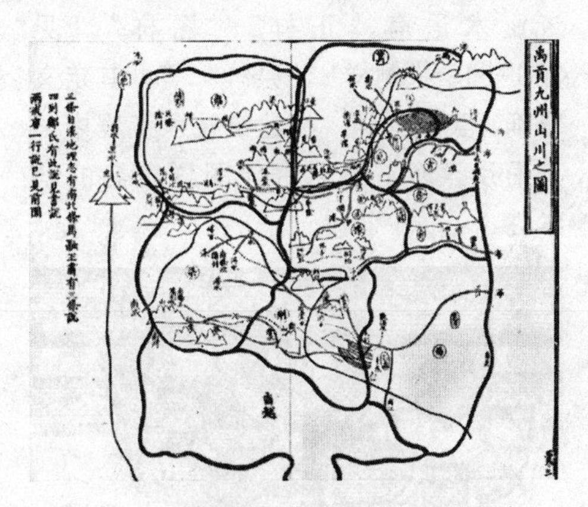

图 1-1 禹贡九州山川之图（1185 年）

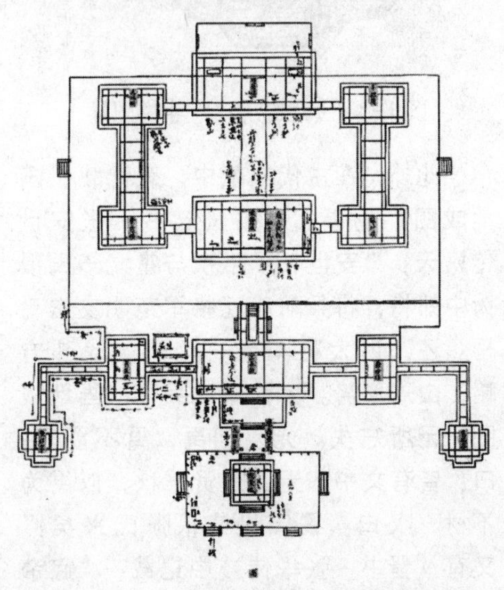
图 1-2 圆明园方壶胜境平面图（样式雷）

建筑一词的翻译，引自日本现代，而后约定俗成，在西方通称“Architecture”，拼法虽然有所差异，但都源于希腊。“Archi”意为“首领”，“tect”意为“匠人”，“Architecture”恰恰是中国的“大匠之学”“营造学”，或称为“匠学”“匠作学”。因此，“建筑图”一词是古代没有的。宋代李诫(？—1110年）奉敕编撰的《营造法式》，备有古代营国筑室、木作制度及各种制度详图，皆为匠氏绳墨所寄。书中的图案不称建筑图而统称图样，并依不同制度称“壕寨制度图样”“石作制度图样”“大木作制度图样”“小木作制度图样”“雕木作制度图样”“彩画作制度图样”“刷饰制度图样”等，可见古代建筑分工在图样绘制技术上的表现。而且，《营造法式》中有关建筑制图的专业术语有“正样”“图样”（见图1-3)、“侧样”“杂样”等，其定义准确，实用性强，在建筑技术工程中一直沿用至今，可见古代图样定名的科学性。

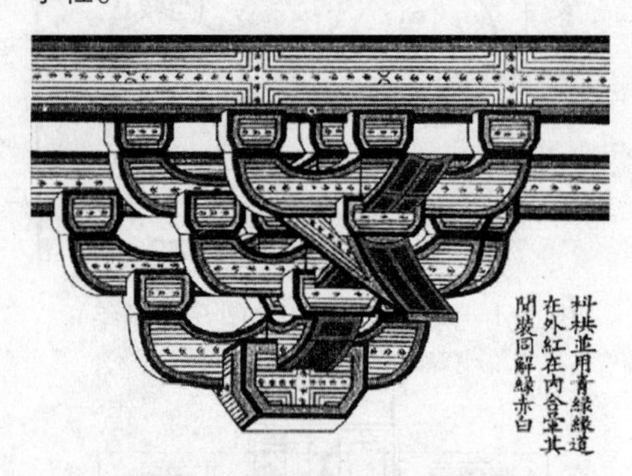

图1-3　《营造法式》斗拱图样

此外，在古代文献中，有记载“画地成图”的事实，如《汉书·张安世传》云：“安世长子千秋与霍光子禹俱为中郎将，将兵随度辽将军范明友击乌桓。还，谒大将军光。问千秋战斗方略，山川形势。大秋口对兵事，画地成图，无所忘失。光复问禹，禹不能记，曰：皆有文书。光由是贤千秋，以禹为不材，叹曰：霍氏世衰，张氏兴矣！”又有《晋书·张华传》中记载：“武帝尝问汉宫室制度及建章千门万户，华应对如流，听者忘倦，画地成图，左右属目。帝甚以为异。”

一、古代建筑图样的种类

我国古代一直都在使用图线来表现设计对象，尤其是在建筑工程上应用最广泛，作为现代装修施工图识读的起源，主要有以下几种形式。

1. 明堂图

明堂图是古代礼制建筑的图样。《史记·孝武本纪》：“上欲治明堂奉高旁，未晓其制度，济南人公玉带上黄帝时明堂图。明堂图中有一殿，四望无壁，以茅盖，通水，圆宫垣为复道，上有楼，从西南入，命曰昆仑，天子从之入，以拜祠上帝焉。于是令奉高作明堂汶上，如带图。”《旧唐书·礼仪志》：“稽诸古训参以旧图，其上圆下方，复庙重屋，百虑一致，异轸同归。”“汶水之上，独称汉武之图。”

2. 兆域图

兆域图为古代墓地设计图样。战国时期中山王墓出土的“兆域图”是至今世界上罕见的早期建筑图样，其线分粗细，规整划一，开制图使用线型的先河。有关建筑图的名词术语甚多，且分类详实。该兆域图还记有王命的一段铭文。《周礼·春官·小宗伯》中有“卜葬兆”之词，郑注“兆，墓茔域”；《周礼·春官·冢人》中有“掌公墓之地，辨其兆域而为之图”之句，郑注“图，谓画其地形及丘垄所处而藏之”。“兆”意为葬地。兆域图画的是中山陵的建筑图样，亦是整个陵园的设计规划。

3. 宫苑图

宫苑图是古代宫殿园林的设计图

样。宋郑樵（1104—1162 年）《通志略》“艺文四”所载“都城宫苑”有“唐太极大明兴庆三宫图一卷”“洛阳京城图一卷”“长安京城图一卷”“东京宫禁图一卷”“昭陵建陵一卷”等。《元史·外夷传》：“大德五年二月，太傅完泽等奏，安南来使邓汝霖窃画宫苑图本，私买舆地图及禁书等物，又抄写陈言征收交趾文书，及私记北边军情及山陵等事宜，遣使持诏，责以大义。”

4. 小样图

小样图为古代建筑图。据宋人刘道醇《圣朝名画评》：“刘文通，京师人，善画楼台屋木，真宗时入图画院为艺学，大中祥符初，上将营玉清昭应宫，勅文通先立小样图，然后成葺。”

5. 学堂图

学堂图为古代学校建筑图样。《旧唐书·经籍志·杂传类》有“益州文翁学堂图一卷”，此图已佚，内容不详。但文翁办学，确有其事。据《汉书·循使传》：“文翁，景帝未，为蜀郡守。仁爱好教化……又修起学宫于成都市中，招下其子弟以为学官弟子……”

识读提示

我国古代图纸媒介

我国古代制图的绘制媒介可分为壁画、版雕、绢帛画、纸张画等。以壁画留存下来的真迹较多，唐代敦煌壁画中反映古代建筑群落的建筑图（见图 1-4）是盛唐时期壁画的代表作品。唐代柳宗元（773—819 年）在《梓人传》中写道：“梓人，画宫于堵，盈尺而曲尽其制。计其毫厘而构大厦，无进退焉。”堵即墙壁面积单位，将建筑图绘制在墙壁上便于保存，有相当的体量，以供观摩。印刷术推广以后，以版雕印刷形式出现的建筑图可以批量印制，版雕图一般用于表现专著。清代雍正 12 年（1743 年）颁布工部王允礼所撰的《工程做法则例》。该书通过印刷出版，作为全国通用建筑施工书籍，因此绢帛和纸张成为比较普及的制图媒介。

图 1-4　敦煌壁画局部

6. 图本

图本为古代图样的名称。《迷楼记》载，炀帝顾诏近侍曰：“今宫殿虽壮丽显敞，苦无曲房小室，幽轩短槛，若得此，则吾期老于其中也。”近侍高昌奏曰：“臣有友项升，浙人也，自言能构宫室。”翌日诏而问之，升曰：“臣乞先进图本，后数日进图，帝览大悦。”又唐王建（847—918 年）宫词：“教觅勋臣写画本，长将殿里作屏风。”

7. 界画

界画又称为界图，山水画家多兼善之，是中国绘画很有特色的一个门类。在作画时使用界尺引线来描绘建筑，画风以精确细腻而得名。界画起源很早，晋代顾恺之（344—405 年）有“台榭一足器耳，难成易好，不待迁想妙得也”的话，可知顾氏亦善此道。到了隋唐时期，界画已经画得相当好。而宋代可谓是全民皆画，张择端的《清明上河图》流芳百世，除了使用严谨的尺度来约束建筑形态以外，对人物表情和心态的表现也是惟妙惟肖（见图 1-5 和图 1-6）。界画的主要绘制工具是界尺，在界画和建筑图绘制时用以作出直线和平行线。界尺就是平行尺，是一种平行运动的机构。传统界尺由相等的上下二尺与等长的两条木杆或铜片杆铰接而成。现保存有明代的界尺为铜制，按住下尺移动上尺或改变铜杆与直尺的夹角度即可得出上尺平行于下尺的许多直线，这对于绘制有大量平行直线的设计图来说十分方便（见图 1-8）。

识读提示

界画

界画在我国历史上起到了举足轻重的作用，一直影响了传统绘画的表现形式，尤其是在绘画中加入界尺等操作工具的应用，具有较高的技术含量，只有较少数画家掌握（见图 1-7），目前在国内业界仅有少数学者从事界画的研究和学习，绘制技法已经鲜为人知。界画作为国画技法的一种，目前在国内高校很少开设，即使是讲授、宣传也仅仅作为辅助训练，扩展学生的视野，尤其是对现代效果图表现，可以将水彩等西洋画法融入到中国画中。

现代建筑设计图纸以界画为表现形式的应用不多，清代“样式雷”对界画作了终结，在建筑制图中逐渐以轴测图着色，取代界画的应用，轴测图的绘制需要使用工具，然而仅仅表现设计对象，尤其是建筑本身，没有界画表现中的配景和材质区分。界画的得道之处就在于既使用了绘图工具“界尺”，保持规整严谨的绘图之风，又加入了人文景观和环境氛围，极力地提高了设计对象的审美情调，这与西方设计制图当中所追求的现实主义和超现实主义极为相似，但是大大领先于西方文化。

现代计算机三维效果图能全面表达设计对象的结构、材质、色彩等要素，但是画面效果比较生硬，配置过多的环境物件，又会造成喧宾夺主，相对于传统界画而言，还是有一定的差距，不能够反映人文性情。界画需要扩大推广，尤其是在设计制图领域，可以重新给它定义，让这种制图表现形式融入到现代设计范畴当中，使它不仅能够在一定程度上取代现代效果图，而且还能作为独立的画种，重现于世。

图 1-5　《清明上河图》局部（张择端）

图 1-6　《清明上河图》局部（张择端）

图 1-7　《蓬莱仙境》局部（黄秋园）

二、古代识读规范与影响

设计图纸所传达的信息应该能被制图者和阅图者接受，保证信息传达无误，这样就需要统一的规范。2000 多年来，中国制图学的进步就在于将图形不断精确化，线型不断丰富化，标准不断规范化。

1. 文字体例

中国文字的书写体例，一般是自上而下、自右而左的竖写格式。近代以来，始采用自上而下、自左而右的横写格式。中国书法的创作格式，一直保留了直书这个传统，而此传统可一直追溯到殷商时期甲骨文的书写格式。

在殷商的铜器、玉器、石器等铭刻中，或在甲骨的记事刻辞里，都是自上而下、自右而左，即所谓“下行而左”书。这种形式影响到中国古代制图注字的书写。先秦以篆书为主，包括甲骨文、金文、石鼓文、六国古文、小篆等。先秦工程制图的注字的行文、文献与出土实物不多，很难进行比较。中山王“兆域图”的特点是以“哀后堂”“王堂”“王后堂”为正面位置，左右对称，而且注字字数也几乎对称，此外，将幅面各部注字逆时针旋转 90°，就可看到各边的文字说明，中山王命的文字位于图面的中央，与“王堂”平面成 90°的位置，下行而左。只有正中“门”的注字打破了这一注法，与“王堂”的写法一致。秦统一六国后，秦篆成为全国的标准字体。魏晋以后，隶书逐渐演变为楷书。三国时魏国张揖（227—232 年）所著《广雅 · 释诂》中有：“楷，法也。”意为楷书的本义就是遵循法则，楷书即模范的标准，一直延续到隋唐。

宋代盛行版雕印刷，刻书时所选用的字体方正匀称，后人称其为宋体。明代末期演变为横细竖粗、字形方正的印刷体，后又出现了笔画粗细一致、讲究顿笔、挺拔秀丽、适合手写体的仿宋体，方便刻版书写。《营造法式》中所附的图样基本上有文字标题，均位于图样右侧，自上而下，至右而左（见图 1-9）。

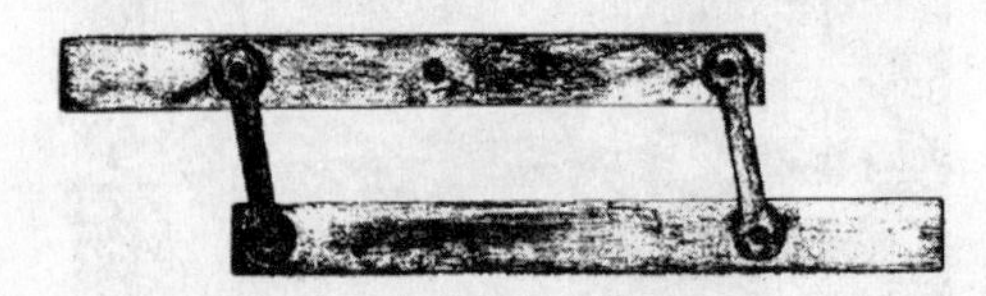

图 1-8　清代铜质界尺

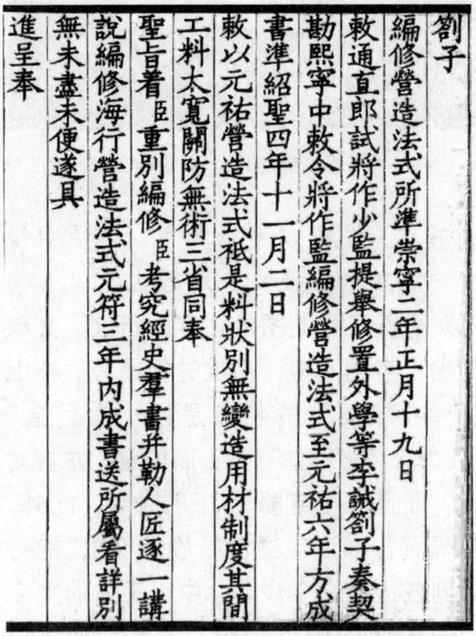

劄子
編修營造法式所準崇寧二年正月十九日
敕通直郎試將作少監提舉修置外學等李誡劄子奏契
勘熙寧中敕令將作監編修營造法式至元祐六年方成
書準紹聖四年十一月二日
敕以元祐營造法式祇是料狀別無變造用材制度其間
工料太寬關防無術三省同奉
聖旨着臣重別編修臣考究經史羣書并勒人匠逐一講
說編修海行營造法式元符三年內成書送所屬看詳別
無未盡未便遂具
進呈奉

图 1-9　《营造法式》文字体例

现代建筑图的文字体例有国家定制的标准参照，GB/T 50001—2010《房屋建筑制图统一标准》中对字体的定制提出“图样及说明中的汉字，宜采用长仿宋体”，并对不同大小文字的长宽比例提出不同标准。使用计算机制图时所用的仿宋体（GB 2312）却是固定标准，因此在全球使用频率最高的建筑制图软件 AutoCAD 上可以更改标注字体的长宽比例。设计师在追求制图效率的同时也应该关注这一繁琐的操作细节。

2. 线型应用

线条是构成工程图最基本的几何要素，图形主要依靠线条来组织。图线按其用途，有不同的宽度和线型。中国古代工程制图所采用的线型一般为细实线和粗实线两种。先秦时期的工程制图中可见到两种线型并用的实例，两宋时，制图中多用一种线型，即细实线。这种图绘线形的传统，一直延续到清代末期。中国古代制图线形特点是在同一张图样中，图线的宽度基本相同；粗实线和细实线并用时，线型各自一致，重点突出；为了突出构件的作用，采用涂黑处理。

中国古代工程图样中所采用的线型在同一图样中，图线的宽度一致，无论粗实线与细实线都是用来描述建筑和设计器物的轮廓，其他线型不多见，但也有一些特殊的例子。如后期翻刻的《营造法式》中，大木作制度图样采用了点画线与虚线，这些线型的应用几乎与现代图线的应用如出一辙，尤其是表示檐柱中轴线及对称中心线用点划线，表示梁架不可见部分轮廓用虚线，且点画线与虚线的线段长度和间隔各自大致相等。除此之外，还有涂黑处理的方法，突出构件之间的关系，这类画法也是中国古代工程制图所具特色之一。梁思成（1901—1972 年）对《营造法式》的图样进行分析，指出绘图所用线条不分粗细、轻重、虚实，图样都是用同样的线型绘制。限于制图工具的单一，古人难以使用同一类型的毛笔均衡地分出不同粗细的线型。

GB/T 50104—2010《建筑制图标准》中对建筑专业、室内设计专业制图采用的各种图线作了明确规定，均以一个粗实线常量 B 来定制宽度，其余线型按 0.5B、0.25B 等来定制宽度。图线 B 的宽度可以根据图纸大小和图面复杂程度来定制，但没有具体指出线型 B 的宽度定制及线型 B 与图纸大小之间的关系。

3. 幅面安排

图样的幅面安排，要根据图样本的大小规格来把握。中国古代工程图在长期实践中，形成了普遍通行的幅面形式，图样的幅面和图框的尺寸符合书籍的装帧要求。早期的工程图样尚有横式幅面，如中山王墓的“兆域图”，而后随着书籍装订的规范化，基本采用立式幅面。图样上所供绘图的范围边线，即图框线多用细实线加粗实线表示。宋代的《考古图》《宣和博古图》（见图 1-10），以至清代的《西清古鉴》等中的幅面形式都是立式幅面。图样的名称，如同今日所称的标题栏，都位于幅面右上方。关于幅面的安排在古代画论中多有论述，南朝齐谢赫（生卒年不详）在《古画品录》中所指出的“六法”对古代工程制图具有重大的影响。《四库全书总目》称：“所言六法，画家宗之，至今千载不易也。”“六法”中的“经营位置”就与图样绘制的幅面安排有很大关系，主要部分与随从部分的分明，画面的布置应粗细匀称，轻重分明，即所谓“体法雅媚，制置才巧”，“画体周赡，无适弗该”。唯有如此，才能保证结构有机统一。

图 1-10 《宣和博古图》幅面形式（1528 年）

古代工程图样的尺寸注法。图形只能表达物体的形状，而物体的大小还必须通过标注尺寸才能确定。制造加工时，物体的真实大小应以图样上所注的尺寸数值为依据，与图形的大小及绘图的准确度无关。中国古代工程制图尺寸的标注方法多在图样之外，另作说明。除尺寸之外，包括技术要求和其他说明，都在所附文字说明中注明，如宋代《新仪象法要》和元代王祯《农书》中的尺寸，都是在文字说明部分注明的。

4. 尺度比例

比例尺亦称缩尺，是指图样中图形与物体相应要素的线性尺寸之比。比例是工程制图的基本要素，是制图过程中必须严格遵守的数学规则。应用统一的作图比例绘制图样，是设计制图数学化和精确化的重要标志，也是衡量工程制图这门学科是否达到成熟阶段和衡量其发展水平的重要标尺。

中国古代制图采用比例作图，至迟可上溯到春秋战国时代。战国的“兆域图”为我国古代工程制图应用比例提供了可靠的实物例证，图长940mm，宽约480mm，平均厚10mm。根据中山王的诏令和墓地享堂的建筑遗迹，对照兆域图，发现墓地享堂的位置和大小都是根据兆域图所绘的内容按图施工的。图上二堂每边长约4寸，堂间距2寸，而“兆域图”铜板上为实际长度的原注“堂方二百尺”，按出土的建筑遗迹与兆域图上图形校核，可知这是按比例绘制的。唐代虞世南（558—638年）编撰的《北堂书钞》里“方丈图”中记载有“以一分为十里，一寸为百里”。《营造法式》中虽然指出“造作工匠，详悉讲究规矩，比较诸作利害，随物之大小，有增减之法”，但是在该书的附图中没有标注尺寸比例，以至于后世的重刊中表述到“图样的准确性已大受影响”。直到清代《工程做法则例》和年希尧（？—1738年）编撰的《视学》中才明确比例的重要性。今天，GB/T 50104—2010《建筑制图标准》中指出建筑专业、室内设计专业制图选用的比例要求。环境艺术设计制图的门类复杂，涉及的图样很广，现在，在AutoCAD中不需要计算比例的问题，按照实际尺寸绘制即可，但是要根据不同的图面来设置不同比例尺度，力求打印出图后达到统一的效果。

识读提示

中山王墓的“兆域图”

中山王墓出土的“兆域图”铜板，一面有一对铺首，另一面有用金银镶嵌的“兆域”，即中山王墓的建筑平面示意图。此图线条清晰，金银刻嵌，相当规整。“兆域图”铜板幅面长约940mm，宽约480mm，铜板厚10mm，反映了先秦时期中国工程制图利用各种线型的实例，反映了高超的图绘能力。中山王“兆域图”上，线条准确地表达了设计者的设计概念和设计思想。幅面上的线型可分为粗实线和细实线，以区分建筑各个不同的部位，如注有“中宫垣”和“内宫垣”的台基，与注有“王堂”“哀后堂”“王后堂”建筑物地基位置的形状，都是用的粗实线，而注有“丘足”的台基范围，则用的是细实线。粗实线和细实线的应用使“兆域图”幅面重点突出，图面整洁，且线型均匀，交接清楚，实为工程制图使用线型的先导（见图1-11）。

5. 标准图样

样与式是中国古代工程学的表达方式之一，也是现代设计制图的重要组成部分。样式是指格式、样子、形状。样和式是中国古代科学技术与产品制造的重要表述形式，具有形象性和综合性的特点。古代科学技术中，样式能以三维空间的表现力表现工程技术和产品设

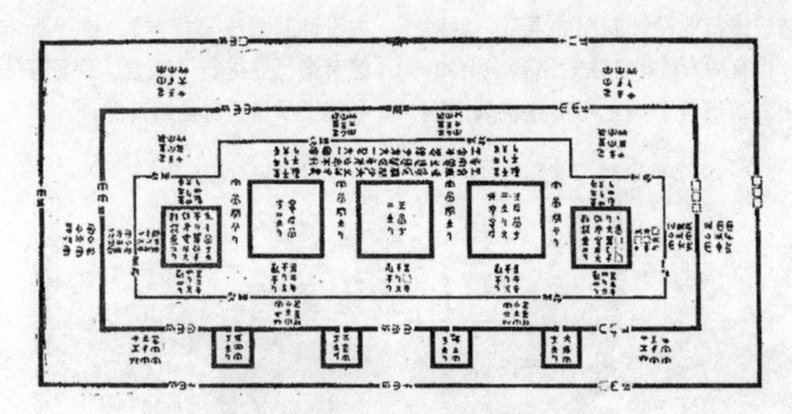

图 1-11　《兆域图》（约公元前 310 年）

计，使人们能从各个不同角度看到设计制作的形体空间乃至其周围环境，因而样式能在一定程度上弥补工程图纸的局限性。在工程实践中，许多产品与设计仅仅用图纸是难以充分表达的，不仅设计者在设计过程中要借助样与式来酝酿、推敲和完善自己的设计，同时在施工生产中，样与式也能起到产品规范和生产标准的作用。在古代的文献中有大量样与式的记载，如阁样、台样、宫样、殿样、内样、小样、木样、宅样、式样……形式、格式、方式、殿式、样式、法式、新式、旧式……俯目即得，其中法式指必须遵循的标准图样，体现出古建筑严格的等级制度和质量管理制度。

清代宫廷雷氏家族（样式雷）的设计样式独树一帜。样式雷图档包括的内容门类丰富，最大量的是各个阶段的设计图纸（见图 1-12），再就是烫样（模型），还有相当于施工设计说明、随工日记等史料。无论是界画还是烫样，都体现出设计方案的科学性和艺术性。从中可知，运用样与式这两种表达工程技术的形式，已是中国古代科学技术的历史传统。

在中国古代工程技术中，法式亦指在工程技术中必须遵循的工艺程序与图样资料。如《营造法式》三十四卷，不仅是李诫考究群书，与工匠讲说，分列类例，其文自来工作相传，经久可用，而且附有图样六卷，体现古代工程技术的传统由来已久（见图 1-13）。《营造法式》中的图样界画，工细致密，非良工易措手，表现了法式中图的重要地位。样和式在古代科学技术中有很重要的作用。无论是机械工程中，如天文仪器、农业机械的制造，还是建筑工程中的设计与施工，都采用样和式作为设计与生产施工的依据。

现今国家针对建筑设计的细部构造出版了一系列相应的标准设计图集，对建筑的局部重点构造设计进行了严格控制，同时也大大减轻了设计师的工作负荷。大量图纸只需标明标准图样的来源即可，再由施工和监理人员去查阅。例如，针对装饰设计制图的《国家建筑标准设计图集 J502-1～3〈内装修〉》，但是环境艺术设计行业有其特殊性，在设计中追求极强的创意性，不少样式的制图无据可依，造成该行业设计制图的混乱，针对这一点，也有地方性行业法规出台。例如，2004 年上海市出台了《上海市建筑装饰室内设计制图统一标准》，这一标准对该地区装饰行业进行了整合，保证了设计质量和施工质量，属全国首例。

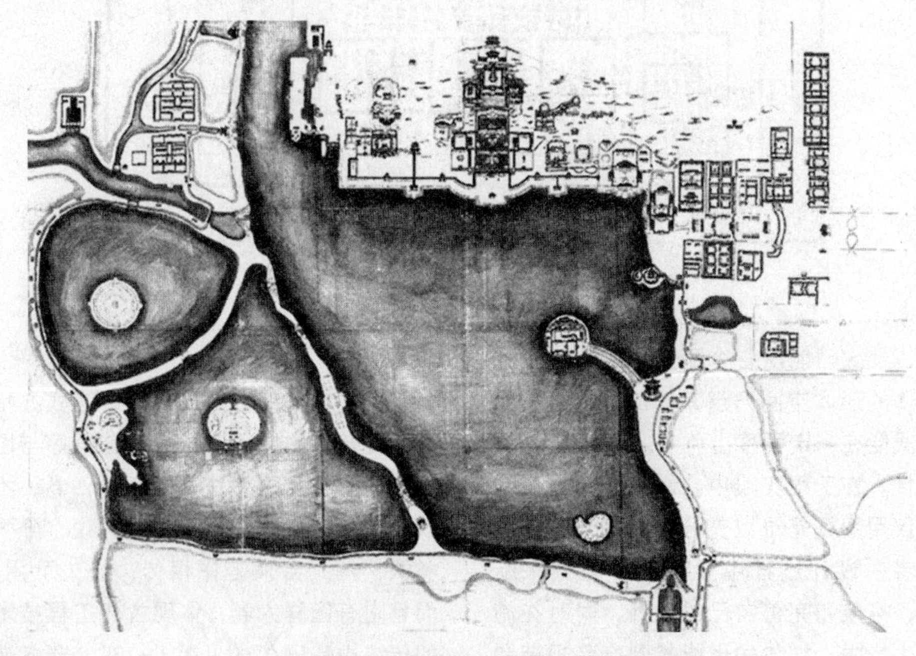

图 1-12　清漪园行宫全图（样式雷）

图 1-13　《营造法式》彩画图样

6. 制图规范的表现形式

中国传统制图所受限制很多，从设计者的个人素质到所处社会的人文环境，都直接影响到制图规范的宣传和普及。从历史记载文献上来理论，在宋代以前，还没有一个朝代通过官方机构来统一制图规范。一直以来，制图作为一种技能存在于社会中，尤其是在我国古代工匠的社会地位很低，世代相传的绘图技法不被人重视，工匠的绘图形式、绘图技法都只为突出设计对象的构造，在逻辑上清晰地表达层次结构，例如：设定应用字体，加入图线粗细规范等。终归一点，就是为了将问题说明清楚。

古代制图不同于绘画创作，仅仅属于少数人掌握的专项技能，绘图的工序很复杂，需要运用界尺等工具，并且绘图的时间也很长，主要设计构造使用图纸来表现，辅助设计构造就配置文字来说明，图文结合。以文字说明来取代的内容在一定程度上会出现理解错误，尤其是表现方位和数量的术语，容易出差错，那么图纸在交流中不仅要让人达成共识，共同来读懂制图，同时也要学习这些专业术语，并且世代相传，以免发生混淆。针对大型施工项目，古代制图规范中还设定法式、冠定名称，如正样图、侧样图、分样图等。这些名称在一定程度上方便了工匠之间的沟通，通过名称来理解图纸的表达对象，使人一目了然。

三、现代装修施工图的现状

新中国成立后，我国的建筑制图和机械制图都在学习前苏联的规范模式，引进的制图规范不完整，缺少很多细节，这些细节全凭我国设计师与绘图员自主定制，影响面窄，并没有发挥本土特色。现在，我国正处于经济蓬勃发展的上升时期，环境艺术设计已经成为国内一项重要的经济产业，而设计制图的状况就很不乐观了。很多设计师、绘图员长期从事单一性设计、制图工作，往往将一时疏忽而造成的绘图错误长期“熟记”在心，擅自“创造”出不同版本的绘制细节，造成习惯性错误，既不便修改，也不便传阅，由此长期影响本行业其他人员，如施工员、客户和新参加工作的设计师等。此外，环境艺术设计制图相对于建筑工程设计制图而言，内容较简单，图纸幅面较小，也会造成从业人员大意，产生习惯性错误。

1. 常见制图问题

（1）图纸结构复杂　每张图纸虽然包括1~2个施工立面，但是构造节点图、大样图等需另附图纸，查阅时要考虑图纸的逻辑顺序，不利于深入理解设计创意。对于业务素质参差不齐的项目经理和施工员而言，正确、完整地阅读图纸就有很大困难了，及易发生理解上的错误。

（2）制图形式单一　现有的装饰设计图纸基本上是白纸黑线图，少数制图软件虽然提供色彩与纹理配置，但操作复杂，绘图效率低，没有形成广泛的经济效益。除了设计师、项目经理、施工员，现在有更多的受众对象，如使用者、投资者及广大群众，希望能读懂图纸，从而发表自己的意见（见图1-14）。

（3）图面内容繁琐　图纸上的尺度标注、文字标注十分机械，标注引线和文字在图面中相互穿插，容易影响正确识图，审核者和阅读者需要消耗大量的时间和精力来读懂图纸，这对设计消费者的耐心是一种严峻的考验。

（4）甲乙双方沟通困难　专业性很强的设计制图只限定在少数设计师与施工员之间沟通，有设计需求的消费者很难读懂，往往需要提高设计成本，另附多张彩色效果图。严谨、专业的图纸反而成为设计和施工交流的障碍。

2. 装修施工图的研究

既要丰富表现效果，还要绘出设计构造的具体形态，这是现代环境艺术设计制图的主要要求。清代《视学》出版后，不仅对透视提出了规范要求，还阐述了多种不同的作图方法，提供了多种例图，能适应各种场合和各种对象的描绘，其作图方法沿用至今。这也反映了现代环境艺术设计制图需要有所创新。

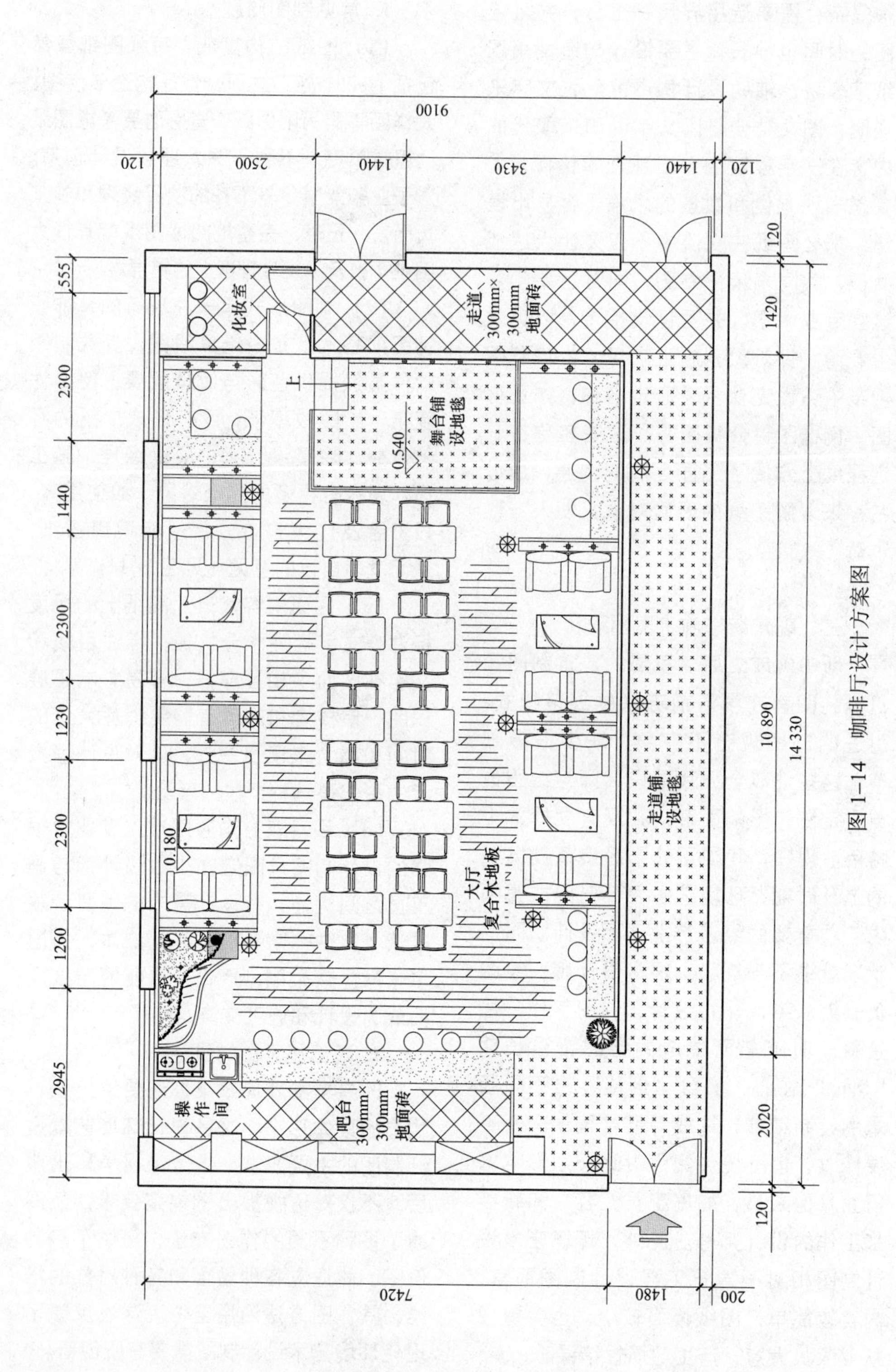

图 1-14 咖啡厅设计方案图

装修施工图的特征应该是清晰表达设计构造，采用简洁的图示图标，渲染设计对象的色彩和质感，图面美观多样，通俗易懂，绘制成本低廉，操作方便快捷，容易修改，能为大多数人群所接受。当今的装饰装修施工图图纸源于建筑图纸，是社会进步后行业分工的产物。目前，装修施工图图纸按应用方面总体分为方案图、施工图和竣工图三种。

（1）方案图　用于初步表达设计理念及风格样式的图纸，表现较为简洁，视觉效果明确。方案图在装修施工图领域属于前期图纸，图纸所表达的设计内容需要得到主管部门或客户的认可，要求图面美观、新颖，能遵循大众的审美特点，这一类图纸一般包括三视图和透视效果图。目前在国内发达城市提出设计方案不再局限于二维图纸，通过计算机软件制作出与二维图纸相对应的三维模型、动画，配置语音介绍和动态文字说明，设计方案的效果立竿见影，在商业招投标中，屡屡胜出，甚至不少从事专业设计的企业、个人都纷纷转行，投身于方案图表现。

（2）施工图　它是方案图的扩展，用于指导工程施工实施的图纸，绘制详细，全面表达了局部的构造设计。施工图的绘制很典型，很传统，白纸黑线所表达的构造非常清晰，图量大，配套全面，能很好地应用于工程施工，也可以认为施工图是工程实施的说明书。目前，国内绘制施工图主要采用 AutoCAD 制图软件，设计师或绘图员在绘制这类图纸时需要消耗大量时间来将线条与尺度完美结合，施工图的识图也需要经过专业培训，设计师与施工员需要有很好的默契（见图 1-15）。

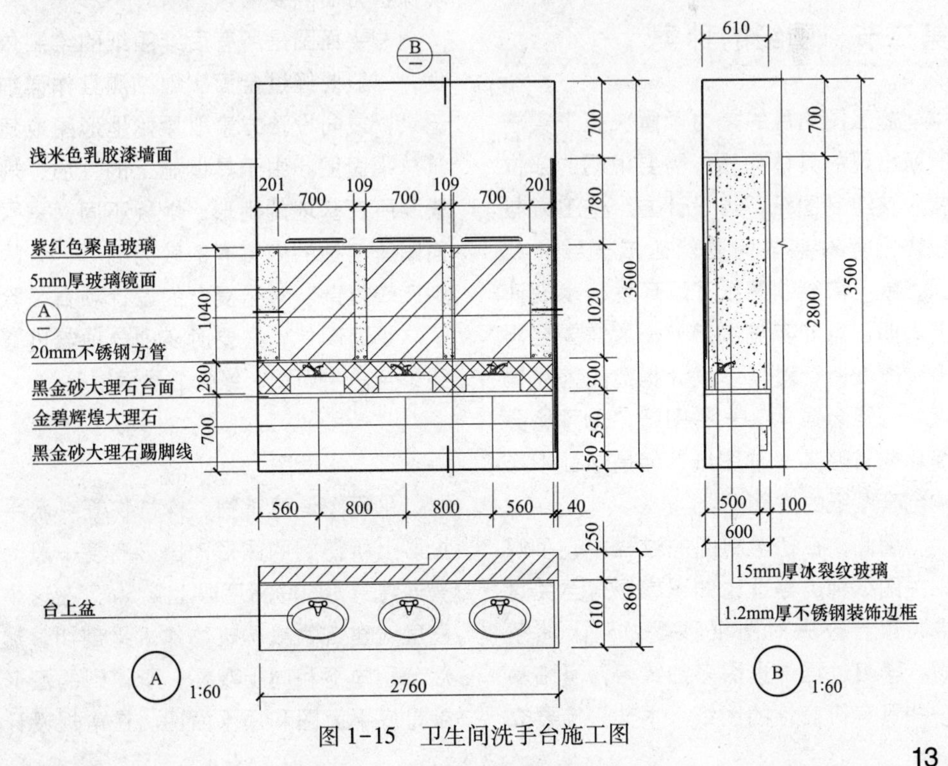

图 1-15　卫生间洗手台施工图

（3）竣工图　工程完成后根据实际完工的形态绘制的图纸，用于存档和工程的后期维护使用。竣工图是装修装饰施工的保障书，在工程完工后，需要对最终形态和使用方法作出详细规定，一方面可以指导工程的受众者正确使用设计成果，另一方面也是工程双方的责权申明。

装修施工图图纸有自身的特点，一贯延续土木建筑图纸，难以发挥自身的特色。制图的研究要能够填补国内空白，着实指导设计师与客户交流，设计师与施工员交流。在现有的行业规范体系下，开发出更多形式的施工图，并沿用中国传统的图学原理，能将现代施工图多样化、立体化、唯美化，提高行业水平，发挥设计的影响力和推动力，促进装修施工设计的健康发展。

第二节　图纸的种类

施工图的目的是为了解决施工实施时所出现的具体问题，需要说明的部位就应该绘制图纸，当设计方、施工方与投资方等对某些问题能达成一致和共识，就无需绘制图纸了。环境艺术设计要表明创意和实施细节，一般需要绘制多种图纸，针对具体设计构造的繁简程度，可能会强化某一种图纸，也可能会简化或省略某一种图纸，但是这都不影响全套图纸的完整性。

因此，在初学制图的过程中，了解相关图纸种类等理论知识就显得至关重要，读者应先对图纸种类做到大体了解，学习过程中也需多加练习，可临摹一些具有代表性的图纸。本节只简要介绍图纸种类，相关图纸的国家标准规范和识读绘制方法会在本书中专门另设章节做出系统介绍，当然，要准确且熟练地绘制各种图纸，还需要了解环境艺术设计中所存在的材料选用和施工构造，这些才是制图的根源。

一、总平面图

总平面图是表明一个设计项目总体布置情况的图纸。它是在施工现场的地形图上，将已有的、新建的和拟建的建筑物、构筑物及道路、绿化等按与地形图同样比例绘制出来的平面图（见图1-16）。总平面图主要表明新建建筑物、构筑物的平面形状、层数、室内外地面标高，新建道路、绿化、场地排水和管线的布置情况，并表明原有建筑、道路、绿化等和新建筑的相互关系及环境保护方面的要求等。

总平面图是所有后续图纸的绘制依据，一般要经过全面实地勘测且作详细记录，或向投资方索取原始地形图或建筑总平面图。由于具体施工的性质、规模及所在基地的地形、地貌不同，总平面图所包括的内容有的较为简单，有的则比较复杂。对于复杂的设计项目，除了总平面图外，必要时还须分项绘出管线综合总平面图、绿化总平面图等。

二、平面图

平面图是建筑物、构筑物等在水平投影上所得到的图形，投影高度一般为普通建筑±0.00高度以上1.5m，在这个高度对建筑物或构筑物作水平剖切，然后分别向下和向上观看，所得到的图形就是底平面图和顶平面图。在常规设计中，绝大部分设计对象都布置在地面上，因此也可以称底平面图为平面布置图，称顶平面图为顶棚平面图。其中底平面图的使用率最高，因此通常所说的平面图普遍也被认为是底平面图（见图1–17）。

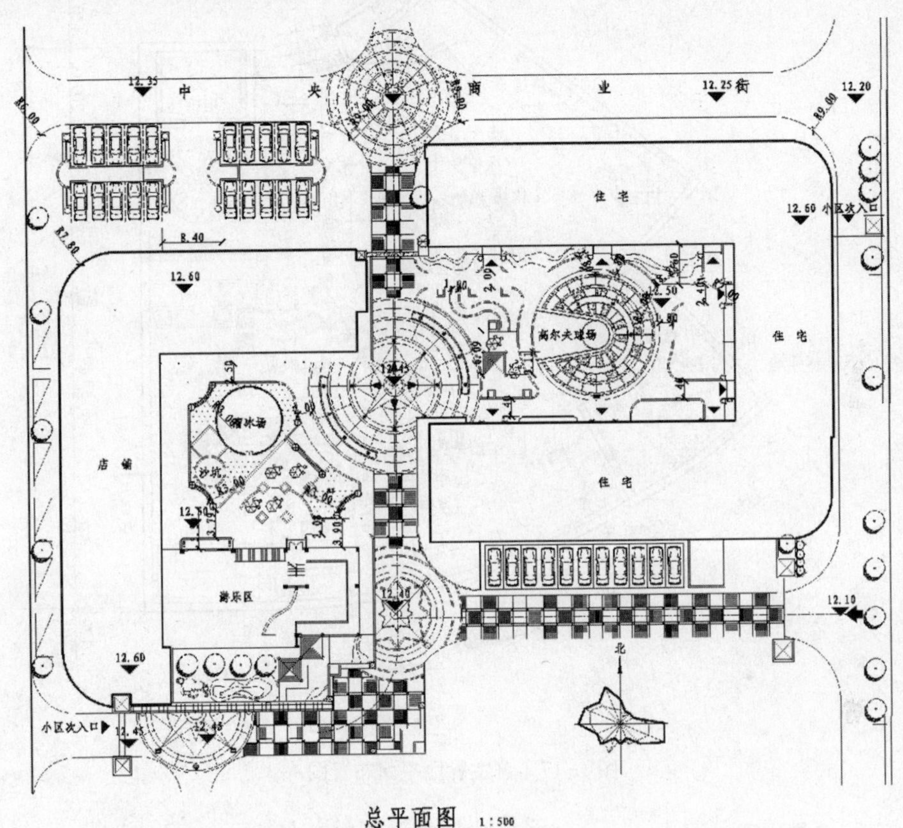

图 1–16　住宅小区总平面图

平面图运用图像、线条、数字、符号和图例等有关图示语言，遵循国家标准的规定，来表示设计施工的构造、饰面、施工做法及空间各部位的相互关系。为了全面表现设计方案和创意思维，在装修施工图图纸种类中，平面图主要分为基础平面图、平面布置图、地面铺装平面图和顶棚平面图。这类图纸往往也会显示出自身的绘制特点，如造型上的复杂性和生动感，以及细部艺术处理的灵活表现等。

装修设计作为独立的设计工作时，识读的根本依据仍然是土建工程图纸，尤其是平面图，其外围尺寸关系、外窗位置、阳台、入户大门、室内门扇及贯穿楼层的烟道、楼梯和电梯等，均需依靠土建工程图纸所给出的具体部位和准确的平面尺寸，用以确定平面布置的设计位置和局部尺寸。因此，在设计制图实践中，图纸的绘制细节应密切结合实地勘查。

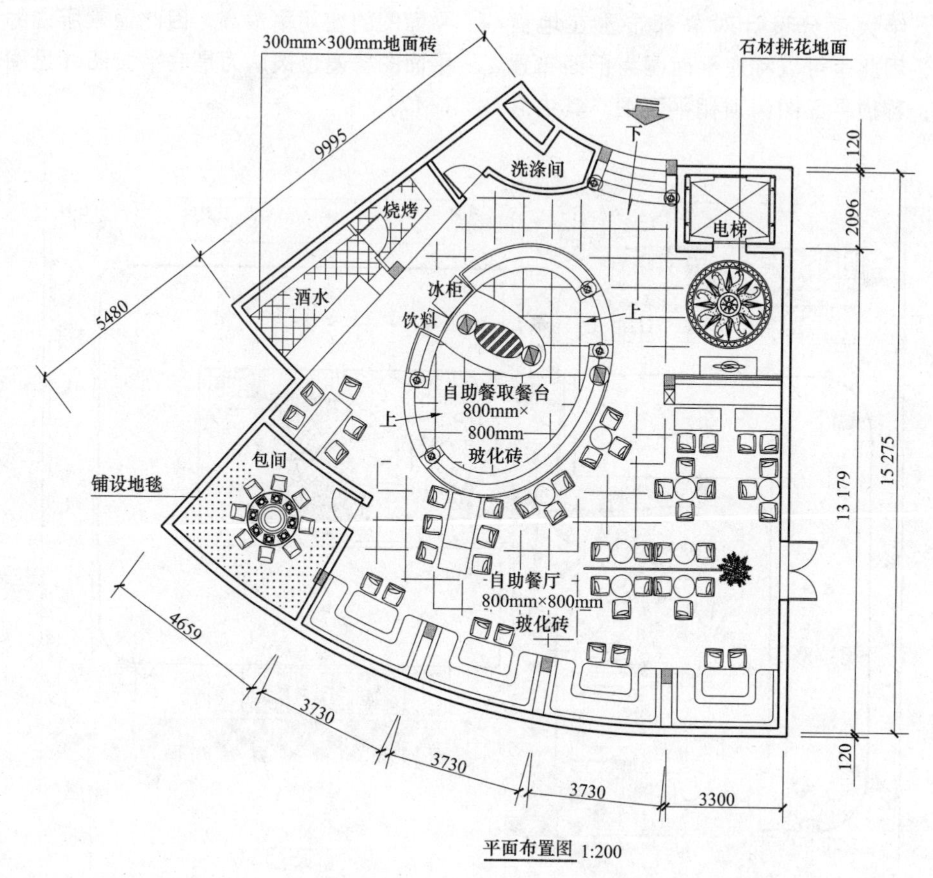

图 1-17　自主餐厅平面布置图

三、给排水图

给排水图是装修装饰施工图中特殊专业制图之一，它主要表现设计空间中的给排水管布置、管道型号、配套设施布局、安装方法等内容，使整体设计功能更加齐备，保证后期给排水施工能顺利进行。给排水图通常分为给排水平面图和管道轴测图两种形式，它们在环境艺术设计制图中是不可或缺的组成部分。

在实际工作中，由于绘制给排水图比较枯燥，对于多数小型项目而言，很多水路施工员能凭借自身经验，在施工现场边设计边安装，因此很多设计者不够重视，一旦需要严格的图纸交付使用，就很难应对。绘制给排水图不仅要保持精密的思维，还要熟悉国家标准，目前主要以 GB/T 50106—2010《给水排水制图标准》和 GB/T 50001—2010《房屋建筑制图统一标准》为参考依据来进行绘制。

四、电气图

电气图是一种特殊的专业技术图，涉及专业、门类很多，被各行各业广泛采用。装修施工图纸中的电气图集建筑装饰、室内设计、园林景观设计于一体，它既要表现设计构造，又要注重图面美观，还要让各类读图者看懂。因此，绘制电气图要特别严谨，相对给排水图而言，思维须更敏锐、更全面。

装修设计施工电气图主要分为强电图和弱电图两大类。一般将交流电或电压较高的直流电称为强电，如220V。弱电一般指直流通信、广播线路上的直流电，电压通常低于36V。这些电气图一般都包括电气平面图、系统图、电路图、设备布置图、综合布线图、图例、设备材料明细表等几种。其中需要在装修施工设计中明确表现的是电气平面图和配电系统图。

电气平面图需要表现各类照明灯具，配电设备（配电箱、开关），电气装置的种类、型号、安装位置和高度，以及相关线路的敷设方式、导线型号、截面、根数，线管的种类、管径等安装所应掌握的技术要求。为了突出电气设备和线路的安装位置、安装方式，电气设备和线路一般在简化的平面布置图上绘出，图上的墙体、门窗、楼梯、房间等平面轮廓都用细实线严格按比例绘制，但电气设备如灯具、开关、插座、配电箱和导线并不按比例画出它们的形状和外形尺寸，而是用中粗实线绘制的图形符号来表示。导线和设备的空间位置、垂直距离应按建筑不同标高的楼层地面分别画出，并标注安装标高、文字符号和安装代号等信息，如BLV代表聚氯乙烯绝缘导线、BLX代表铝芯橡胶绝缘导线等。

配电系统图是表现设计空间中的室内外电力、照明与其他日用电器供电、配电的图样。它主要采用图形符号来表达电源的引进位置，表现配电箱、分配电箱、干线分布，各相线分配，电能表、熔断器的安装位置，以及这些构造的相互关系和敷设方法等。

绘图提示

其他种类电气图

1. 电路图：也可以称为接线图或配线图，是用来表示电气设备、电器元件和线路的安装位置、接线方法、配线场所的一种图。一般电路图包括两种，一种是属于电气安装施工中的强电部分，主要表达和指导安装各种照明灯具、用电设施的线路敷设等安装图样。另一种电路图是属于电气安装施工中的弱电部分，是表示和指导安装各种电子装置与家用电器设备的安装线路和线路板等电子元器件规格的图样。

2. 设备布置图：是按照正投影图原理绘制的，用以表现各种电器设备和器件的设计空间中的位置、安装方式及其相互关系的图样。通常由水平投影图、侧立面图、剖面图及各种构件详图等组成。例如：灯位图是一种设备布置图。为了不使工程的结构施工与电气安装施工产生矛盾，灯位图使用较广泛。灯位图在表明灯具的种类、规格、安装位置和安装技术要求的同时，还详细地画出部分建筑结构。这种图无论是对于电气安装工，还是结构制作的施工人员，都有很大的作用。

3. 安装详图：是表现电气工程中设备某一部分的具体安装要求和做法的图样。国家已有专门的安装设备标准图集可供选用。

五、暖通空调图

暖通与空调系统是为了改善现代生产、生活条件而设置的，它主要包括采暖、通风、空气调节等内容。我国北方地区冬季温度较低，为了提高室内温度，通常采用供暖系统向室内供暖。此外，室内污浊的空气需要直接或经过净化后排出室外，同时向内补充新鲜的空气，更高要求的暖通与空调系统还能调节室内空气的温度、湿度、气流速度等指标。除了日常生活中使用的空调器、取暖器等单体家用电器，在大型住宅和公共空间设计中需要采用集中暖通、空调系统，这些设备、构造的方案实施就需要绘制相应的图纸。虽然暖通、空调系统的工作原理各不相同，但是绘制方法相似，在设计图纸绘制中仍需要根据设计要求分别绘制。

六、立面图

立面图是指主要设计构造的垂直投影图，一般用于表现建筑物、构筑物的墙面，尤其是具有装饰效果的背景墙、瓷砖铺贴墙、现场制作家具等立面部位，也可以称为墙面、固定构造体、装饰造型体的正立面投影视图。立面图适用于表现建筑与设计空间中各重要立面的形体构造、相关尺寸、相应位置和基本施工工艺。

立面图要与总平面图、平面布置图相呼应，绘制的视角与施工后站在该设计对象面前要一样（见图 1-18），下部

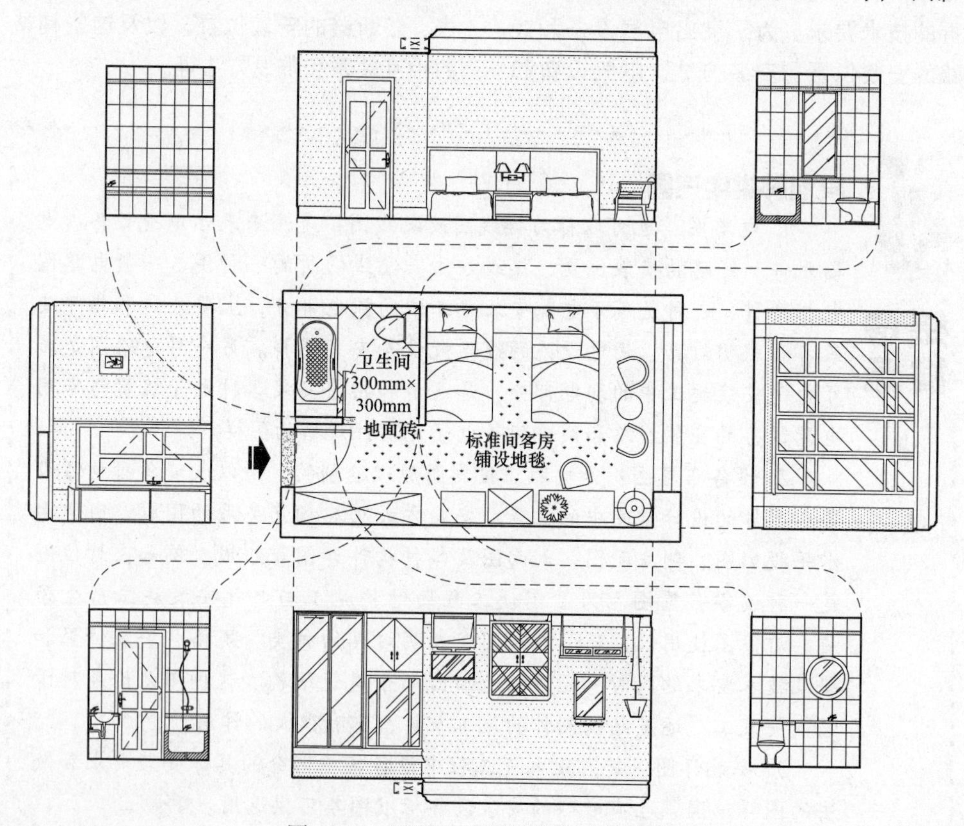

图 1-18　平面图与立面图的对应关系

轮廓线条为地面，上部轮廓线条为顶面，左右以主要轮廓墙体为界线，在中间绘制所需要的设计构造，尺寸标注要严谨，包括细节尺寸和整体尺寸，外加详细的文字说明。立面图画好后要反复核对，避免遗漏关键的设计造型或含糊表达了重点部位。绘制立面图所用的线型与平面图基本相同，只是周边形体轮廓使用中粗实线，地面线使用粗实线，对于大多数构造不是特别复杂的设计对象，也可以统一绘制为粗实线（见图1-19）。

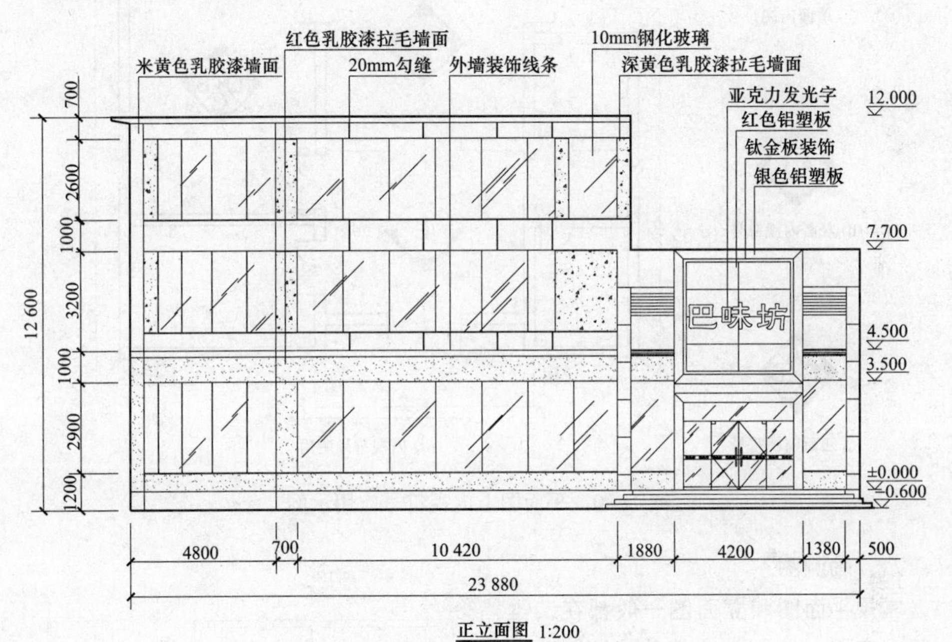

图1-19　建筑外墙正立面图

在复杂的设计项目中，立面图可能还涉及原有的装饰构造，如果不准备改变或拆除，这部分可以不用绘制，空白或用阴影斜线表示即可。在一套设计方案中，立面图的数量可能会比较多，这就要在平面图中署名方位或绘制标识符号，与立面图相呼应，以方便查找。为了强化平面图与立面图之间的关系，整体建筑物、构筑物的立面表现一般以方位名称标注图名，如正立面图、东立面图等。如果涉及复杂结构，也可以采用剖面图来表示。而表示室内立面在平面图上的位置，应在平面图上用内视符号注明视点位置、方向及立面编号。符号中的圆圈应用细实线绘制，根据图面比例圆圈直径可选择8~12mm，立面编号宜用拉丁字母或阿拉伯数字（见图1-20）。

七、构造详图

在装修装饰施工图中，各类平面图和立面图的比例一般较小，导致很多设计造型、创意细节、材料选用等信息无法表现或表现不清晰，从而无法满足设计、施工的需求。因此需要放大比例绘制出更加细致的图纸，一般采用1：20、1：10，甚至1：5、1：2的比例绘制。构造详图一般包括剖面图、构造节点图和大样图，绘制时选用的图线应与平面图、立面图一致，只是地面界线与主要剖切轮廓线一般采用粗实线。

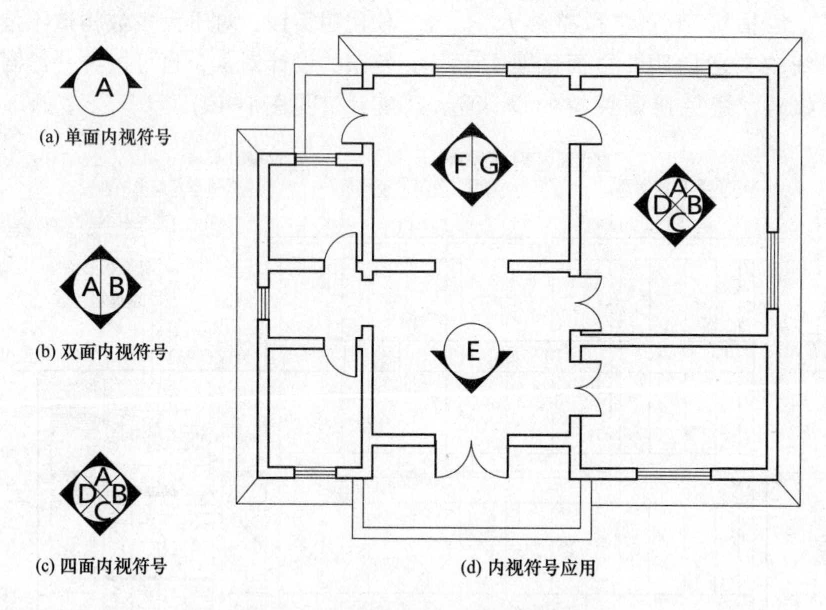

图1-20　平面图上内视符号应用示例

八、轴测图

常规平面图和立面图一般都在二维空间内完成，绘制方法简单，绘制速度快，掌握起来并不难，但是在装修施工设计中适用范围较窄，非专业人员和初学者不容易看懂。设计项目的投资方更需要阅读直观的设计图纸，轴测图则能权衡多方的使用要求。轴测图是一种单面投影图，在一个投影面上能同时反映出物体三个坐标面的形状，并接近于人们的视觉习惯，表现效果形象、逼真并富有立体感。在设计制图中，常将轴测图作为辅助图样来说明设计对象的结构、安装和使用等情况。在设计过程中，轴测图还能帮助设计者充分构思，想象物体的形状，以弥补常规投影图的不足（见图1-21）。

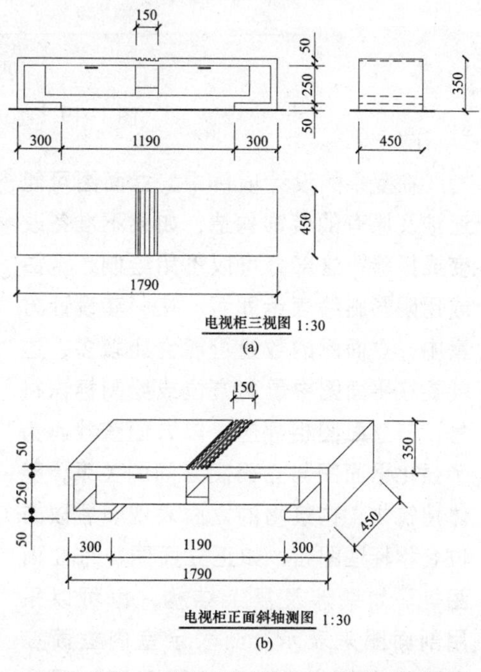

图1-21　电视柜三视图与正面斜轴测图

第三节 制图规范与影响

装修施工图纸所传达的信息应该能被绘图者和读图者接受，保证信息传达无误。这样就需要统一的规范。

综观目前现实中的室内设计行业，更多的设计往往只会给出平面图和立面图，剖面、节点、大样等图纸少之又少，更谈不上具体的施工方法，很多实质上的设计问题则只有施工方自行解决。这种工作方式在行业发展的初期是比较常见的，但随着行业的逐步发展、成熟及行业管理的逐步正规，这种方式的弊端日渐暴露。施工图纸不详细、深度不够，校对、审核、审定过程的不完善、不重视，均对图纸质量造成极大的影响。绘制水平参差不齐，图纸深度、精确度多数达不到指导施工的根本作用，造成施工无序，成本结算不清，极易造成纠纷等，甚至造成工程施工中不能完整地体现设计意图及业主的需求，造成不该有的经济损失。

装饰企业面对业主的沟通，首先体现在设计方案的效果，沟通的优劣同时也反映了一个企业在设计上的实力。而施工图作为装饰施工的指导和依据，必须做到准确到位，作为设计师的首要任务就是不断提高自己的理解水平，树立设计的威信。为了更好地将设计方案转换为施工图，设计师必须思考采用何种材料更经济，何种工艺更利于施工，把握各种尺度以满足客户的使用要求，以较低的工程成本达到较高的艺术效果，满足方案设计的意图。

一、制图规范与图面效果

图纸就是指导现场施工人员进行工作的依据。目前，国家对于装饰设计的图例还没有一个规范范本，各公司都有自己不同的表现方式。如果没有一套统一的制图标准，就很容易在一套施工图中出现多种不同符号表达相同的意思，这样既不利于与业主、施工单位沟通，也使施工图图面效果大打折扣。另外，行业内对材料的称谓也各有差异，如对细木工板的叫法就有大芯板、夹芯细木板、细木工板等，至于石材的名称，由于种种原因，就更难统一。

一座好的建筑物，必须包含内、外空间设计两个基本内容。室内设计是将建筑设计的室内空间构思按需要加以调整、充实。建筑设计行业已有多年的规范和标准，因此装饰的图例符号应在建筑图例的基础上完善。只有采用完善的规范，设计表达才能准确。

二、材料的熟悉与运用

设计人员刚刚走出校门，进入企业，往往会感到迷茫，在学校里获得的理论知识，包括环境心理学、室内设计理论、家具灯具及装饰设计、建筑热环境与节能等书本上的知识运用不起来，根本原因就在于对材料不熟悉，不知从何下手。近年来，科技不断进步，技术不断更新，潮流不断变化，新型材料不断推出，作为设计师必须了解这些材料的物理特性、经济性、使用范围、施工方法，以及如何搭配以达到最好的效果。要成为一名优秀的施工图设计师，必须从这方面着手，提高自己的设计水平。

装饰材料多种多样，能相互替代的产品很多，而不同材料之间必定存在或多或少的差价，表面处理工艺的进步使价格相对便宜的材料得以取代价格昂贵的材料，本着客户利益至上的原则，设计师要对材料的经济性充分了解，才能很好地做到在保证装饰效果、使用安全的前提下，选择使用施工工艺简单的材料，有效地控制工程造价。

同时，设计师要对材料的使用范围有很好的认识。熟悉材料如何应用，应用于什么位置，可以有效控制造价，延长成品的使用寿命，例如，大理石运用于室外空间，容易出现变色，出现锈迹、风化等现象，而花岗岩则不易发生上述情况等。

另外，设计人员要经常深入工地，增加现场施工经验，同时不断接触国内外新的工艺、材料、技术。材料的熟悉并不是材料抄袭，而是材料的运用。只有真正做到熟悉工艺、材料，才能使我们的图纸真正成为指导施工的依据。

三、规范的熟悉与运用

目前，我国正在使用的制图标准很多，如GB/T 50000—2010《房屋建筑制图统一标准》、GB/T 50103—2010《总图制图标准》、GB/T 50104—2010《建筑制图标准》，这三套标准为环境艺术设计制图常用标准，它们的内容基本相同，但是也有很多细节存在矛盾。我们在日常学习、工作中一般应该以GB/T 50000—2010《房屋建筑制图统一标准》为基本标准，认真分析所绘图纸的特点，在国家标准没有订制的方面进行灵活、合理地自由发挥，不能被标准所限制，影响设计师表述思想。制图学的进步就在于将图形不断精确化，线型不断丰富化，标准不断规范化。为了方便学习和工作，应该将国家标准时常带在身边，遇到不解或遗忘时可以随时查阅，保证制图的规范性和正确性。

四、各个不同工种之间的协调

建筑室内设计所涉及的工种很多，技术要求各有不同。装饰设计与其他工种配合可归纳为：建筑结构；管道设备类——空调、水、电、采暖、消防；艺术饰品类——雕塑、字画、饰品等；园林景观类——植物、绿化布局及采光要求；橱具办公类——家用电器、办公设备，种类繁多。正因为这些因素，要求装饰设计过程中必须多沟通，多了解，充分考虑上述工种的特点与要求，这样才能把设计完善。在项目设计特别是大型公用建筑设计的时候，尤其需要大量相互协调的工作，牵涉业主、施工单位、经营管理方、建筑师、室内设计师、结构、水、电、空调工程师及供货商等方方面面，相互协调，充分合作，解决复杂工程中的复杂问题，从而达到各方都满意的结果。

在实际设计工作中，设计师只有通过不断的工程实践，资料收集与阅读，对自己设计的反思，对国内外优秀设计的学习，针对自己的不足，有忧患意识，加强学习，迅速提高设计水准，改变现状，真正认识到施工图纸的重要性，把握施工图纸的各项要求，领会设计意图，才能使工程真正达到较高的艺术效果，满足各方的需求。

第四节 现代装修施工图

一、装修施工图的概念

建筑设计人员按照国家的建筑方针、设计规范、设计标准，结合有关资料及建筑项目委托人提出的具体要求，在经过批准的初步设计的基础上，运用制图学原理，采用国家统一规定的符号、线性、数字、文字来表示拟建建筑物或构筑物及建筑设备各部分之间的空间关系及其实际形状尺寸的图样，并用于拟建项目的施工建造和编制预算的一整套图纸，叫做建筑施工图。建筑施工图通常需要的份数较多，必须复制。由于以前复制出来的图纸一般为蓝色，因此通常又把建筑施工图称作蓝图。

用于建筑装饰装修施工的蓝图称作建筑装饰装修工程施工图（装修施工图）。装饰装修施工图与建筑施工图是不能分开的，除局部部位需要另绘制外，通常都是在建筑施工图的基础上加以标注或说明。

二、装修施工图的作用

装饰装修施工图不仅是建筑单位（业主）委托施工单位进行施工的依据，同时也是工程造价师（员）计算工程数量、编制工程预算、核算工程造价、衡量工程投资效益的依据。

三、现代装修施工图的特点

虽然现代装修施工图与建筑施工图在绘图原理和图示标识形式上在许多方面基本一致，但由于专业分工和图示内容不同，还是存在一定差异的。其差异反映在图示方法上，主要有以下几个方面。

（1）由于建筑装修工程涉及面广，它不仅与建筑有关，与水、暖、电灯设备有关，与家具、陈设、绿化及各种室内配套产品有关，而且还与钢、铁、铝、铜、木等不同材质有关。因此，装修施工图中常出现建筑制图、家具制图、园林制图和机械制图等多种画法并存的现象。

（2）装修施工图所要表达的内容多，它不仅要标明建筑的基本构造，还要标明装饰的形式、结构与构造。为了表达翔实，符合施工要求，装修施工图通常都是将建筑图的一部分放大后进行图示，所用比例较大，因而有建筑局部放大图之说。

（3）装修施工图图例部分无统一标准，多是在流行中互相沿用，各地大同小异，有的还不具有普遍意义，需加文字说明。

（4）标准定型化设计少，可采用的标准图不多，致使基本图中大部分局部和装饰配件都需要画详图来标明其构造。

（5）装修施工图由于所用的比例较大，又多是建筑物某一部位或某一装饰空间的局部图示，笔力比较集中，有些细部描绘比建筑施工图更细腻，例如将大理石板画上石材肌理，玻璃或镜面画上反光，金属装饰饰品画上抛光线等，使图像真实、生动，并具有一定的装饰感，让人一看就懂，构成了装修施工图自身形式的特点。

四、装修施工图的编排

装修工程图由效果图、建筑装修施

工图与室内设备施工图组成。从某种意义上讲，效果图也应当是施工图。在施工制作中，它是形象、色彩、材质、光影和氛围等艺术处理的重要依据，是建筑装修工程中所特有的、必备的施工图样。

装修施工图也分基本图与详图两部分。基本图包括装修平面图、装修立面图及装修剖面图，详图包括装饰构配件详图与装饰节点详图。

装修施工图也要对图纸进行归纳和编排。将图纸中未能详细标明或图样不易标明的内容写成设计说明，将门、窗与图纸目录归纳成表格，并把这些内容放于首页，由于装修工程是在已经确定的建筑实体上或其空间内进行的，因而其图纸首页一般不安排总平面图。

装修工程图纸的编排顺序原则为：表现性图纸在前，技术性图纸在后；装修施工图在前，室内配套设备施工图在后；基础图在前，详图在后；先施工图在前，后施工图在后。

装修施工图简称“饰施”，室内设备施工图简称“设施”，也可以按工种不同，分别简称为“水施”“电施”与“暖施”等。这些施工图都应在图纸标题栏内注写自身的简称“图别”，如“饰施 1”“设施 1”等。

第五节　制图工具与设备

制图是传统行业，所需的工具和设备非常复杂，但是随着商品经济的发展，现代制图工具的品种更多样，使用起来会更方便。这里主要介绍测量工具、绘图工具和计算机设备三大类，涵盖现代设计制图的全部工具。

一、测量工具

环境艺术设计制图的前奏是测量，只有经过详细测量得到精准的数据，才能为制图奠定完美的基础。在设计、施工现场进行实地测量，首先要配置必要的工具。

1. 钢卷尺

一般在普通文具店和杂货店都能买到，价格便宜，长度有 3m、5m、8m 等几种规格，可以随身携带，主要用于测量建筑室内空间的尺度（见图 1-22）。优质钢卷尺价格较高，但是经久耐用，拉出 2m 多不会弯折，这样可以用来测量人体不便触及的高度和深度空间。

图 1-22　钢卷尺

2. 塑料卷尺

塑料卷尺的长度规格很大，一般有 15m、30m、50m 等几种规格。使用时需要手动收展，一般用于测量大面积室内空间和室外空间，包括各种圆型构件的弧长等（见图 1-23）。使用时需要两人协同操作。优质塑料卷尺的制作材料高档，不会受环境温度影响而发生收缩或膨胀，保证了测量精度。

图 1-23　塑料卷尺

3. 测距仪

测距仪是一种新型电子测量设备（见图 1-24），有激光、超声波和红外线等多种类别，一般在大型设计公司任职的设计师都以能拿出这种设备而自豪，在一定程度上也可以认定这些企业和个人的实力是很强的。它通过电子射线反射的原理来测量室内空间尺寸，尤其是针对内空很高、面积很大的住宅，测量起来很方便，操作要平稳，但是低端产品的质量难免会造成一定的误差，影响后期的设计、施工。

图 1-24　测距仪

4. 测量方法

现场测量是绘图的基础，只有通过测量得到了准确的数据才能精确绘图。测量是一项很严格的技术活，需要很专业的技术动作来完成，在房屋实地测量时要注意以下要点。

（1）对齐尺端　单人测量时，不能过于心急求快求全，要脚踏实处，一个数据一个数据地来测量，先测量后记录，临时记在头脑中的数据不要超过两个，否则容易前功尽弃。前后、左右要平整，对齐尺的首端和末端。两人测量比较方便，一人握着卷尺，到墙体末端，读出数据；另一人在墙体首端定位卷尺，并做书面记录。无论哪种测量方式，都要将卷尺对齐精确，保持水平或垂直状态。

（2）分段拼接　对于过高过宽的墙壁，不能一次测量到位，就需要使用硬铅笔分段标记，最后再将分段尺寸相加，记录下来。分段拼接而成的尺寸要审核一遍，分段测量时卷尺两端也应对齐平整，否则测量就不到位。

（3）目测估量　对于横梁等复杂的顶部构造就不好测量了，除非临时借来架梯等辅助工具，这些结构可以通过眼睛来估测，例如，先测量一下自己的手机长度，一般为 100mm 左右，将手机的长度与横梁的长度作比较，仔细比较它们之间的倍数，就可以得出一个比较准确的估量值。

（4）注意边角　墙体或构造转角处和内凹部分一般容易被忽视，在测量的时候千万不要漏掉，这些边角部位最终会影响到细节设计。除了长宽数据以外，还要测量至横梁的高度，因为这些复杂的转角部位一般上方都会有横梁交错，情况很特殊。

(5) 设备位置　对水电路管线的外露部分进行实地测量，此外门窗的边角也需要精确地测量，尤其是将来会包裹门窗套的部位，将这些数据在图纸上反映出来将对后期设计很有帮助。

识读提示

绘制草图

经过测量而得到的数据，经过核对后就可以绘制草图了，绘制草图的目的在于提供一份完整的正式制图依据。测量完毕后可以在设计现场绘制，使用铅笔画在白纸上即可，线条不必挺直，但是空间的位置关系要准确，边绘草图边标注测量得到的数据，并增加一些遗漏的部位，做到万无一失（见图 1-25）。

很多设计师和绘图员对这个步骤不够重视，直接拿着测量数据就离开了，当面对计算机时就糊涂了，其实现场绘制草图是检查、核对数据的重要步骤，个人的记忆力再好也比不上实实在在的笔录。

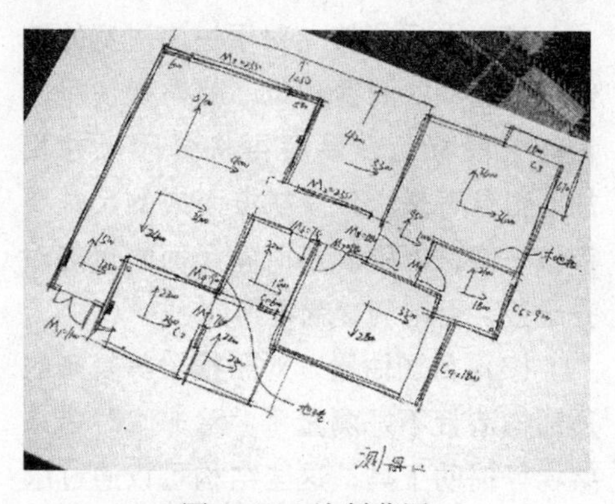

图 1-25　绘制草图

二、绘图工具

传统手工绘图工具门类复杂，熟练操作需要花费大量的时间来掌握，现代手工绘图一般只为后期计算机制图打基础，用于绘制草图或较完整的创意稿，其中圆形和弧线都为徒手绘制，这就大大简化了工具的选用。

1. 铅笔

铅笔是绘图的必备工具，传统木质绘图铅笔使用范围很广（见图 1-26）。笔芯的质地从硬到软依次为 10H、9H、8H、7H、6H、5H、4H、3H、2H、H、F、HB、B、2B、3B、4B、5B、6B 18 个硬度等级，其中 2H 和 H 型比较适合绘制底稿。太硬的铅笔不方便削切，太软的铅笔浓度较大，不方便擦除。削切 2H 和 H 型绘图铅笔最好选用长转头的卷笔刀，保持笔尖锐利，能长久使用。为了提高工作效率，也可以使用自动铅笔替代传统木质铅笔，一般应选用规格为 0.35mm 的产品和配套的 H 笔芯（见图 1-27）。

图 1-26　绘图铅笔

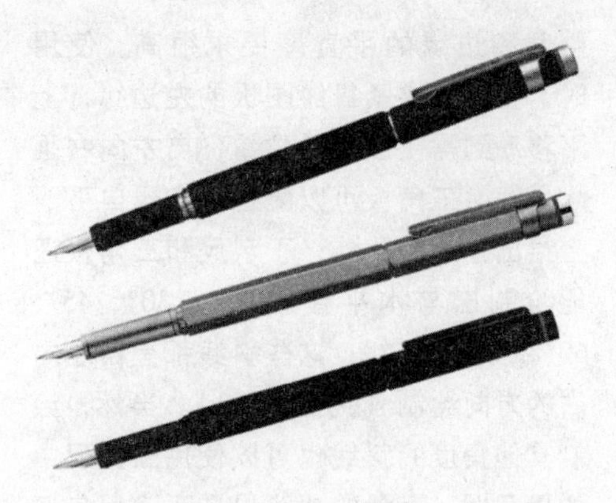

图 1-27　自动铅笔

图 1-28　绘图笔

无论是哪种铅笔，作图时都要将笔向运笔方向稍倾，并在运笔过程中轻微地转动铅笔，使铅芯能相对均匀地磨损，避免铅芯的不均匀磨损，保证所绘线条的质量。铅笔的运笔方向要求画水平线时要从左到右，画垂直线时要从下到上。作图过程中，运笔应均衡，保持稳定的运笔速度和用力程度，使同一线条深浅一致。同时要避免划伤纸面，导致难以被绘图笔遮盖或难以被橡皮擦除。

2. 绘图笔

传统绘图笔又称为针管笔，基本工作原理和普通钢笔一样，需要注入墨水，但是笔尖是空心的金属管，中间穿插引水通针，通针上下活动可以让墨水均匀地呈现在纸上，线条挺直有力。为了保证绘图质量和效率，一般应选用专用墨水，使绘出的线条细腻、均衡且能快速干燥。但是传统绘图笔操作要求很严谨，另外配件和耗材也很难购买。现在一般都选用一次性水性绘图笔，这类产品的规格为 0.01～2.0mm，每 0.1mm 为一种规格，制作工艺精致，使用流畅（见图 1-28）。

在设计制图中至少应备有粗、中、细三种不同粗细的绘图笔，如 0.1mm、0.3mm、0.7mm。绘制线条时，绘图笔身应尽量保持与纸面成 80°～90°，以保证画出粗细均匀一致的线条。作图顺序应依照先上后下、先左后右、先曲后直、先细后粗的原则，运笔速度及用力应均匀、平稳。用较粗的绘图笔作图时，落笔及收笔均不应有停顿。绘图笔除了用来作直线段外，还可以借助圆规的附件和圆规连接起来作圆周线或圆弧线。平时宜正确使用和保养绘图笔，以保证其有良好的工作状态及较长的使用寿命。绘图笔要保持运笔流畅，特别注意在不使用时应随时套上笔帽，以免针尖墨水干结、挥发。

另外，还有一种绘图笔称为直线笔或鸭嘴笔，也是用来绘制墨线线条图的绘图工具（见图 1-29）。直线笔笔头上的调节螺丝可以根据所绘线条的宽度来进行调节。用直线笔绘制的线条比用绘图笔绘制的线条挺括，但直线笔不具有绘图笔携带和使用方便的特点。给直线笔增添墨水时，应用蘸水笔把墨水加入直线笔笔叶内，不能将直线笔直接插入墨水瓶蘸墨水。作图时笔尖应正对所画线条，位于行笔方向的铅垂面内，保证

图 1-29　直线笔

两笔叶片同时接触纸面，并将笔向运笔方向稍作倾斜，保持均匀一致的运笔速度。直线笔叶片外表面沾有墨水时，应及时清洁，以免绘图时污染图纸。使用完毕后应将余墨擦干净，并将调节螺丝放松，避免出现笔叶变形的现象。

3. 尺规

丁字尺、三角尺、直尺、比例尺、曲线尺、模板和圆规是传统绘图的标准工具，使用方法正确，且操作熟练，才能绘出各种曲直结合的图样。

(1) 丁字尺、三角尺、直尺（见图 1-30）　丁字尺要配合专用绘图板来使用，专用绘图板用于固定图纸，作为绘图垫板，最好购买成品专用绘图板，不宜使用其他板材代替，制图时板面的平整度和边缘的平直度要求很高。使用时，丁字尺要紧靠绘图板的左边缘，上下移动到需要画线的位置，自左向右画水平线。三角板可以配合丁字尺自下而上绘出垂线，此外，丁字尺和三角板还能绘制出与水平线成 15°、30°、45°、60°和 75°的斜线，这些斜线都是自左向右的方向绘制（见图 1-31）。当然，绘制其他角度的斜线也可以使用三角尺中的量角器。直尺的功能界于丁字尺与三角尺之间，一般在图纸上只作长距离测量、校对或辅助之用。

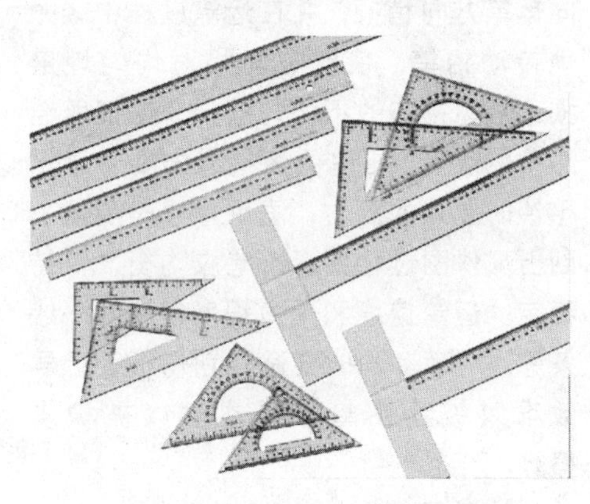

图 1-30　丁字尺、三角尺、直尺

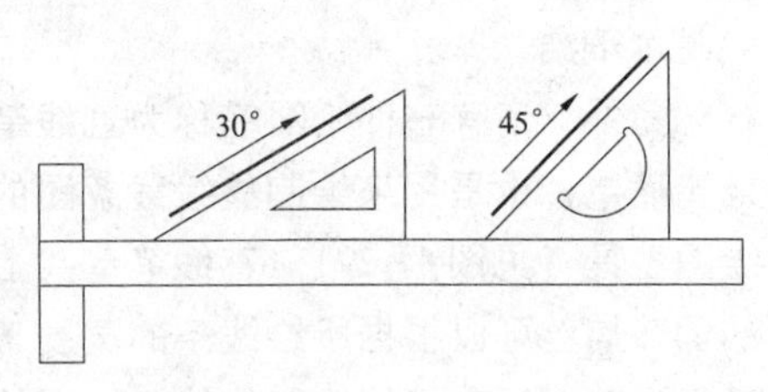

图 1-31　丁字尺与三角尺的使用方法

(2) 比例尺　用于快速绘制按比例缩放的图样，常见的比例尺为三棱形，其 6 个边缘上分别刻有 1：100、1：200、1：250、1：300、1：400、1：500 6 种比例，它能提高绘图速度（见图 1-32）。如果长期使用某一种比例，也可以使用透明胶将写有尺度的纸片贴在直尺上，这样使用会更方便些。

(3) 曲线尺　又称云形尺，是一种内外均为曲线边缘的薄板，曲线形态、

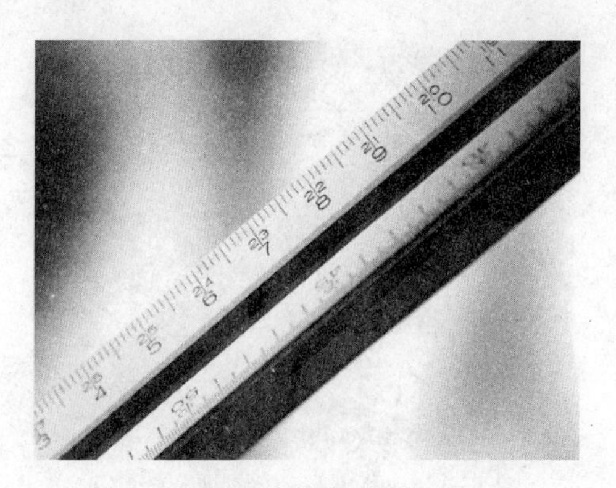

图 1-32　三棱比例尺

大小不一，用来绘制曲率半径不同的非圆形自由曲线，尤其是绘制少且短的自由曲线（见图 1-33）。在绘制曲线时，在曲线尺上选择某一段与所拟绘曲线相符的边缘，用笔沿该段边缘移动，即可绘出该段曲线。曲线尺的缺点在于没有标示刻度，不能用于曲线长度的测量。除曲线尺外，也可用由可塑性材料和柔性金属芯条制成的柔性曲线尺，通常称为蛇形尺，它能绘制连贯的自由曲线（见图 1-34）。

图 1-33　曲线尺　图 1-34　柔性曲线尺

使用曲线尺作图比较复杂，为保证线条流畅、准确，应先按相应的作图方法确定出拟绘曲线上足够数量的点，然后用曲线尺连接各点而成，并且要注意曲线段首尾作必要的重叠，这样绘制的曲线会比较光滑。

（4）模板　模板在制图中起到辅助作图、提高工作效率的作用（见图 1-35）。模板的种类非常多，通常有专业型模板和通用型模板两大类。专业型模板主要包括家具制图模板、厨卫设备制图板等，这些专业型模板以一定的比例刻制了不同类型家具或厨卫设备的平面、立面、剖面形式及尺寸，通用型模板则有圆模板、椭圆模板、方模板、三角形模板等多种样式，上面刻制了不同尺寸、角度的图形。

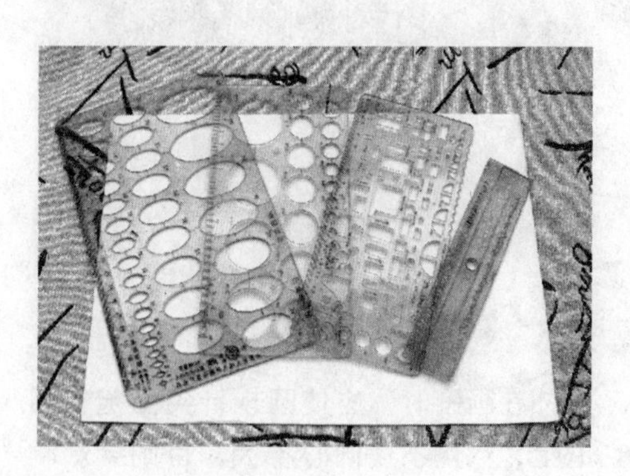

图 1-35　模板

绘图时要根据不同的需求选择合适的模板，用模板作直线时，笔可稍向运笔方向倾斜。作圆或椭圆时，笔应尽量与纸面垂直，且紧贴模板。用模板画墨线图时，应避免墨水渗到模板下而污损图纸。

（5）圆规　圆规为画圆及画圆周线的工具，其形状不一，通常有大、小两类（见图 1-36）。圆规中一侧是固定针脚，另一侧是可以装铅笔及直线笔的活动脚。另外，有画较小半径圆的弹簧圆规及小圈圆规或称点圆规。弹簧圆规的规脚间有控制规脚宽度的调节螺丝，以便于量取半径，使其所能画圆的大小受到限制。小圈圆规是专门用来作半径很小的圆及圆弧的工具。此外，套装圆规中还附带分规，它是用来截取线段、量取尺寸和等分直线或圆弧线的工具。分规有普通分规和弹簧分规两种。分规的两侧规脚均为针脚，量取等分线时，应使两个针尖准确落在线条上，不得错开。普通的分规应调整到不紧不松、容易控制的工作状态。

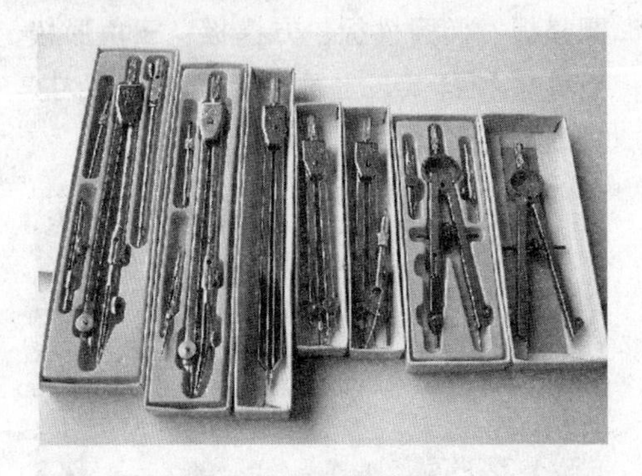

图 1-36　圆规

在画圆时，应使圆规针尖固定在圆心上，尽量不使圆心扩大，否则会影响作图的准确度，应依顺时针方向旋转，规身略可前倾。画大圆时，针尖与铅笔尖要垂直于纸面。画过大的圆时，需另加圆规套杆进行作图，以保证作图的准确性。画同心圆时应先画小圆再画大圆。如遇直线与圆弧相连时，应先画圆弧后画直线，圆及圆弧线应一次画完。

4. 纸张

现代绘图专用纸张很多，一般以复印纸、绘图纸、硫酸纸为主（见图 1-37）。

（1）复印纸　打印店里经常使用的普通白纸，采用草浆和木浆纤维制作，超市、电脑耗材市场都有出售，它是现代学习、办公事业中最经济的纸张。用于绘制设计初稿和小型打印稿的规格有 A3、A4 两种，质地有 70g 和 80g 两种，大型图纸打印机也有采用 A0、A1、A2 卷轴式纸张，幅面大的纸张质地能达到 100g 或 120g。复印纸的质地较薄，但白度较高，一般用来绘制草图或计算机制图打印输出。

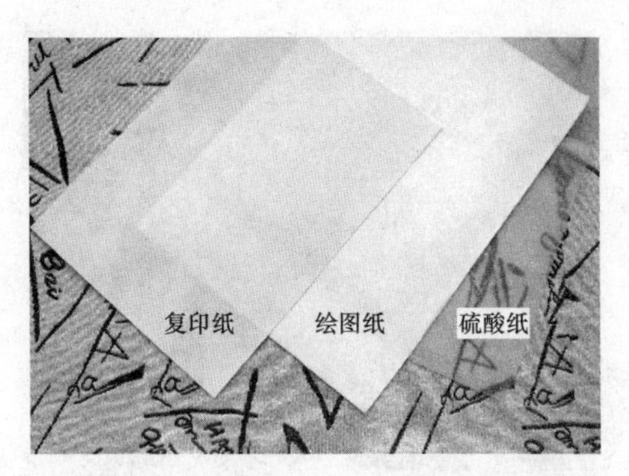

图 1-37　复印纸、绘图纸、硫酸纸

（2）绘图纸　供绘制工程图、机械图、地形图等用的纸，质地紧密而强韧，无光泽，尘埃度小，具有优良的耐擦性、耐磨性、耐折性。它采用漂白化学木浆或加入部分漂白棉浆或草浆，经打浆、施胶、加填（料）后，在长网造纸机上抄造，再经压光而，质地较厚，一般有 120g、150g、180g 等多种。绘图纸适用于铅笔、绘图笔绘制，使用时要保持尺规清洁，避免在绘图时与纸面产生摩擦而污染图纸。

（3）硫酸纸　又称制版硫酸转印纸，是由细微的植物纤维通过互相交织，在潮湿状态下经过游离打浆、不施胶、不加填料、抄纸，72% 的浓硫酸浸泡 2~3s，清水洗涤后以甘油处理，干燥后形成的一种质地坚硬薄膜型物质。硫酸纸质地坚实、密致而稍微透明，具有对油脂和水的渗透抵抗力强，不透气，且湿强度大等特点，主要有65g、75g、85g等多种质地。硫酸纸用于印刷制版、手工描绘、计算机制图打印、静电复印等。使用硫酸纸绘图、打印可以通过晒图机（见图1-38）复制为多张，成本较低，是当今最普及的图纸复制原始媒介。

图1-38　晒图机

5. 其他绘图工具

要提高绘图效率和设计品质，就需要配置更齐全的工具，除上述绘图工具外，还会用到擦线板、橡皮、墨水、蘸水小钢笔、美工刀、透明胶带及图钉等（见图1-39）。

（1）擦线板　又称擦图片，是擦去制图过程中多余稿线的制图辅助工具。擦线板是由塑料或不锈钢制成的薄片。由不锈钢制成的擦线板柔软性好，使用相对比较方便。使用擦线板时应用擦线板上适宜的缺口对准需擦除的部分，并将不需擦除的部分盖住，用橡皮擦去位于缺口中的线条。用擦线板擦去稿线时，应尽量用最少的次数将其擦净，以免将图纸表面擦伤，影响制图质量。

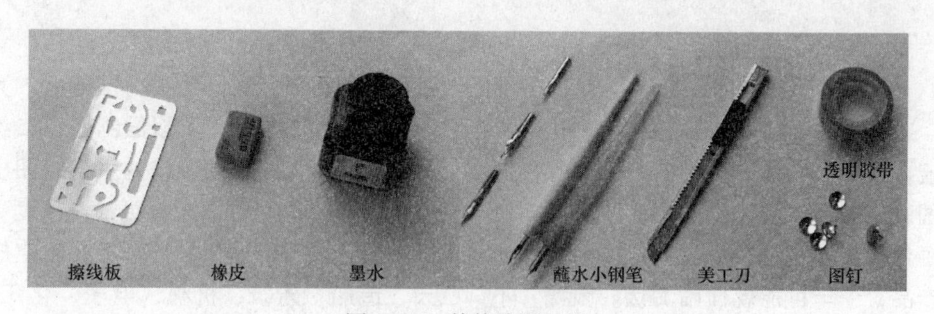

图1-39　其他绘图工具

（2）橡皮　橡皮要求软硬适中，一般应选择专用的4B绘图橡皮，以保证能将需擦去的线条擦净，并不伤及图纸表面和留下擦痕。使用时，应先将橡皮清洁干净，以免不洁橡皮擦图纸越擦越脏。用橡皮应选一顺手方向均匀用力推动橡皮，不宜在同一部位反复摩擦。

（3）墨水　制图常用的墨水分为碳素墨水和绘图墨水，碳素墨水较浓，而绘图墨水较淡，最好选用能快速干燥的高档产品。

（4）蘸水小钢笔　通常墨线图上的文字、数字及字母等均用蘸水小钢笔来书写，这样会使笔画转角部位顿挫有力。蘸水小钢笔一般有多种粗细笔尖可换用，以满足不同幅面图纸的要求。

（5）美工刀　美工刀主要用来削铅笔及裁切图纸，对于绘制错误的线条也可以轻轻刮除，但是使用要额外小心。

（6）透明胶带及图钉　将图纸固定

在图板上时，应采用透明胶带或图钉，对于绘制错误的线条也可以使用透明胶带粘贴清除，操作须额外谨慎，避免影响制图质量。

识读提示

位图与矢量图

在计算机中，图像大致可分为位图图像和矢量图像两种。位图又称为点阵图，是由许多点组成的，这些点称为像素。而许许多多不同色彩的像素组合在一起便构成了一幅图像。由于位图采取了点阵的方式，使每个像素都能够记录图像的色彩信息，因而可以精确地表现色彩丰富的图像，但图像的色彩越丰富，图像的像素就越多（即分辨率越高），文件也就越大，因此处理位图图像时，对计算机硬盘和内存的要求也较高。同时由于位图本身的特点，图像在缩放和旋转变形时会产生失真的现象。矢量图像是相对位图图像而言的，也称为向量图像，它是以数学的矢量方式来记录图像内容的。矢量图像中的图形元素称为对象，每个对象都是独立的，具有各自的属性，如颜色、形状、轮廓、大小和位置等。矢量图像在缩放时不会产生失真的现象，并且它的文件所占的容量较少。但这种图像的缺点是不易制作出色调丰富的图像，而且绘制出来的图形无法像位图那样精确地描绘各种绚丽的图像。

三、计算机制图设备

现代设计制图以运用计算机为主流，选购、配置一台能流畅运行各种制图软件的计算机非常重要。如今计算机硬件配置升级很快，去年定位为高档的产品，今年可能就面临淘汰。因此，不必盲目追求高端产品，一般价格在5000元左右的主流配置计算机都可以正常运行各种制图软件。如果经济条件允许且希望拥有卓越的性能，可以选购高档配件，如Intel酷睿CPU、ATI显卡和金士顿内存等。计算机制图质量和效率关键还在于制图软件和打印输出设备。

1. 制图软件

(1) AutoCAD　它是由美国Autodesk公司于20世纪80年代初为微机上应用CAD技术而开发的绘图程序软件包，经过不断的更新，现已经成为国际上广为流行的绘图工具。它可以绘制任意二维和三维图形，并且同传统的手工绘图相比，用AutoCAD绘图速度更快，精度更高，而且便于个性化。它已经在航空航天、造船、建筑、机械、电子、化工、美工、轻纺等很多领域得到了广泛应用，并取得了丰硕的成果和巨大的经济效益。AutoCAD具有良好的用户界面，通过交互菜单或命令行方式便可以进行各种操作。它的多文档设计环境，让非计算机专业人员也能很快地学会使用，在不断实践的过程中更好地掌握它的各种应用和开发技巧，从而不断提高工作效率。AutoCAD具有广泛的适应性，它可以在各种操作系统支持的微型计算机和工作站上运行，并支持各种分辨率图形显示设备达40多种，以及数字仪和鼠标器30多种，支持绘图仪和打印机数十种，这就为AutoCAD的普及创造了条件。AutoCAD的应用很广，对尺度的精确程度要求很高，但是绘图模式相对于传统手绘而言，并没有突破性的进展，绘制速度因人而异。AutoCAD在模拟传统的立体轴测图上有很大的改观，但是绘制速度却不高，着色效果不佳，在环境艺术设计行业只用于表现基本方案图和施工图（见图1-40）。

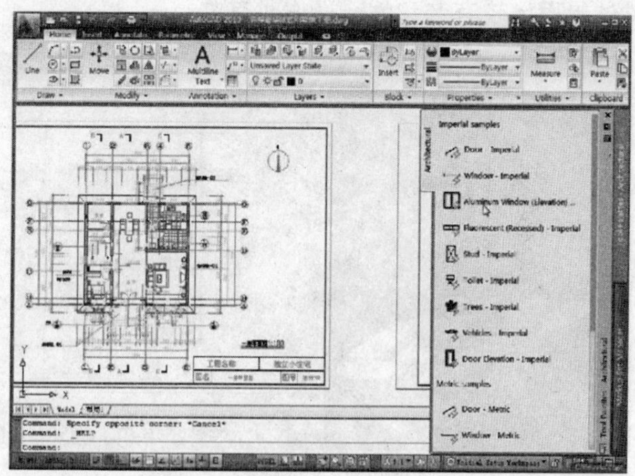

图1-40 AutoCAD界面

（2）Coreldraw 在我国，Coreldraw的使用率也相当高，主要用于绘制彩色矢量图形，是目前最流行的矢量图形设计软件之一，它是由全球知名的专业化图形设计与桌面出版软件开发商加拿大Corel公司于1989年推出的产品。Coreldraw绘图设计系统集合了图像编辑、图像抓取、位图转换、动画制作等一系列实用的应用程序，构成了一个高级图形设计和编辑出版软件包，并以其强大的功能、直观的界面、便捷的操作等优点，迅速占领市场，赢得众多专业设计人士和广大业余爱好者的青睐。使用Coreldraw绘制环境艺术设计图是最近三五年逐渐兴起的，Coreldraw绘制图纸的方法与AutoCAD不相上下，但绘制逻辑却完全不同。Coreldraw的最大特点是可以着色，在设计构造上可以区分色彩，体现质感，操作上也很简便，绘制的图面很精美。Coreldraw的通用性很广，同时也用于平面设计、广告设计、工业设计等多个领域，可以与建筑设计图纸相互借用。但是Coreldraw在三维制图上存在缺陷，很难表达出尽善尽美的透视效果图（见图1-41）。

（3）SketchUp 它是一个表面上极为简单，实际上却蕴含着令人惊讶且功能强大的构思表达工具。它可以极快的速度很方便地对三维创意进行创建、观察和修改。传统铅笔草图的优雅自如，现代数字科技的速度与弹性，都能通过SketchUp得到完美结合。SketchUp是专门为配合设计过程而研发的，在设计过程中，设计师通常习惯从不十分精确的尺度和比例开始整体的思考，随着思路的进展不断添加细节。当然，如果需要，也可以方便、快速地进行精确绘制。SketchUp与CAD不同的是，SketchUp使得设计师可以根据设计目标，方便地解决整个设计过程中出现的各种修改，使这些修改贯穿整个项目的始终。很多青年学生都在学习SketchUp，因为这套软件的界面比较有亲和性，操作时有赏心悦目的感觉，它绘制速度快，对所有设计构造都以透视彩色立体化形态表现，是目前最流行的环境艺术设计软件。SketchUp的定位是初级阶段，没有在中高级阶段加以延续，不能渲染出高品质彩色透视效果图（见图1-42）。

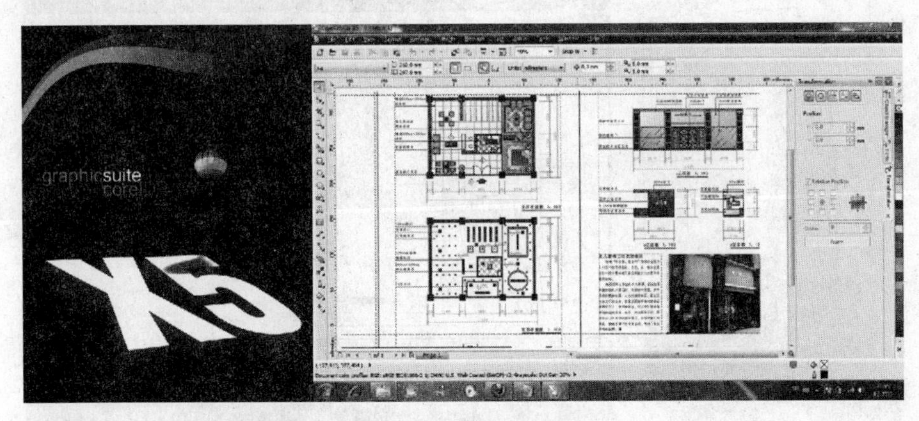

图1-41　Coreldraw界面

图1-42　SketchUp界面

2. 打印输出设备

（1）打印机　它是将计算机的运算结果或中间结果以人所能识别的数字、字母、符号和图形等，依照规定的格式印在纸上的设备。打印机正向轻、薄、短、小、低功耗、高速度和智能化方向发展。打印机的种类很多，用于计算机制图输出的主流产品为激光打印机。激光打印机分为黑白和彩色两种，其中低端黑白激光打印机的价格目前已经降到了几百元，达到了普通用户可以接受的水平。它的打印原理是利用光栅图像处理器产生要打印页面的位图，然后将其转换为电信号等一系列的脉冲送往激光发射器，在这一系列脉冲的控制下，激光被有规律地放出。与此同时，反射光束被接收的感光鼓所感光。激光发射时就产生一个点，激光不发射时就是空白，这样就在接收器上印出一行点来。然后接收器转动一小段固定的距离继续重复上述操作。当纸张经过感光鼓时，鼓上的着色剂就会转移到纸上，印成了页面的位图。最后当纸张经过一对加热辊后，着色剂被加热熔化，固定在了纸上，就完成打印的全过程，这整个过程准确而且高效。相对于喷墨打印机而言，激光打印机的使用成本要低很多，一般用于打印输出 A3、A4 等小幅面图纸（见图 1-43）。

图 1-43　激光打印机

识读提示

圆方室内设计系统

圆方室内设计系统自 1994 年以来逐渐在建筑装饰业、家具业的电脑化上取得了不菲的成绩，成为国内设计软件界的一支重要力量。圆方在 1998 年推出了圆方家具设计软件，当时在国内还没有企业从事相关的软件研发，圆方室内设计系统是一个傻瓜型的设计软件，圆方因此而走了在市场的前列，赢得了市场的先机。圆方软件是在 AutoCAD 的基础上扩展开发的，它将 AutoCAD 软件进行了模块化处理，并加入了三维灯光渲染功能，在很大程度上作了革命性的创举。圆方软件的最大特点就是制图速度快，运用大量模板提高制图速度，设计师在掌握 AutoCAD 的基础上可以迅速熟悉该软件。

（2）绘图仪　它是一种优秀的输出设备，与打印机不同，打印机是用来打印文字和简单的图形的。如果需要精确地绘图，并且绘制大幅面图纸，如 A0、A1、A2 等幅面或各种加长图纸，就不能用普通激光打印机了，只能用这种专业的绘图输出设备了。在电脑辅助设计（CAD）与电脑辅助制造（CAM）中，绘图仪是必不可少的，它能将图形准确地绘制在图纸上输出，供设计师和施工员参考。如果把绘图仪中出色使用的绘图笔、换为刀具或激光束发射器等切割工具就能完美地加工机械零件了。从原理上分类，绘图仪分为笔式、喷墨式、热敏式、静电式等，而从结构上分，又可以分为平台式和滚筒式两种。平台式绘图仪的工作原理是，在计算机输出信号的控制下，笔或喷墨头在 X、Y 方向移动，而纸在平面上不动，从而绘出图来。滚筒式绘图仪的工作原理是，笔或喷墨头沿 X 方向移动，纸沿 Y 方向移动，这样，可以绘出较长的图样。绘图仪所绘图也有单色和彩色两种。目前，彩色喷墨绘图仪绘图线型多，速度快，分辨率高，价格也不贵，很有发展前途（见图 1-44）。

图 1-44　喷墨绘图仪

第二章　总　平　面　图

总平面图亦称“总体布置图”，按一般规定比例绘制，表示建筑物、构建物的方位、间距及道路网、绿化、竖向布置和基地临界情况等。图上有指北针，有的还有风玫瑰图，它是所有后续图纸的绘制依据，由于具体施工的性质、规模及所在基地的地形、地貌不同，总平面图所包含的内容有的较为简单，有的较为复杂。在初学制图过程中，读者除了要强化理论知识之外，还需勤学勤练，多实践。

第一节　国家标准规范

建筑总平面图既表明新建房屋所在基础有关范围内的总体布置，也是房屋及其设施施工的定位、土方施工及绘制水、暖、电灯管线总平面图和施工总平面图的依据。

一、图线

GB/T 50103—2010《总图制图标准》中对总平面图的绘制作了详细规定，总平面图的绘制还应符合 GB/T 50001—2010《房屋建筑制图统一标准》及国家现行的有关强制性标准的规定。根据图样的复杂程度、比例和图纸功能，总平面图中的图线宽度 B，应该按表 2-1 规定的线型选用。这相对于 GB/T 50001—2010《房屋建筑制图统一标准》而言，作了进一步细化深入。

二、比例

总平面图制图所采用的比例，宜符合表 2-2 的规定。一个图样宜选用一种比例，如遇到铁路、道路、土方等的纵断面图，可在水平方向和垂直方向选用不同比例。

表 2-1　　图　线

名称		线型	线宽	用途
实线	粗	———————	B	1. 新建建筑物±0.00 高度的可见轮廓线； 2. 新建的铁路、管线

续表

名称		线型	线宽	用途
实线	中		0.5B	1. 新建构筑物、道路、桥涵、边坡、围墙、露天堆场、运输设施、挡土墙的可见轮廓线； 2. 场地、区域分界线、用地红线、建筑红线、尺寸起止符号、河道蓝线； 3. 新建建筑物±0.00高度以外的可见轮廓线
	细		0.25B	1. 新建道路路肩、人行道、排水沟、树丛、草地、花坛的可见轮廓线； 2. 原有（包括保留和拟拆除的）建筑物、构筑物、铁路、道路、桥涵、围墙的可见轮廓线； 3. 坐标网线、图例线、尺寸线、尺寸界线、引出线、索引符号等
虚线	粗		B	新建建筑物、构筑物的不可见轮廓线
	中		0.5B	1. 计划扩建建筑物、构筑物、预留地、铁路、道路、桥涵、围墙、运输设施、管线的轮廓线； 2. 洪水淹没线
	细		0.25B	原有建筑物、构筑物、铁路、道路、桥涵、围墙的不可见轮廓线
单点长画线	粗		B	露天矿开采边界线
	中		0.5B	上方填挖区的零点线
	细		0.25B	分水线、中心线、对称线、定位轴线
粗双点长画线			B	地下开采区塌落界线
折断线			0.5B	断开界线
波浪线			0.5B	

注：应根据图样中所表示的不同重点，确定不同的粗细线型。例如：绘制总平面图时，新建建筑物采用粗实线，其他部分采用中线和细线；绘制管线综合图或铁路图时，管线和铁路采用粗实线。

表 2-2　　比　例

图　名	比　例
地理、交通位置图	1∶25000~1∶200 000
总体规划、总体布置、区域位置图总平面图、塑向布置图、管线综合图、土方图、排水图、铁路、道路平面图、绿化平面图	1∶2000，1∶5000，1∶10 000，1∶25 000，1∶50 000 1∶500，1∶1000，1∶2000
铁路、道路纵断面图	垂直：1∶100，1∶200，1∶500 水平：1∶1000，1∶2000，1∶5000
铁路、道路纵横面图	1∶50，1∶100，1∶200
场地断面图	1∶100，1∶200，1∶500，1∶1000
详图	

三、计量单位

总图中的坐标、标高、距离宜以米为单位，并应至少取至小数点后两位，不足时以“0”补齐。详图宜以毫米（mm）为单位，如不以毫米（mm）为单位，应另加说明。建筑物、构筑物、铁路、道路方位角（或方向角）和铁路、道路转向角的度数，宜注写到“秒”（″），特殊情况，应另加说明。铁路纵坡度宜以千分（‰）计，道路纵坡度、场地平整坡度、排水沟沟底纵坡度宜以百分（%）计，并应取至小数点后一位，不足时以“0”补齐。

四、坐标注法

总平面图应按上北下南方向绘制。根据场地形状或布局，可向左或右偏转，但不宜超过45°。总平面图中应绘制指北针或风玫瑰图（见图2-1）。坐标网格应以细实线表示。测量坐标网应画成交叉十字线，坐标代号宜用“X、Y”表示；建筑坐标网应画成网格通线，坐标代号宜用“A、B”表示（见图2-2）。坐标值为负数时，应注“-”号，为正数时，“+”号可省略。总平面图上有测量和建筑两种坐标系统时，应在附注中注明两种坐标系统的换算公式。表示建筑物、构筑物位置的坐标，宜注其三个角的坐标，如建筑物、构筑物与坐标轴线平行，可注其对角坐标。在一张图上，主要建筑物、构筑物用坐标定位时，较小的建筑物、构筑物也可用相对尺寸定位。

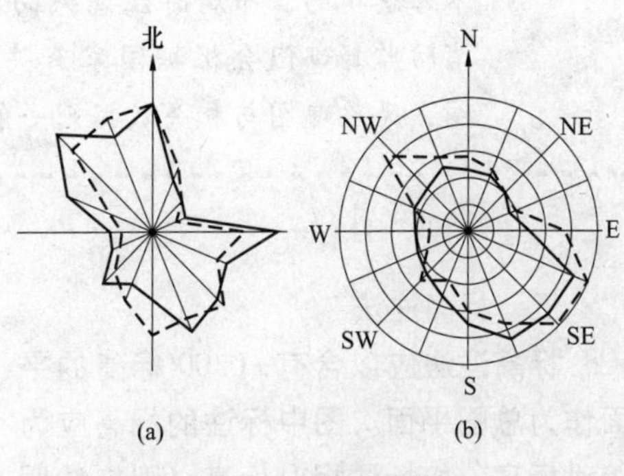

图 2-1　风玫瑰图

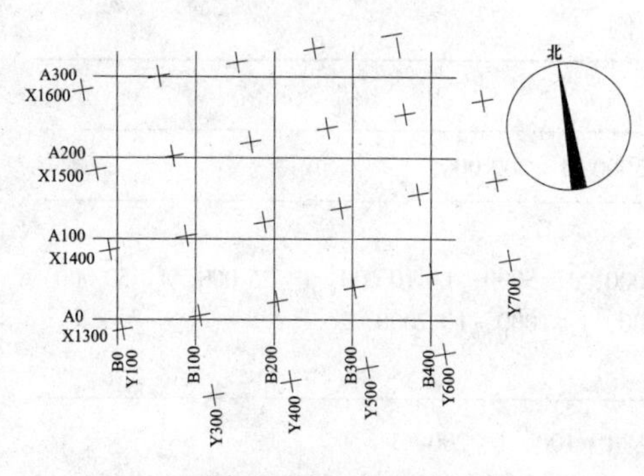

图 2-2　坐标网格

注：图中 X 为东西方向轴线，X 的增量在 X 轴线上；Y 为南北方向轴线，Y 的增量在 Y 轴线上。

A 轴相当于测量坐标网中的 X 轴，B 轴相当于测量坐标网中的 Y 轴。

建筑物、构筑物、铁路、道路、管线等应标注下列部位的坐标或定位尺寸：建筑物、构筑物的定位轴线（或外墙面）或其交点；圆形建筑物、构筑物的中心；皮带走廊的中线或其交点；铁路道岔的理论中心，铁路、道路的中线或转折点；管线（包括管沟、管架或管桥）的中线或其交点；挡土墙墙顶外边缘线或转折点。

坐标宜直接标注在图上，如果图面无足够位置，也可列表标注。在一张图上，如坐标数字的位数太多时，可将前面相同的位数省略，其省略位数应在附注中加以说明。

识读提示

风玫瑰图

风玫瑰图也称为风向频率玫瑰图，它是根据某一地区多年平均统计的各方风向和风速的百分数值，并按一定比例绘制，一般多用 8 个或 16 个罗盘方位表示，由于该图的形状形似玫瑰花朵，故名风玫瑰图。风玫瑰图上所表示风的吹向（即风的来向），是指从外面吹向该地区中心的方向。

风玫瑰图只适用于一个地区，特别是平原地区，由于地形、地貌不同，它对风气候起到直接的影响。由于地形、地面情况往往会引起局部气流变化，使风向、风速改变，因此在进行建筑物和构筑物总平面设计时，要充分注意到地方小气候的变化，在设计中要善于利用地形、地势，综合考虑设计对象的布置。此外，风玫瑰图在图纸审核中的作用是不容忽视的，布局时注意风向对工程位置的影响，防止出现重大失误。消防监督部门会根据国家有关消防技术规范在图纸审核时查看风玫瑰图，风玫瑰图与相关数据则一般由当地气象部门提供。

五、标高注法

标高注法应以含有±0.00 标高的平面作为总图平面。图中标注的标高应为绝对标高，如标注相对标高，则应注明相对标高与绝对标高的换算关系。

建筑物室内地坪，标注建筑图中±0.00 处的标高，对不同高度的地坪，分别标注其标高（见图 2-3a）。建筑物室外散水，标注建筑物四周转角或两对角的散水坡脚处的标高；构筑物标注其有代表性的标高，并用文字注明标高所指的位置（见图2-3b）。铁路要标注轨顶标高；道路要标注路面中心交点及变坡点的标高；挡土墙要标注墙顶和墙趾标高，路堤、边坡要标注坡顶和坡脚标高，排水沟要标注沟顶和沟底标高；场地平整要标注其控制位置标高，铺砌场地要标注其铺砌面标高。标高符号应按GB/T 50001—2010《房屋建筑制图统一标准》中“标高”一节的有关规定标注。

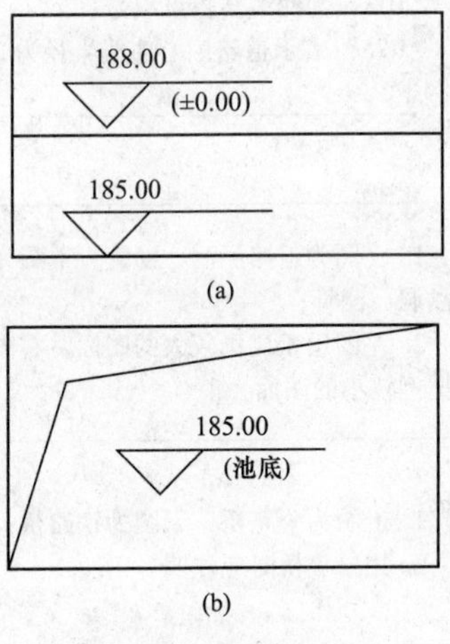

图2-3　标高注法

六、名称和编号

总图上的建筑物、构筑物应注写名称，名称宜直接标注在图上。当图样比例小或图面无足够位置时，也可编号列表编注在图内。当图形过小时，可标注在图形外侧附近处。总图上的铁路线路、铁路道岔、铁路及道路曲线转折点等，均应进行编号。

（1）铁路编号　车站站线由站房向外顺序编号，正线用罗马字表示，站线用阿拉伯数字表示；厂内铁路按图面布置有次序地排列，用阿拉伯数字编号；露天采矿场铁路按开采顺序编号，干线用罗马字表示，支线用阿拉伯数字表示。铁路道岔用阿拉伯数字编号；车站道岔由站外向站内顺序编号，一端为奇数，另一端为偶数。当编里程时，里程来向端为奇数，里程去向端为偶数。不编里程时，左端为奇数，右端为偶数。

（2）道路编号　厂矿道路用阿拉伯数字，外加圆圈（如①、②……）顺序编号；引道用上述数字后加1、-2（如①-1、②-2……）编号。厂矿铁路、道路的曲线转折点，应用代号JD后加阿拉伯数字（如JD1、JD2……）顺序编号。

一个工程中，整套总图图纸所注写的场地、建筑物、构筑物、铁路、道路等的名称应统一，各设计阶段的上述名称和编号应一致。

七、图例

总平面图例内容很多，这里列举部分常用图例（见表2-3），全部图例可以查阅GB/T 50103—2010《总图制图标准》相关章节。

表2-3　总平面图中的常用图例

序号	名称	图例	备　注
1	新建的道路	0.4 76.00 R7 103.00	“R7”表示道路转弯半径为7m，“103.00”为路面中心的控制点标高，“0.4”表示0.6%的纵向坡度，“76.00”表示变坡点间距离

续表

序号	名称	图例	备　注
2	原有道路		
3	计划扩建的道路		
4	拆除的道路		
5	人行道		
6	道路曲线段	JD3 R25	“JD3”为曲线转折点编号； “R25”表示道路中心曲线半径为25m
7	道路隧道		
8	涵洞、涵管		1. 上图为道路涵洞、涵管，下图为铁路涵洞、涵管； 2. 左图用于比例较大的图面，右图用于比例较小的图面
9	桥梁		1. 上图为公路桥，下图为铁路桥； 2. 用于旱桥时应注明
10	新建建筑物	4	1. 需要时，可用▲表示出入口，可在图形内右上角用点数或数字表示层数； 2. 建筑物外形（一般以±0.00高度处的外墙定位轴线或外墙面为准）用粗实线表示。需要时，地面以上建筑用中粗实线表示，地面以下建筑用细虚线表示
11	原有建筑物		用细实线表示
12	计划扩建的预留地或建筑物		用中虚线表示
13	拆除的建筑物		用细实线表示

续表

序号	名称	图例	备　注
14	铺砌场地		
15	敞棚或敞廊		
16	围墙及大门		上图为实体性质的围墙，下图为通透性质的围墙，若仅表示围墙时不画大门
17	坐标	X103.00 Y413.00 A103.00 B413.00	上图表示测量坐标，下图表示建筑坐标
18	填挖边坡		边坡较长时，可在一端或两端局部表示，下边线为虚线时，表示填方
19	护坡		
20	雨水口与消火栓井		上图表示雨水口，下图表示消火栓井
21	室内标高	142.00(±0.00)	
22	室外标高	•172.00　▼172.00	室外标高也可采用等高线表示
23	管线	——代号——	管线代号按国家现行有关标准的规定标注
24	地沟管线	——代号—— ├—代号—┤	1. 上图用于比例较大的图面，下图用于比例较小的图面； 2. 管线代号按国家现行有关标准的规定标注
25	常绿针叶树		

续表

序号	名称	图例	备　注
26	常绿阔叶乔木		
27	常绿阔叶灌木		
28	落叶阔叶灌木		
29	草坪		
30	花坛		
31	绿篱		

第二节　总平面图识读

在装修施工图中所需绘制的总平面图一般涉及绿化布置、景观布局等方面，或者作为室内平面图的延伸，一般不涉及建筑构造和地质勘测等细节。总平面图需要表述的是道路、绿化、小品、构件的形态和尺度，对于需要细化表现的设计对象，也可以增加后续平面图和大样图作为补充。设计师要绘制出完整、准确的总平面图，关键在于获取一手的地质勘测图或建筑总平面图，有了这些资料，再加上几次实地考察和优秀的创意，绘制高质量的总平面图就不难了。

这里列举了一份住宅小区设计的总平面图，具体绘制方法可以分为如下三个步骤。

一、确定图纸框架

经过详细现场勘测后绘制出总平面图初稿，并携带初稿再次赴现场核对，最好能向投资方索要地质勘测图或建筑总平面图，这些资料越多越好。对于设计面积较大的现场，还可以参考 Google 地图来核实。总平面图初稿可以是手绘稿，也可以是计算机图稿，图纸主要能正确绘制出设计现场的设计红线、尺寸、坐标网格和地形等高线，准确标出建筑所在位置，加入风玫瑰图和方向定位。经过至少两次核实后，应该将这种详细的框架图纸单独描绘一遍，保存下来，方便日后随时查阅。总平面图的图纸框架可简可繁，对于大面积住宅小区和公园，由于地形地貌复杂，图纸框架必须很详细，而小面积户外广场或住宅庭院则比较简单，无论哪种情况，都要认真对待，它是后续设计的基础（见图 2-4）。

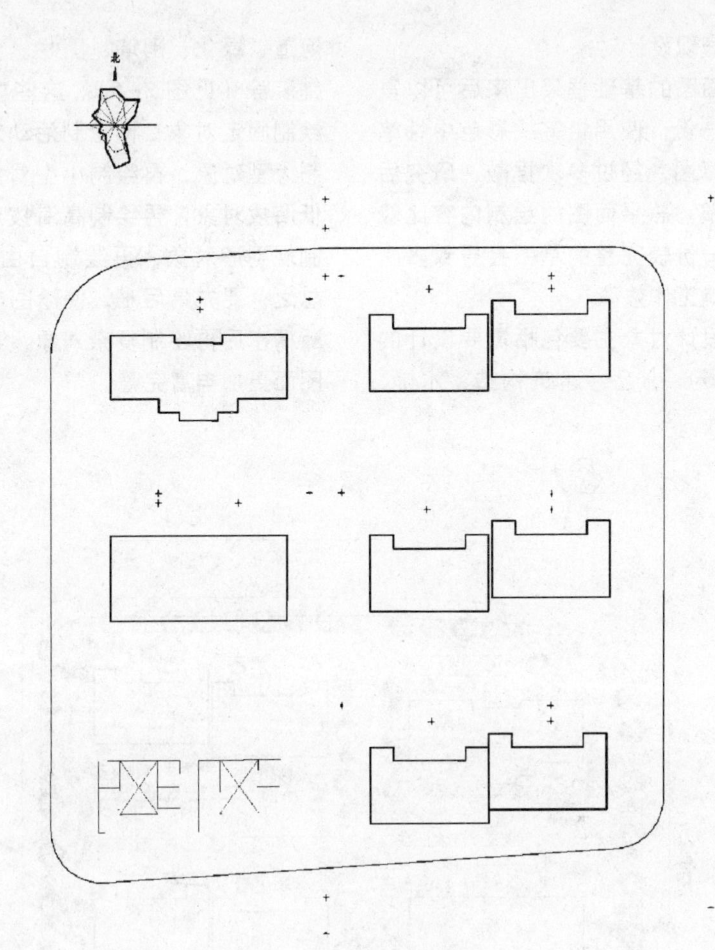

图 2-4　总平面图绘制步骤一

识读提示

建筑红线

建筑红线又称为建筑控制线，是指在城市规划管理中，控制城市道路两侧沿街建筑物或构筑物（如外墙、台阶等）靠临街面的界线。任何临街建筑物或构筑物不得超过建筑红线。

建筑红线由道路红线和建筑控制线组成。道路红线是城市道路（含居住区及道路）用地的规划控制线，而建筑控制线是建筑物基底位置的控制线。基底与道路邻近一侧，一般以道路红线为建筑控制线，如果因城市规划需要，主管部门可在道路线以外另订建筑控制线，任何建筑都不得超越给定的建筑红线。

二、表现设计对象

总平面图的基础框架出来后可以复印或描绘一份，使用铅笔或彩色中性笔绘制创意草图，经过多次推敲、研究后再绘制正稿。总平面图的绘制内容比较多，没有一份较完整的草图会导致多次返工，影响工作效率。

具体设计对象主要包括需要设计的道路、花坛、小品、建筑构造、水池、河道、绿化、围墙、围栏、台阶、地面铺装等（见图 2-5）。这些内容一般先绘制固定对象，再绘制活动对象；先绘制大型对象，再绘制小型对象；先绘制低海拔对象，再绘制高海拔对象；先绘制规则形对象，再绘制自由形对象等。总之，要先易后难，使绘图者的思维不断精密后再绘制复杂对象，这样才能使图面更加丰富完整。

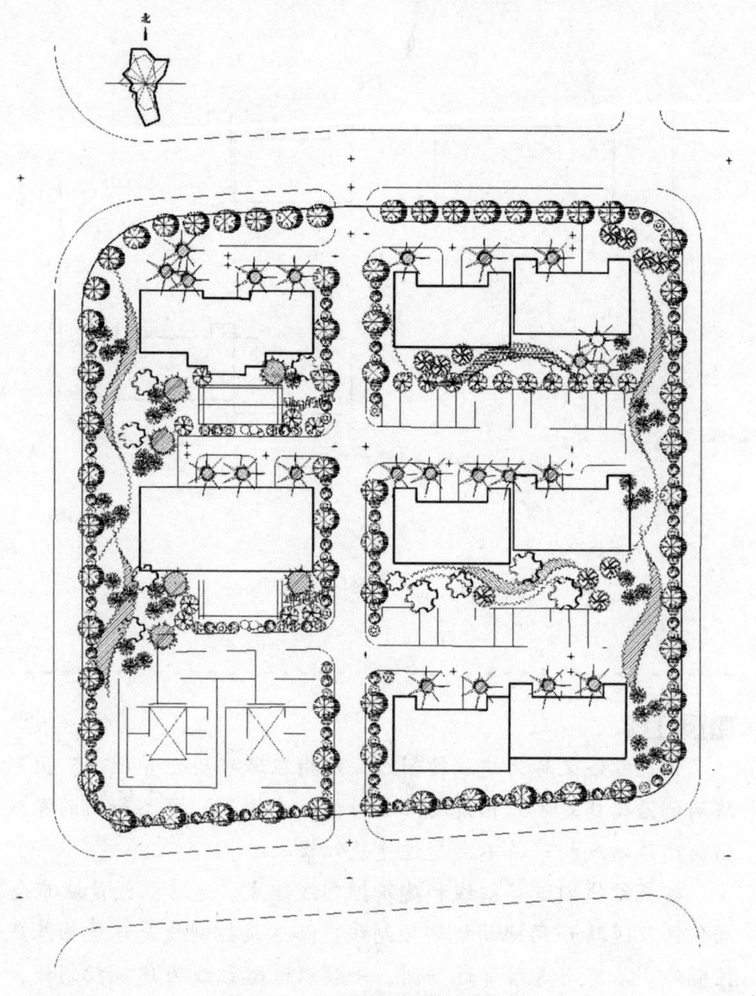

图 2-5　总平面图绘制步骤二

三、加注文字与数据

当主要设计对象绘制完毕后，就加注文字和数据，这主要包括建筑构件名称、绿化植物名称、道路名称、整体和局部尺寸数据、标高数据、坐标数据、中轴对称线、入口符号等。小面积总平面图可以将文字通过引出线引出到图外加注，大面积总平面图要预留书写文字和数据的位置，对于相同构件可以只标注一次，但是两构件相距太大时，也需要重复标明。此外，为了丰富图面效果，还可以加入一些配饰，如车辆、水波等（见图2-6）。

加注的文字与数据一定要详实可靠，不能凭空臆想，同时，这个步骤也是检查、核对图纸的关键，很多不妥的设计方式或细节错误都是在这个环节发现并加以更正的。当文字和数据量较大时，应该从上到下或自左向右逐个标注，避免有所遗漏。对于非常复杂的图面，还应该在图外编写设计说明，强化图纸的表述能力。只有图纸、文字、数据三者完美结合，才能真实、客观地反映出设计思想，体现制图品质。

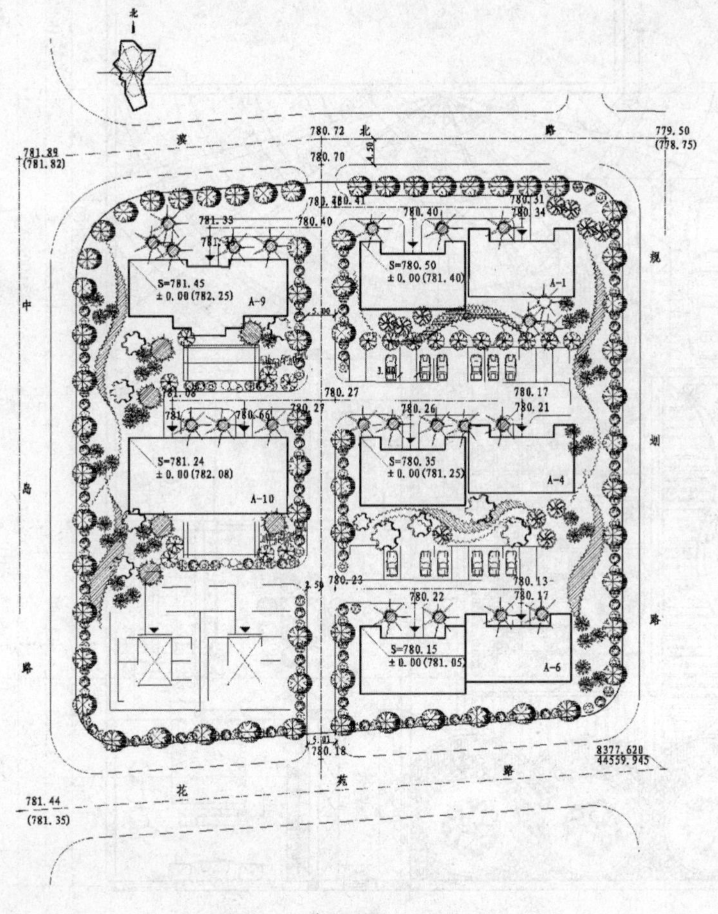

图2-6　总平面图绘制步骤三

附：总平面图施工图展示（图 2–7 和图 2–8）

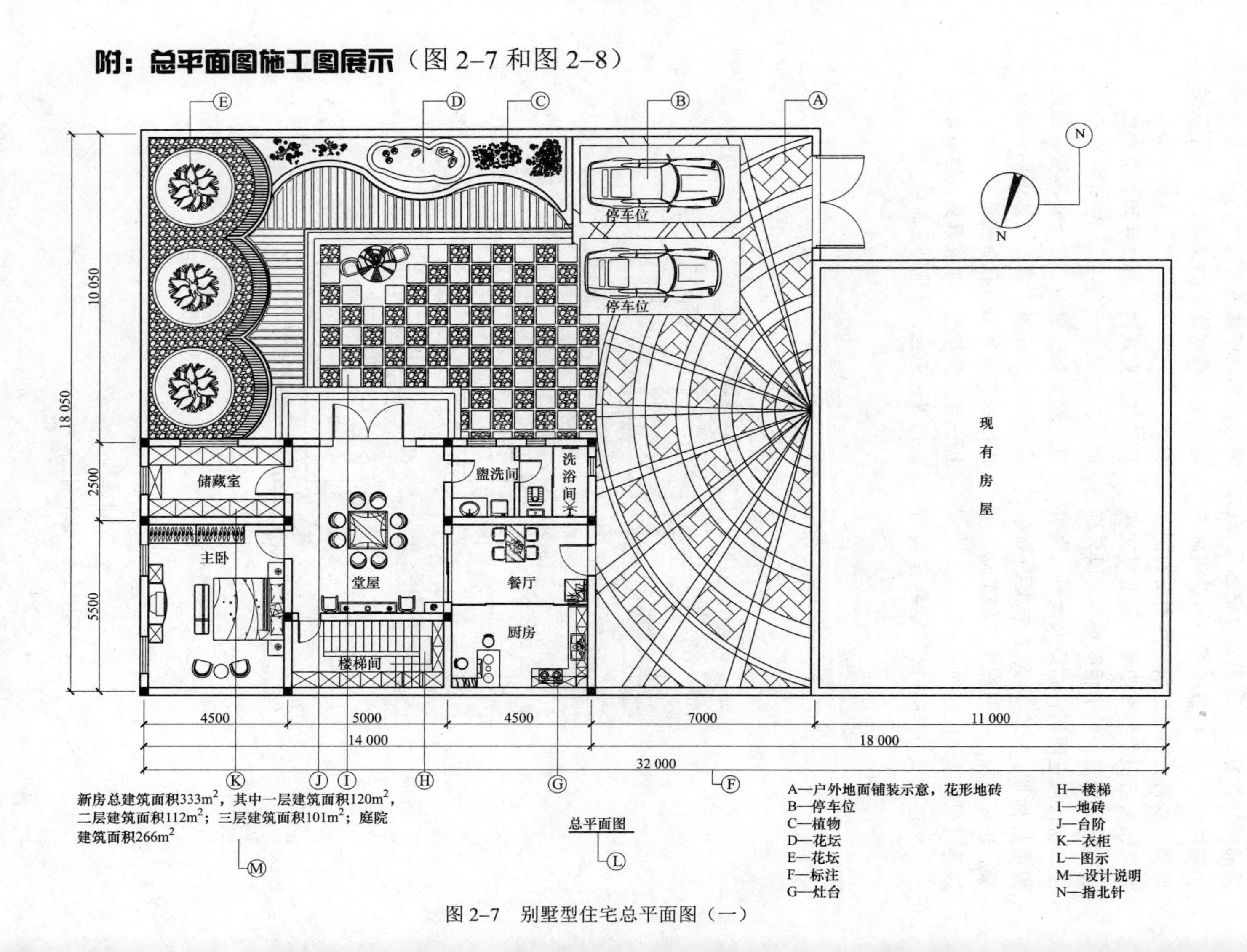

图 2–7　别墅型住宅总平面图（一）

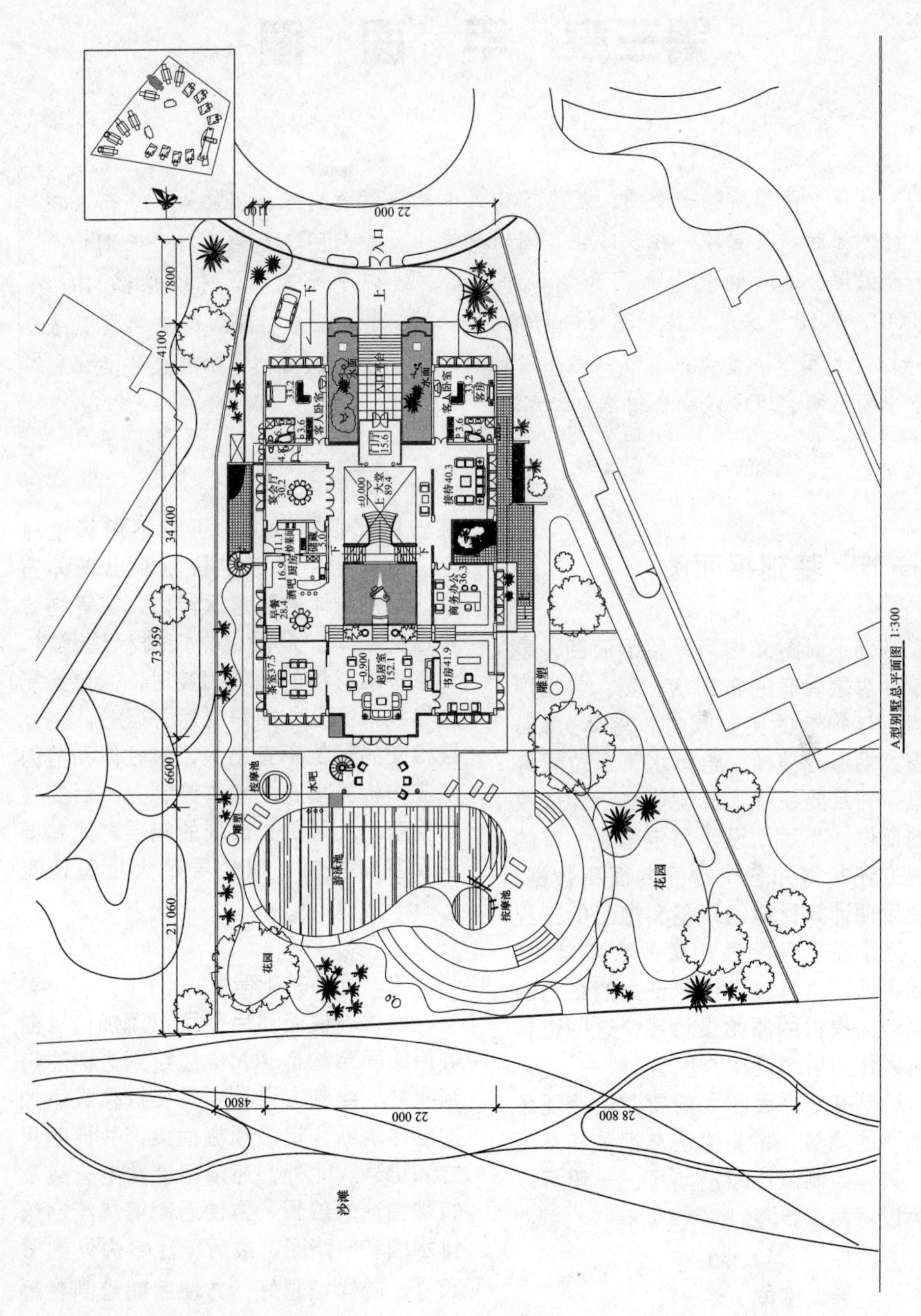

图 2-8　别墅型住宅总平面图（二）

第三章　平　面　图

建筑平面图简称平面图，是建筑施工中比较重要的基础图。为了全面表现设计方案和创意思维，在装修施工图纸种类中，平面图又分为基础平面图、平面布置图、地面铺装平面图和顶棚平面图。绘制平面图时，可以根据GB/T 50001—2010《房屋建筑制图统一标准》和实际情况来定制图线的使用（见表3-1）。为了叙述方便，本节以同一设计项目的主要图纸为例，讲解装修施工图中平面图的表现方式和绘制与识读方法。

第一节　基础平面图

基础平面图又称为原始平面图，是指设计对象现有的布局状态图，包括现有建筑与构造的实际尺寸，墙体分隔，门窗、烟道、楼梯、给排水管道位置等信息，并且要在图上标明能够拆除或改动的部位，为后期设计奠定基础。有的投资方还想得知各个空间的面积数据，以便后期计算材料的用量和施工的工程量，还须在上面标注相关的文字信息。基础平面图也可以是房产证上的结构图或地产商提供的原始设计图，这些资料都可以作为后期设计的基础。

绘制基础平面图之前要对设计现场作细致的测量，将测量信息记录在草图上。具体绘制就比较简单了，一般可以分为以下两个步骤。

一、绘制墙体

根据土建施工图所标注的数据绘制出墙体中轴线，中轴线采用细点画线，如果设计对象面积较小，且位于建筑中某一局部相对独立，可以不用标注轴标。再根据中轴线定位绘制出墙体宽度，绘制墙体时注意保留门、窗等特殊构造的洞口。最后根据墙线标注尺寸。注意不同材料的墙体相接时，需要绘制边界线来区分，即需要断开区分。墙体线相交的部位不宜出头，对柱体和剪力墙应作相关填充。墙体绘制完成后要注意检查，及时更正出现的错误，尤其要认真复核尺寸，以免导致大批量返工（见图3-1）。

二、标注基础信息

墙体确认无误后就可以添加门、窗等原始固定构造了，应边绘制边标注门窗尺寸。绘制在设计中需要拆除或添加的墙体隔断，记录顶棚横梁，并标明尺寸和记号。此外，还须记录水电管线及特殊构造的位置，方便后期继续绘制给排水图和电路图。最后标注室内外细节尺寸，越详细越好，方便后期绘制各种施工图。当然，很多投资方还会有其他要求，这些都应该在基础平面图中反映出来。

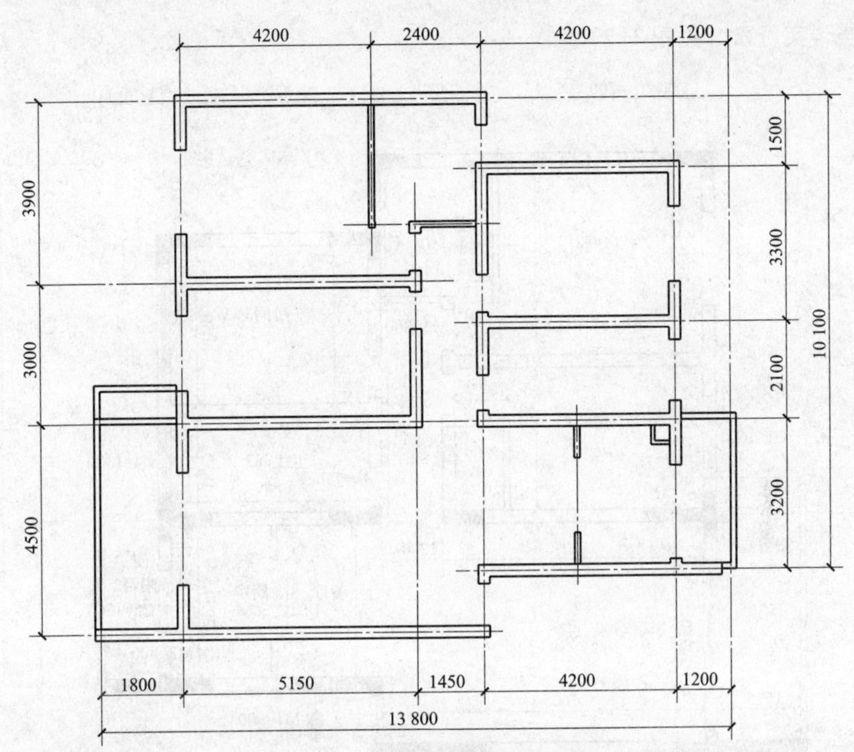

图 3-1 基础平面图绘制步骤一

表 3-1 **图 线**

名称		线型	线宽	用途
实线	粗	————	B	室内外建筑物、构筑物主要轮廓线、墙体线、剖切符号等
	中	————	0.5B	主要设计构造的轮廓线，门窗、家具轮廓线，一般轮廓线等
	细	————	0.25B	设计构造内部结构轮廓线，图案填充，文字、尺度标注线，引出线等
细虚线		— — — —	0.25B	不可见的内部结构轮廓线
细单点长画线		—·—·—	0.25 B	中心线、对称线等
折断线		——⋀——	0.25 B	断开界线

当设计者无法获得原始建筑平面图时，只能到设计现场去考察测量了，测量的尺寸一般是室内或室外的成型尺寸，而无法测量到轴线尺寸。为此，在绘制基础平面图时，也可以不绘制轴线，直接从墙线开始，并且只标注墙体和构造的净宽数据，具体尺寸精确到厘米（cm）。绘制基础平面图的目的是为后期设计提供原始记录，当一个设计项目需要提供多种设计方案时，基础平面图就是修改和变更的原始依据。所绘制的图线应当准确无误，标注的文字和数

据应当详实可靠（见图 3-2）。

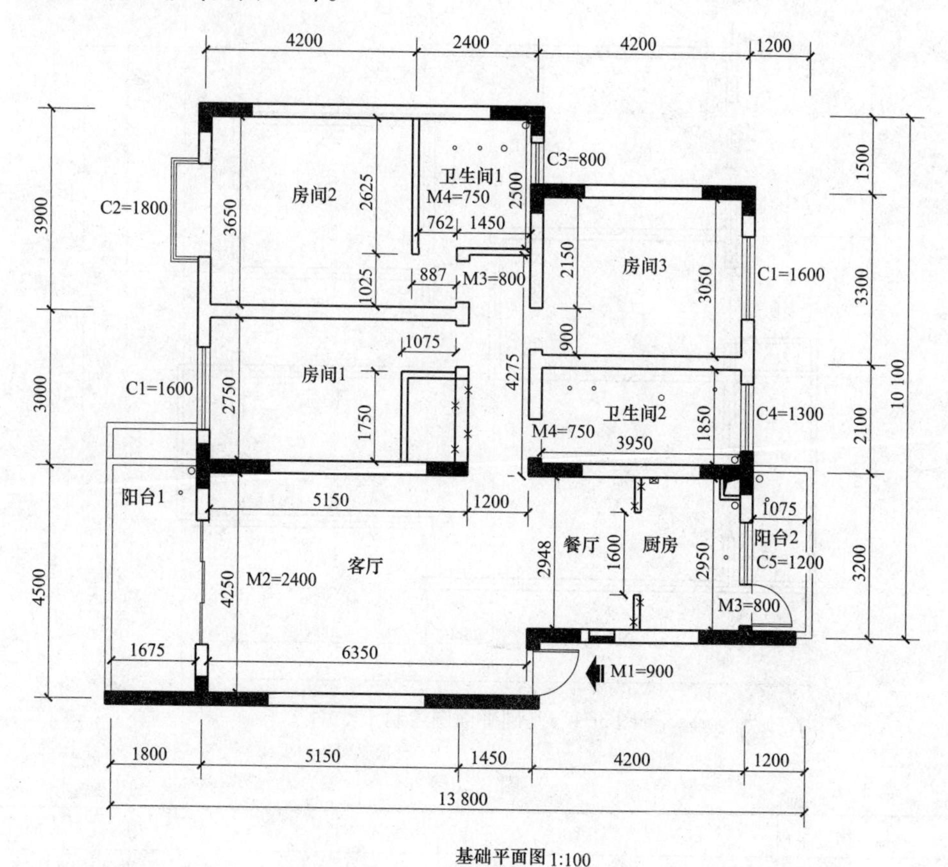

图 3-2　基础平面图绘制步骤二

识读提示

图纸绘制与装订顺序

装修施工图纸一般根据人们的阅读习惯和图纸的使用顺序来装订，从头到尾依次为图纸封面、设计说明、图纸目录、总平面图（根据具体情况增减）、平面图（包括基础平面图、平面布置图、地面铺装平面图、顶棚平面图等）、给排水图、电气图、暖通空调图、立面图、剖面图、构造节点图、大样图等，根据需要可能还会在后面增加轴测图、装配图和透视效果图等。

不同设计项目的侧重点不同，这也会影响图纸的数量和装订顺序。例如，追求图面效果的商业竞标方案可能会将透视效果图放在首端，而注重施工构造的家具设计方案可能全部以轴测图的形式出现，这样就没有其他类型的图纸了。总之，图纸绘制数量和装订方式要根据设计趋向来定，目的在于清晰、无误地表达设计者和投资方的意图。

第二节　平面布置图

平面布置图需要表示设计对象的平面形式、大小尺寸、房间布置、建筑人口、门厅及楼梯布置的情况，表明墙、柱的位置、厚度和所用材料及门窗的类型、位置等情况。对于多层设计项目，主要图纸有首层平面图、二层或标准层平面图、顶层平面图、屋顶平面图等。其中屋顶平面图是在房屋的上方向下作屋顶外形的水平正投影而得到的平面图。平面布置图在反映建筑基本结构的同时，主要说明在平面上的空间划分与布局，装修装饰设计在平面上与土建结构有对应的关系，如设施、设备的设置情况和相应的尺寸关系。因此，平面布置图基本上是设计对象的立面设计、地面装饰和空间分隔等施工的统领性依据，它代表了设计者与投资者已取得确认的基本设计方案，也是其他分项图纸的重要依据。

一、识读要点

要绘制完整、精美的平面布置图，就需要大量阅读图纸，通过识读平面布置图来学习绘图方法。主要识读要点如下。

（1）阅读标题栏　认定其属于何种平面图，了解该图所确定的平面空间范围、主体结构位置、尺寸关系、平面空间的分隔情况等。了解建筑结构的承重情况，对于标有轴线的，应明确结构轴线的位置及其与设计对象的尺寸关系。

（2）熟悉各种图例　阅读图纸的文字说明，明确该平面图所涉及的其他工程项目类别。

（3）分析空间设计　通过对各分隔空间的种类、名称及其使用功能的了解，明确为满足设计功能而配置的设施种类、构造数量和配件规格等，从而与其他图纸相对照，作出必要研究并制定加工及购货计划。

（4）尺寸与标注　通过该平面布置图上的文字标注，确认楼地面及其他可知部位饰面材料的种类、品牌和色彩要求，了解饰面材料间的区域关系、尺寸关系及衔接关系等。

对于平面图上纵横交错的尺寸数据，要注意区分建筑尺寸和设计尺寸。在设计尺寸中，要查清其中的定位尺寸、外形尺寸和构造尺寸，由此可确定各种应用材料的规格尺寸、材料之间及与主体结构之间的连接方法。其中，定位尺寸是确定装饰面或装修造型在既定空间平面上的位置依据，定位尺寸的基准通常即建筑结构面。外形尺寸即装饰面或设计造型在既定空间平面上的外边缘或外轮廓形状尺寸。其位置尺寸取决于设计划分、造型的平面形态及其同建筑结构之间的位置关系。构造尺寸是指装饰面或设计造型的组成构件及其相互间的尺寸关系。

（5）符号　通过图纸上的投影符号，明确投影面编号和投影方向，进而顺利查出各投影部位的立面图（投影视图），了解该立面的设计内容。通过图纸上的剖切符号，明确剖切位置及其剖切后的投影方向，进而查阅相应的剖面图、构造节点图或大样图，了解该部位的施工方式。

二、基本绘制内容

（1）形状与尺寸　平面布置图须表明设计空间的平面形状和尺寸，建筑物在图中的平面尺寸分三个层次，即工程所涉及的主体结构或建筑空间的外包尺寸、各房间或各种分隔空间的设计平面尺寸、局部细节及工程增设装置的相应设计平面尺寸。对于较大规模的平面布置图，为了与主体结构明确对照以利于审图和识读，尚需标出建筑物的轴线编号及其尺寸关系，甚至标出建筑柱位编号。平面布置图还应该标明设计项目在建筑空间内的平面位置，以及其与建筑结构的相互尺寸关系，表明设计项目的具体平面轮廓和设计尺寸。

（2）细节图示　平面布置图须表明楼地面装饰材料、拼花图案、装修做法和工艺要求；表明各种设施、设备、固定家具的安装位置；表明它们与建筑结构的相互关系尺寸，并说明其数量、材质和制造（或商用成品）。

识读提示

图库与图集

在装修施工图绘制中，一般需要加入大量的家具、配饰、铺装图案等元素，以求得完美的图面效果。而临时绘制这类图样会消耗大量的时间和精力。为了提高图纸品质和绘图者的工作效率，可以在日常学习、工作中不断搜集相关图样，将时尚、精致的图样归纳起来，并加以修改，整理成为个人或企业的专用图库，方便随时调用，无论对于手绘还是计算机绘制，这项工作都相当有意义。如果要绘制更高品质的商业图，追求唯美的图面效果，获得投资方青睐，可以通过专业书店或网络购买成品图库与图集，使用起来会更加得心应手（见图3-3）。

为了进一步展示平面设计的合理性和适用性，大多设计者会在平面图上画出活动式家具、装饰陈设及绿化点缀等，这些就需要丰富的图库来支持。它们同工程施工并无直接关系，但对于甲方和施工人员可提供有益的启示，便于理解和辨识功能空间。

（3）设计功能　平面布置图应该表明与该平面图密切相关各立面图的视图投影关系，尤其是视图的位置与编号；表明各剖面图的剖切位置、详图及通用配件等的位置和编号；表明各种房间或装饰分隔空间的平面形式、位置和使用功能；表明走道、楼梯、防火通道、安全门、防火门或其他流动空间的位置和尺寸；表明门、窗的位置尺寸和开启方向；表明台阶、水池、组景、踏步、雨篷、阳台及绿化等设施和装饰小品的平面轮廓与位置尺寸。

三、绘制步骤

平面布置图的绘制基于基础平面图，手工制图可以将基础平面图的框架结构重新描绘一遍，计算机制图可以将基础平面图复制保存，然后继续绘制。

（1）修整基础平面图　根据设计要求去除基础平面图上细节尺寸和标注，对于较简单的设计方案，也可以无须绘制基础平面图，直接从平面布置图开始绘制，具体方法与绘制基础平面图相同。此外，要将墙体构造和门、窗的开启方向根据设计要求重新调整，尽量简化图面内容，为后期绘制奠定基础，并对图面作二次核对（见图3-4）。

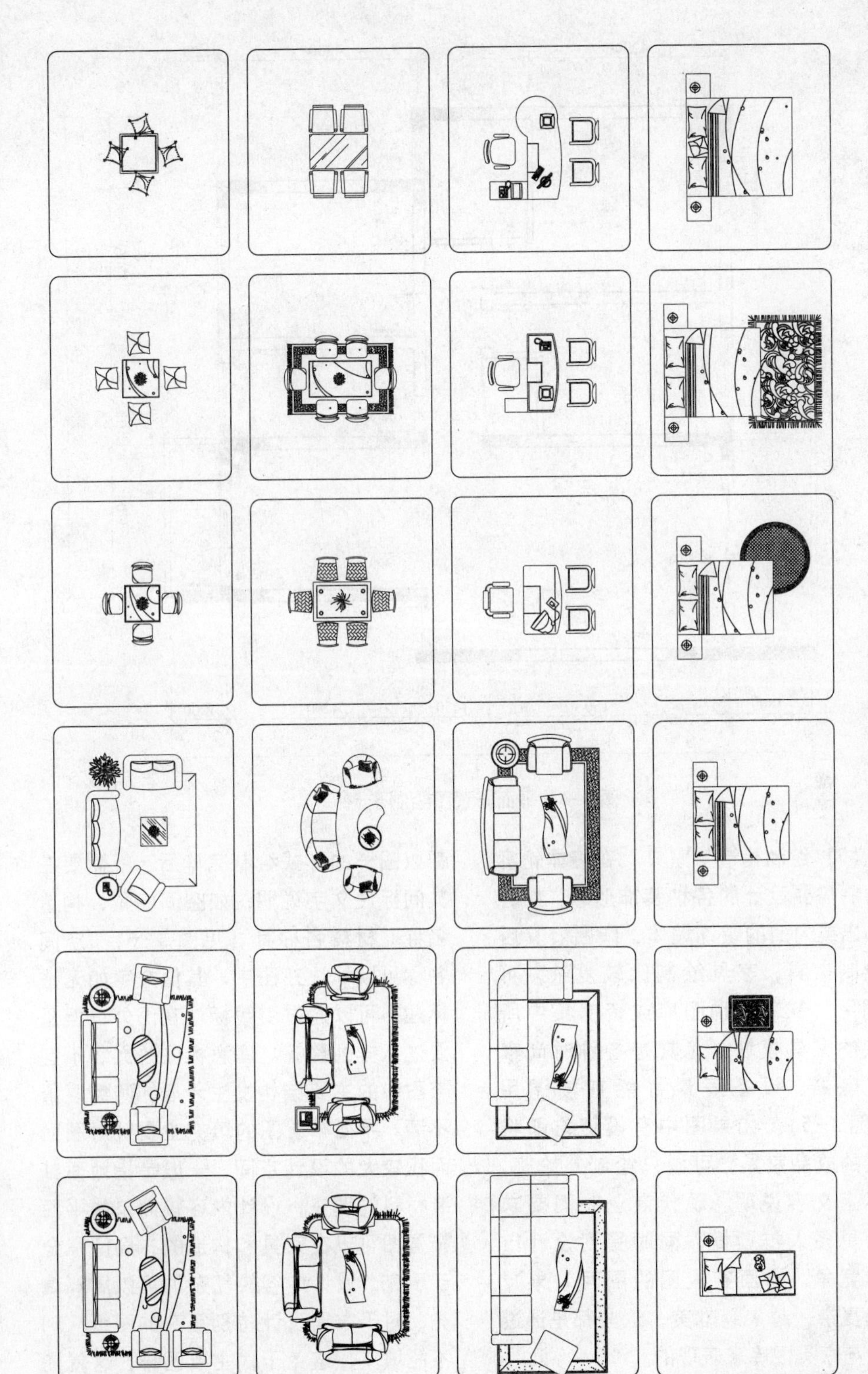

图 3-3 商业平面图图库

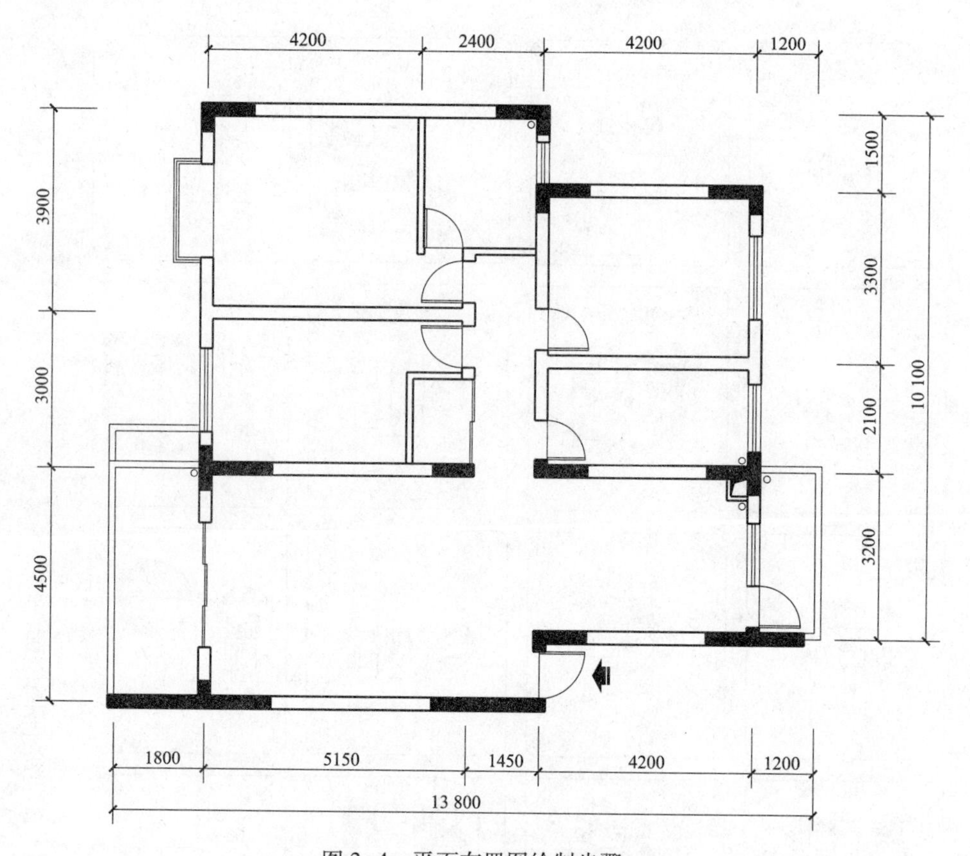

图 3-4　平面布置图绘制步骤一

（2）绘制构造与家具　在墙体轮廓上绘制需要设计的各种装饰形态，如各种凸出或内凹的装饰墙体、隔断。其后再绘制家具，家具绘制比较复杂，可以调用、参考各种图库或资料集中所提供的家具模块，尤其是各种时尚家具、电器、设备等最好能直接调用（见图 3-5）。如果图中有投资方即将购买的成品家具，可以只绘制外轮廓，并标上文字说明。现代商业制图要求能让更多人群读懂，同时受到设计市场的竞争，平面布置图的图面效果越来越复杂，越来越唯美，这些都是通过构造与家具图库来表现的。

（3）标注与填充　当主要设计内容都以图样的形式绘制完毕后，就需要在其间标注文字说明，如空间名称、构造名称、材料名称等（见图 3-6）。空间名称可以标注在图中，其他文字如无法标注，可以通过引线标注在图外，但是要注意排列整齐。注意标注的文字不宜与图中的主要结构发生矛盾，避免混淆不清。平面布置图的填充主要针对图面面积较大的设计空间，一般是指地面铺装材料的填充，设计内容较简单的平面布置图可以在家具和构造的布局间隙全部填充，设计内容较复杂的可以局部填充，对于布局设计特别复杂的图纸，则不能填充，避免干扰主要图样，这就需要另外绘制地面铺装平面图。

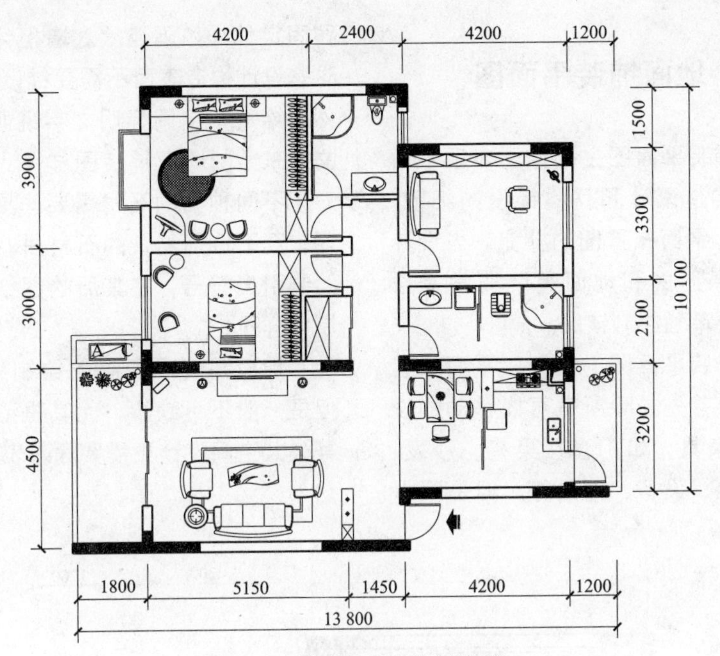

图 3-5 平面布置图绘制步骤二

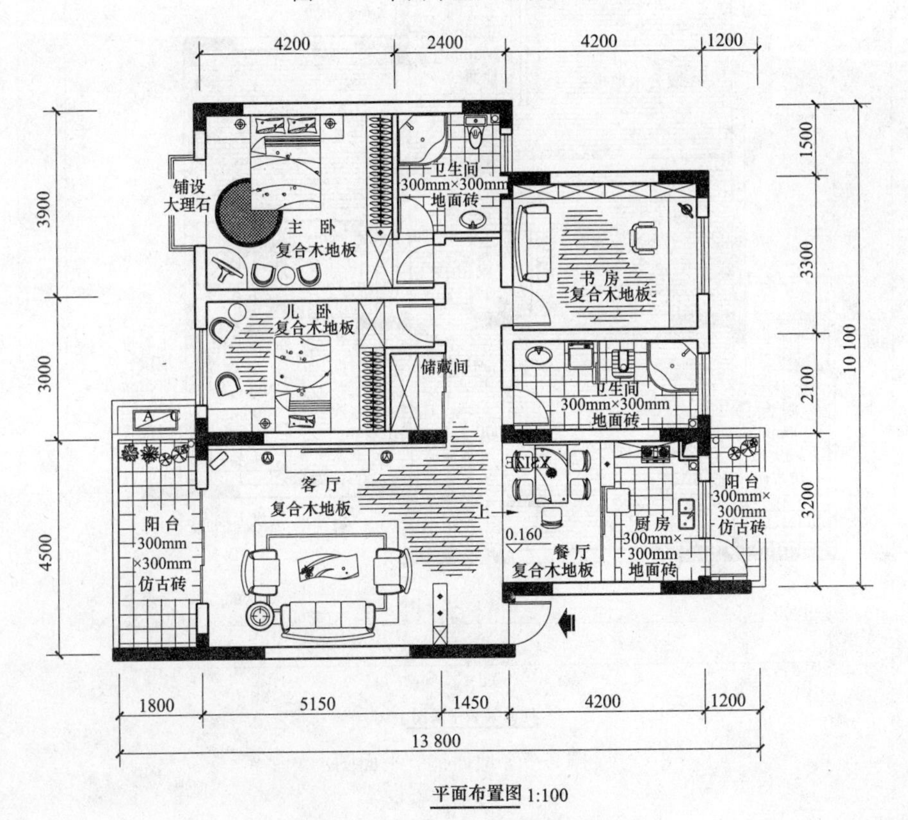

图 3-6 平面布置图绘制步骤三

第三节　地面铺装平面图

地面铺装平面图主要用于表现平面图中地面构造设计和材料铺设的细节。它一般作为平面布置图的补充，当设计对象的布局形式和地面铺装非常复杂时，就需要单独绘制该图。

地面铺装平面图的绘制以平面布置图为基础，首先去除所有可以移动的设计构造与家具，如门扇、桌椅、沙发、茶几、电器、设备、饰品等。但是须保留固定件，如隔墙、入墙柜体等，因为这些设计构造表面不需要铺设地面材料。然后给每个空间标明文字说明，环绕着文字来绘制地面铺装图样（见图 3-7）。对于不同种类的石材需要作具体文字说明，至于特别复杂的石材拼花图样需要绘制引出符号，在其后的图纸中增加绘制大样图。

地面铺装平面图的绘制相对简单，但是一般不可缺少，尤其是酒店、餐厅等公共空间设计更需要深入表现。

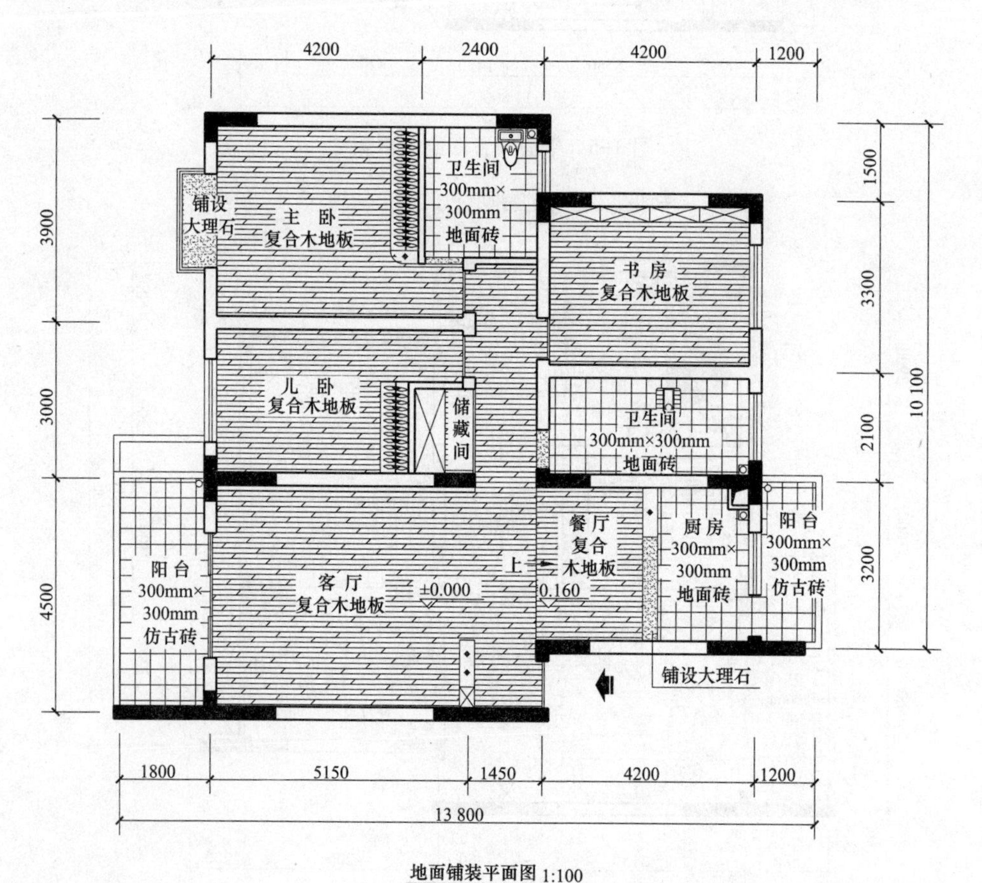

图 3-7　地面铺装平面图

第四节 顶棚平面图

顶棚平面图又称为天花平面图，按规范的定义应是以镜像投影法绘制的顶棚平面图，用来表现设计者对设计空间顶棚的平面布置状况和与构造形态。顶棚平面图一般在平面布置图之后绘制，也属于常规图纸之一，它与平面布置图的功能一样，除了反映顶棚设计形式外，主要为绘制后期图纸奠定基础。

一、识读要点

(1) 尺寸构造　了解既定空间内顶棚的设置类型和尺寸关系，明确平顶处理及悬吊顶棚的分布区域和位置尺寸，了解顶棚设计项目与建筑主体结构的衔接关系。

(2) 材料与工艺　熟悉顶棚设计的构造特点、各部位吊顶的龙骨种类、罩面板材质、安装施工方法等。通过查阅相应的剖面图及节点详图，明确主、次龙骨的布置方向和悬吊构造，明确吊顶板的安装方式。如果有需要，还要标明所用龙骨主配件、罩面装饰板、填充材料、增强材料、饰面材料及连接紧固材料的品种、规格、安装面积、设置数量，以确定加工订制及购货计划。

(3) 设备　了解吊顶内的设备、管道和布线情况，明确吊顶标高、造型形式和收边封口处理。通过顶棚其他系统的配套图纸，确定吊顶空间构造层及吊顶面所设音响、空调送风、灯具、烟感器和喷淋头等设备的位置，明确隐蔽或明露要求及各自的安装方法，明确工种分工、工序安排和施工步骤。

二、基本绘制内容

顶棚平面图需要表明顶棚平面形态及其设计构造的布置形式和各部位的尺寸关系；表明顶棚施工所选用的材料种类与规格；表明灯具的种类、布置形式与安装位置；表明空调送风、消防自动报警、喷淋灭火系统及与吊顶有关的音响等设施的布置形式和安装位置。对于需要另设剖面图或构造详图的顶棚平面图，应当表明剖切位置、剖切符号和剖切面编号。

三、绘制步骤

顶面布置图是指将建筑空间距离地面1.5m的高度水平剖切后向上看到的顶棚布置状态。可以将平面布置图的基本结构描绘或复制一份，去除中间的家具、构造和地面铺装图形，保留墙体、门窗位置（去除门扇），即可以在上面继续绘制顶面布置图。

(1) 绘制构造与设备　首先，根据设计要求绘制出吊顶造型的形态轮廓，区分不同高度上的吊顶层面。然后，绘制灯具和各种设备，注意具体位置应该以平面布置图中的功能分区相对应，灯具与设备的样式也可以从图库中调用，尽量具体细致，这样就无须另附图例说明，经过再次核对后才能进行下一步(见图3-8)。

(2) 标注与填充　当主要设计内容都以图样的形式绘制完毕后，也需要在其间标注文字说明，这主要包括标高和材料名称。注意标高三角符号的直角端点应放置在被标注的层面上，相距较远或被墙体分隔的相同层面需要重复标注。对于特殊电器、设备，可以采用引线引到图外标注，但是要注意排列整齐。其他要点同平面布置图（见图3-9）。

除了上述4种平面图外，在实际工作中，可能还需要细化并增加其他类型的平面图，如结构改造平面图、绿化配置平面图等，它们的绘制要点和表现方式都要以明确表达设计思想为目的，每一张图纸都要真正体现出自身作用。

识读提示

设计说明的编写方法

设计说明是图纸绘制的重要组成部分，它能表述图面上不便反映的内容，一份完整的设计说明主要包括以下几个方面。

（1）介绍设计方案：简要说明设计项目的基本情况，如所在地址、建筑面积、周边环境、投资金额、投资方要求、联系方式等。表述这些信息时，措辞不宜过于机械、僵硬。环境艺术设计已经深入到社会生活中了，需要让更多的人能读懂这类专业图纸。

（2）提出设计创意：设计创意是指布局形式、风格流派和设计者的思维模式。提出布局形式能很好地表述空间功能，需要逐个表述空间的形态、功能、装饰手法。风格流派需要阐述历史与潮流，提出风格的适用性。至于设计者的思维模式可以先提出投资方的要求，再逐个应答，并加入设计者自己的想法。此外，还需说明最终实施的效果和优势，这一点在大型设计项目的竞标中非常重要。

（3）材料配置：提出在该设计项目中运用到的特色材料，说明材料特性、规格、使用方法，尤其是要强调新型材料的使用优势，最好附带详细的材料购置清单，方便日后随时查阅。

（4）施工组织：阐述各主要构造的施工方法，重点表述近年来较流行的新工艺，提出质量保障措施和施工监理，最好附带施工项目表。此外，还须介绍一下施工员的基本情况，尤其是主要施工负责人的专业背景和资历等。

（5）设计者介绍：除了说明企业、设计师和绘图员等基本信息外，还需简要地表明工作态度和决心，获取投资方更大信任。

对于大多数投资方和施工员来说，他们对设计说明的质量要求甚至要超过对图纸的质量要求，因为文字阅读相对容易，传播面会更广。

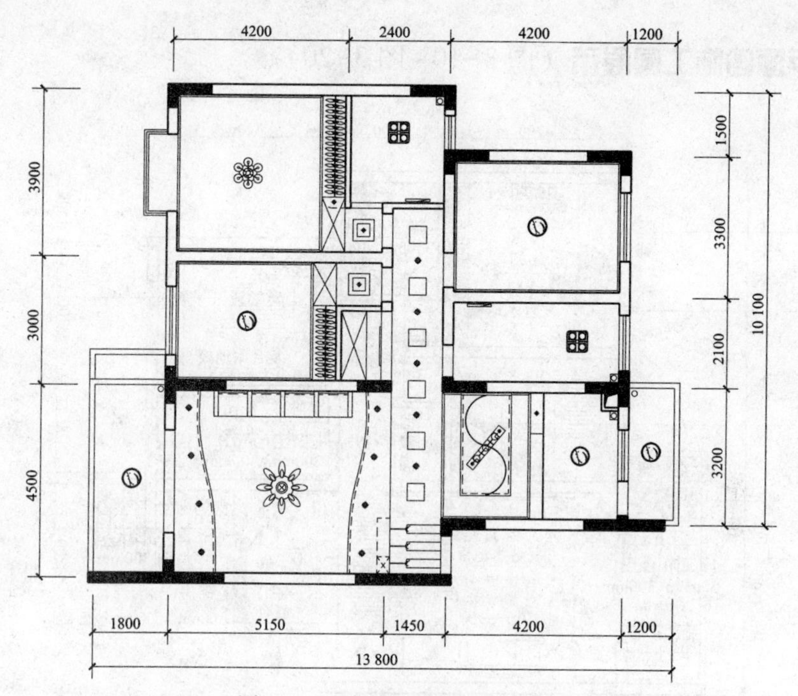

图 3-8 顶棚平面图绘制步骤一

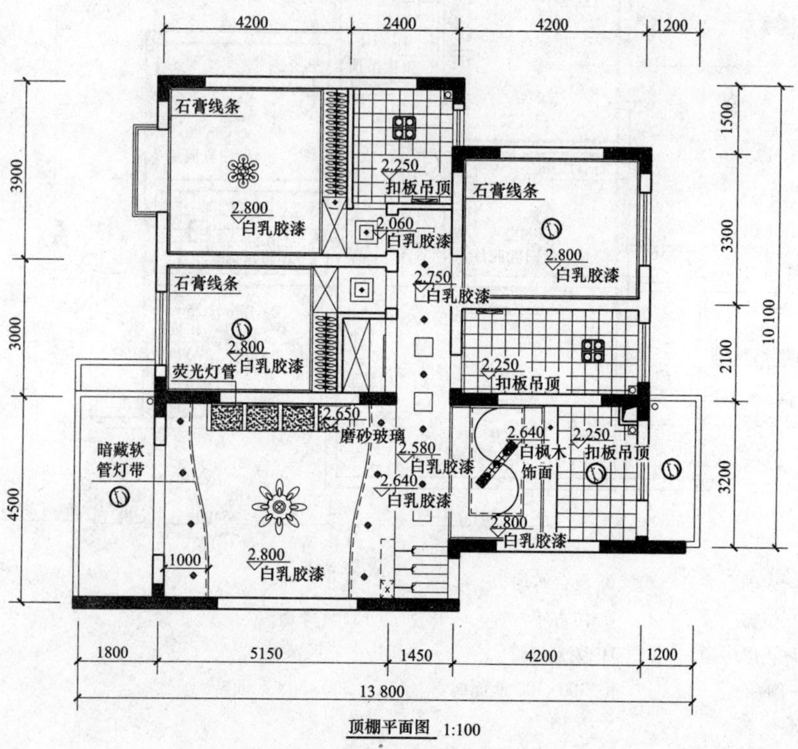

图 3-9 顶棚平面图绘制步骤二

附：平面图施工图展示（图 3-10~图 3-20）

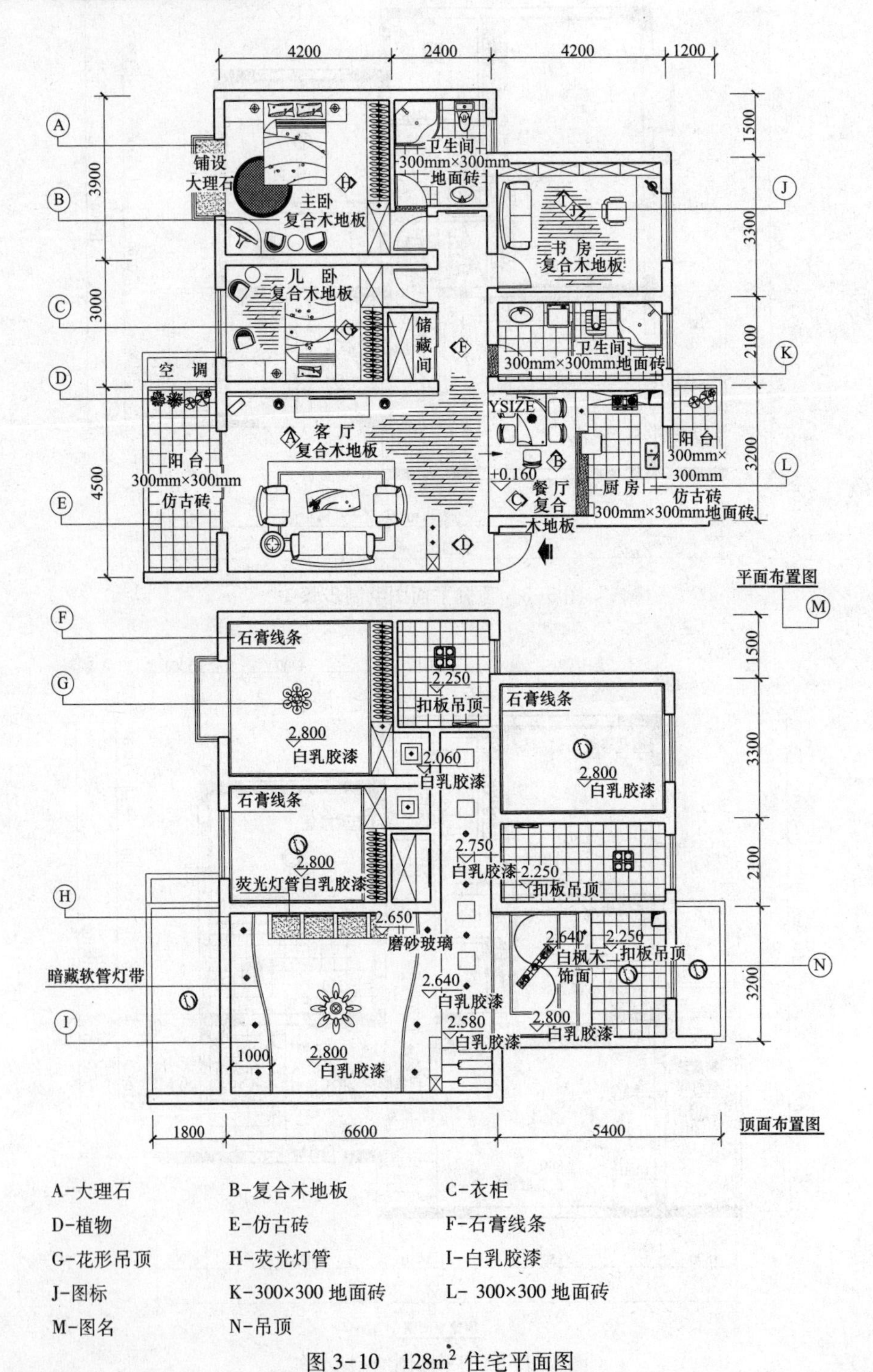

A-大理石	B-复合木地板	C-衣柜
D-植物	E-仿古砖	F-石膏线条
G-花形吊顶	H-荧光灯管	I-白乳胶漆
J-图标	K-300×300 地面砖	L- 300×300 地面砖
M-图名	N-吊顶	

图 3-10　128m^2 住宅平面图

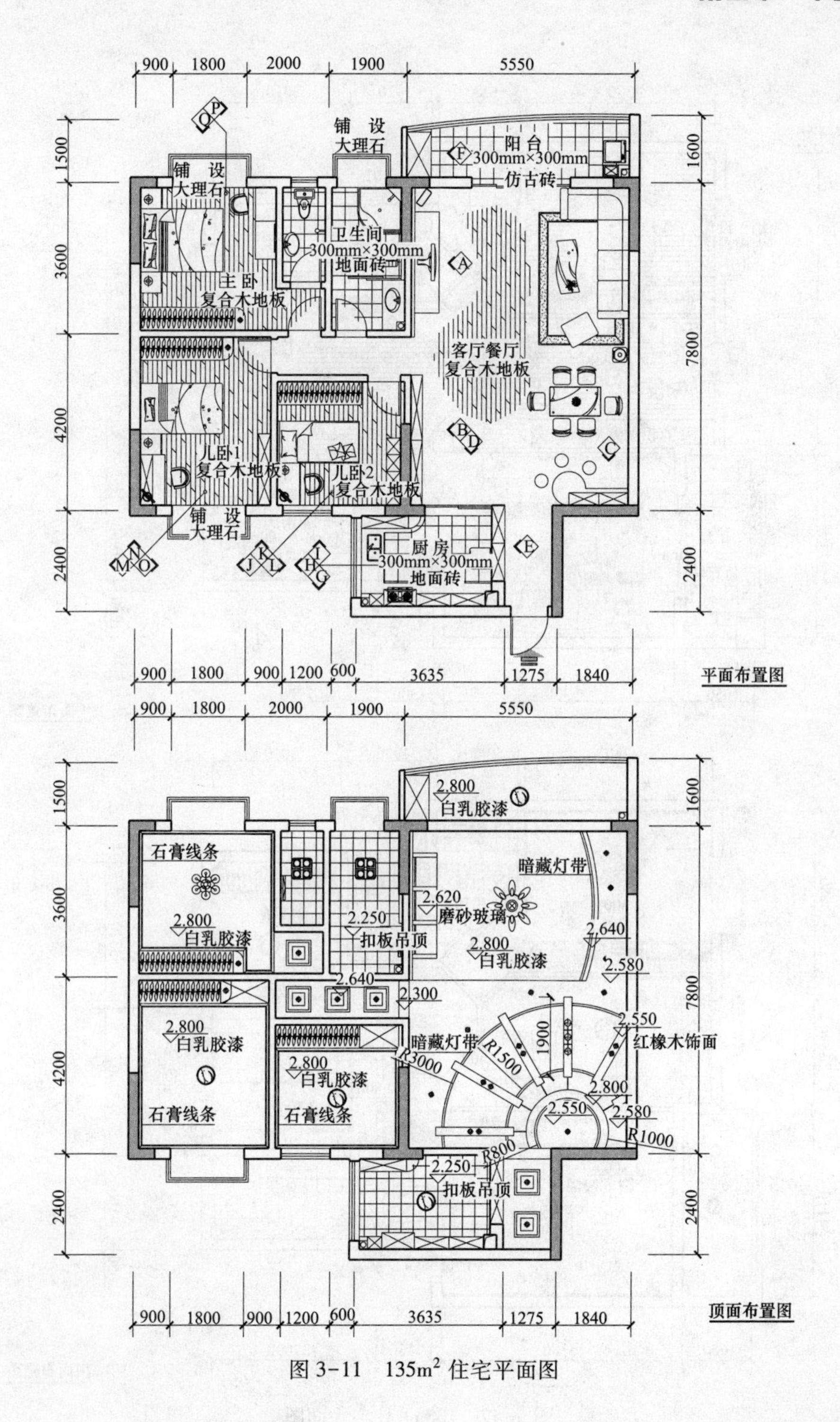

图 3-11 135m² 住宅平面图

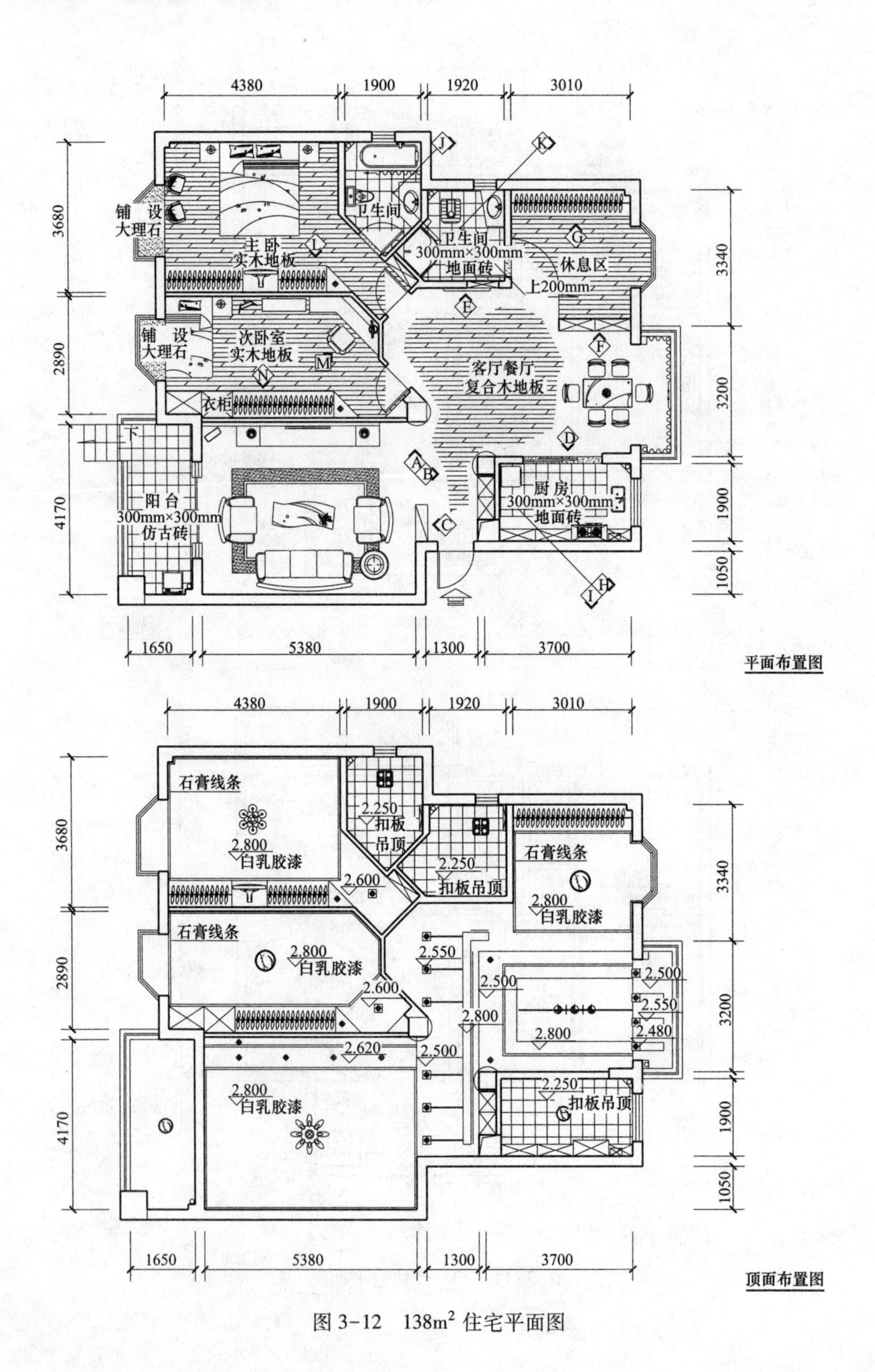

图 3-12　138m^2 住宅平面图

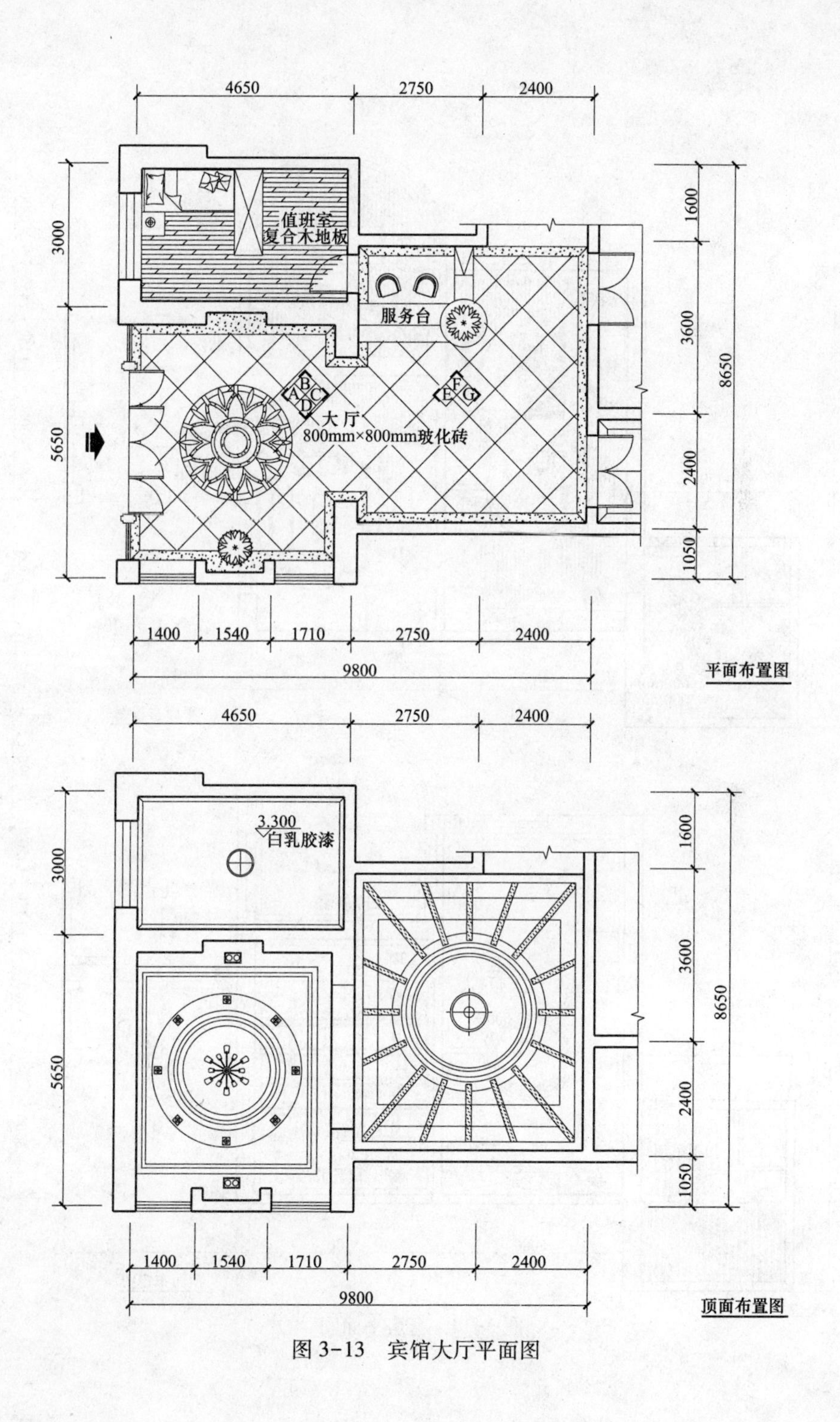

图 3-13 宾馆大厅平面图

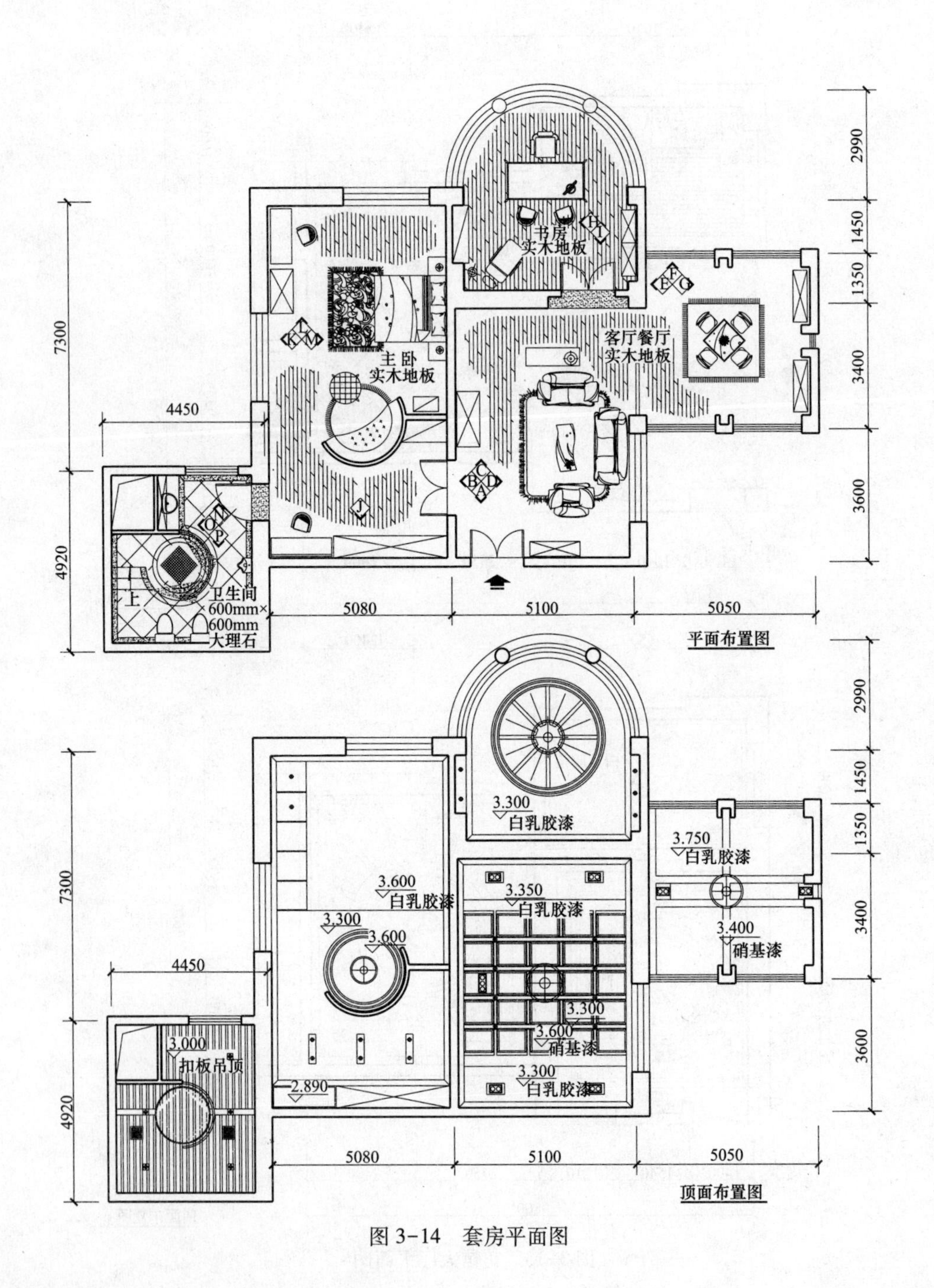
书房
实木地板
客厅餐厅
实木地板
主卧
实木地板
卫生间
600mm×
600mm
大理石
上
2990
1450
1350
3400
3600
7300
4920
4450
5080
5100
5050
平面布置图
3.300
白乳胶漆
3.750
白乳胶漆
3.600
白乳胶漆
3.350
白乳胶漆
3.400
硝基漆
3.300
3.600
3.000
扣板吊顶
3.300
3.600
硝基漆
3.300
白乳胶漆
2.890
顶面布置图

图 3-14　套房平面图

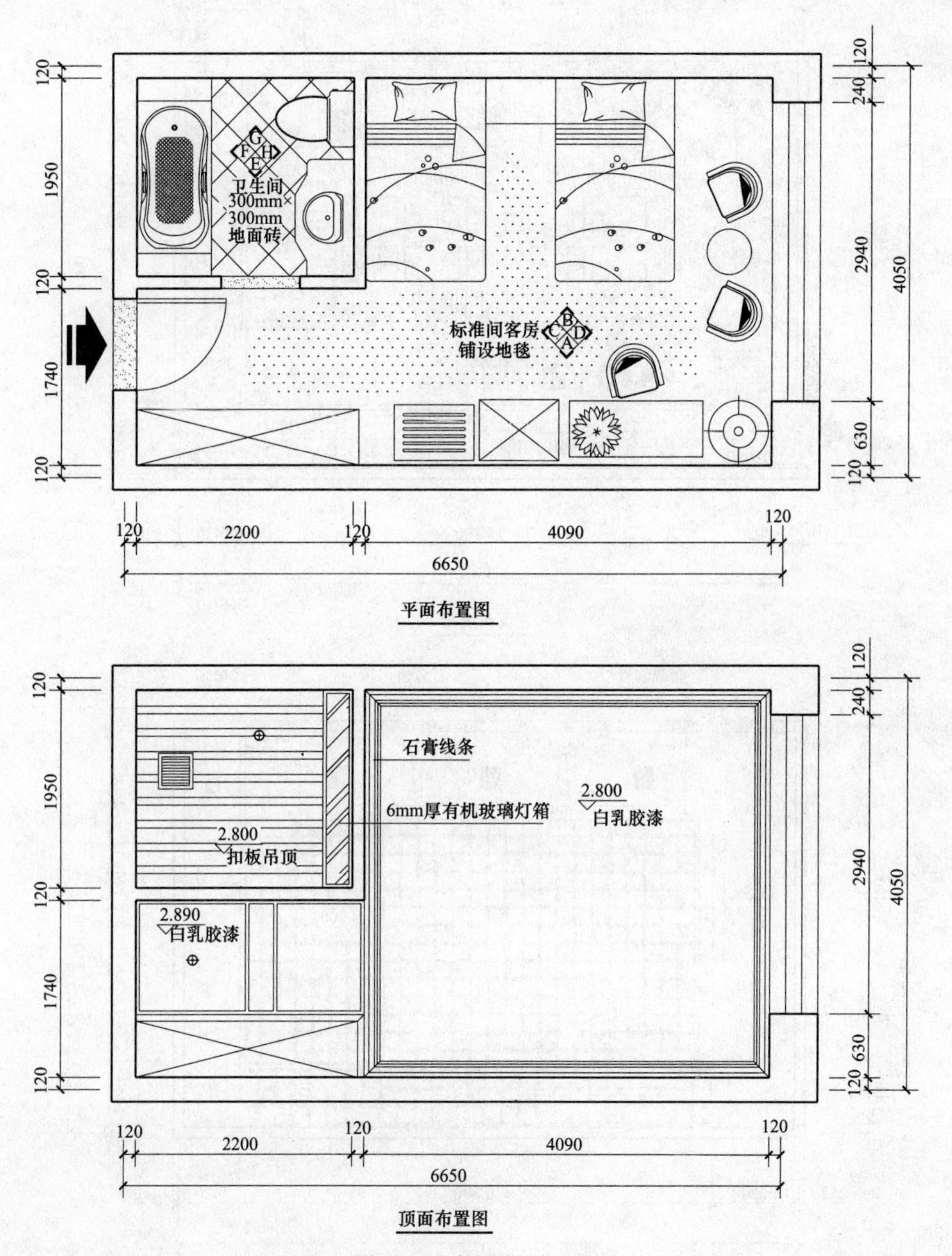
120
1950
120
1740
120
卫生间
300mm×
300mm
地面砖
标准间客房
铺设地毯
120
240
2940
4050
630
120
120
2200
120
4090
120
6650
平面布置图
石膏线条
6mm厚有机玻璃灯箱
2.800
白乳胶漆
2.800
扣板吊顶
2.890
白乳胶漆
顶面布置图

图 3-15 标准间平面图

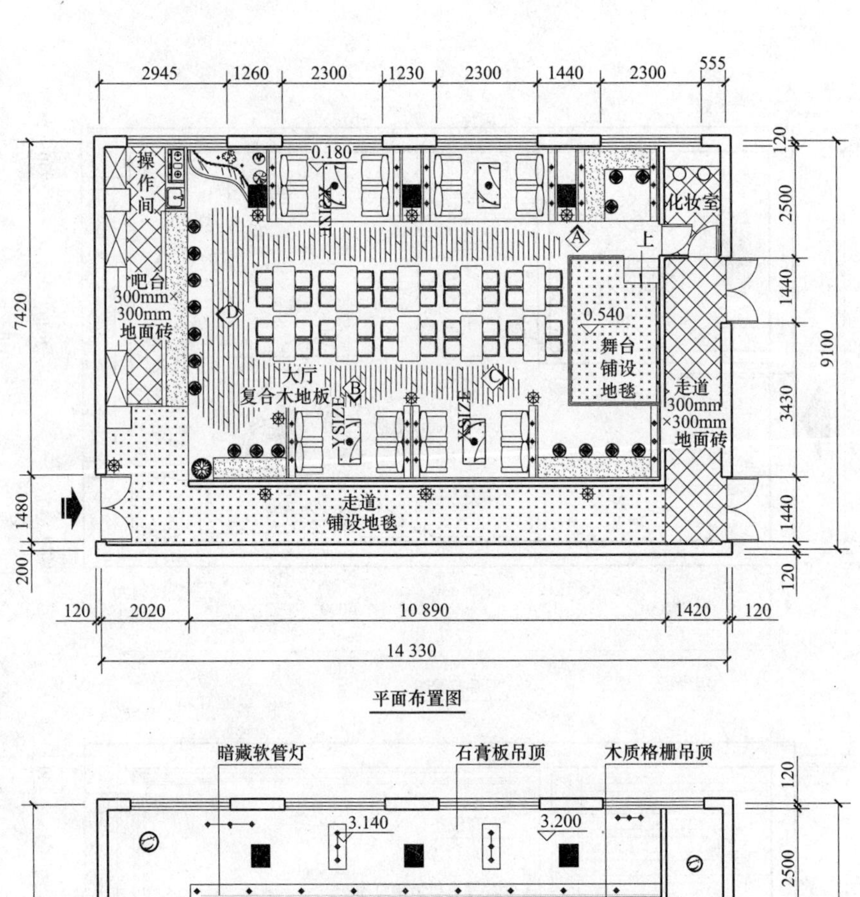

平面布置图

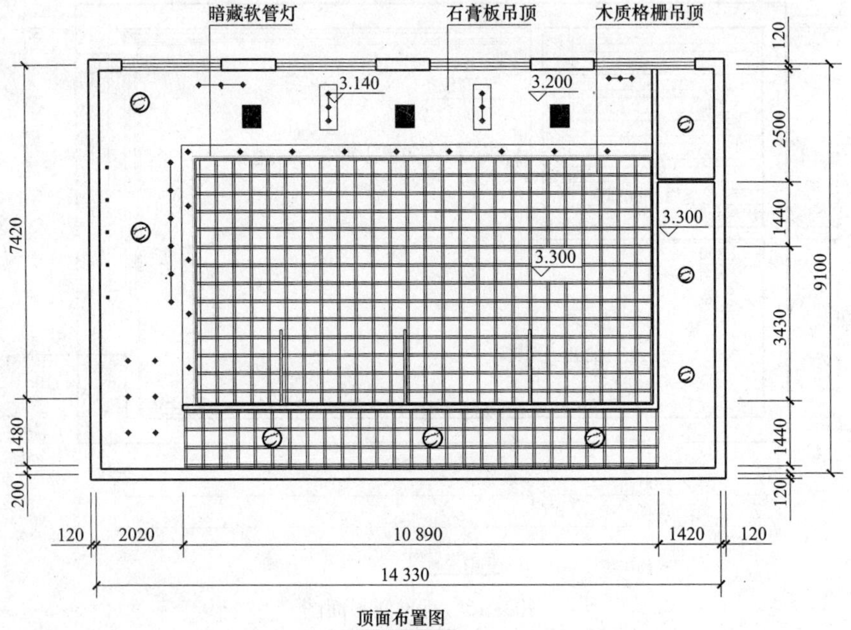

顶面布置图

图 3-16　酒吧平面图

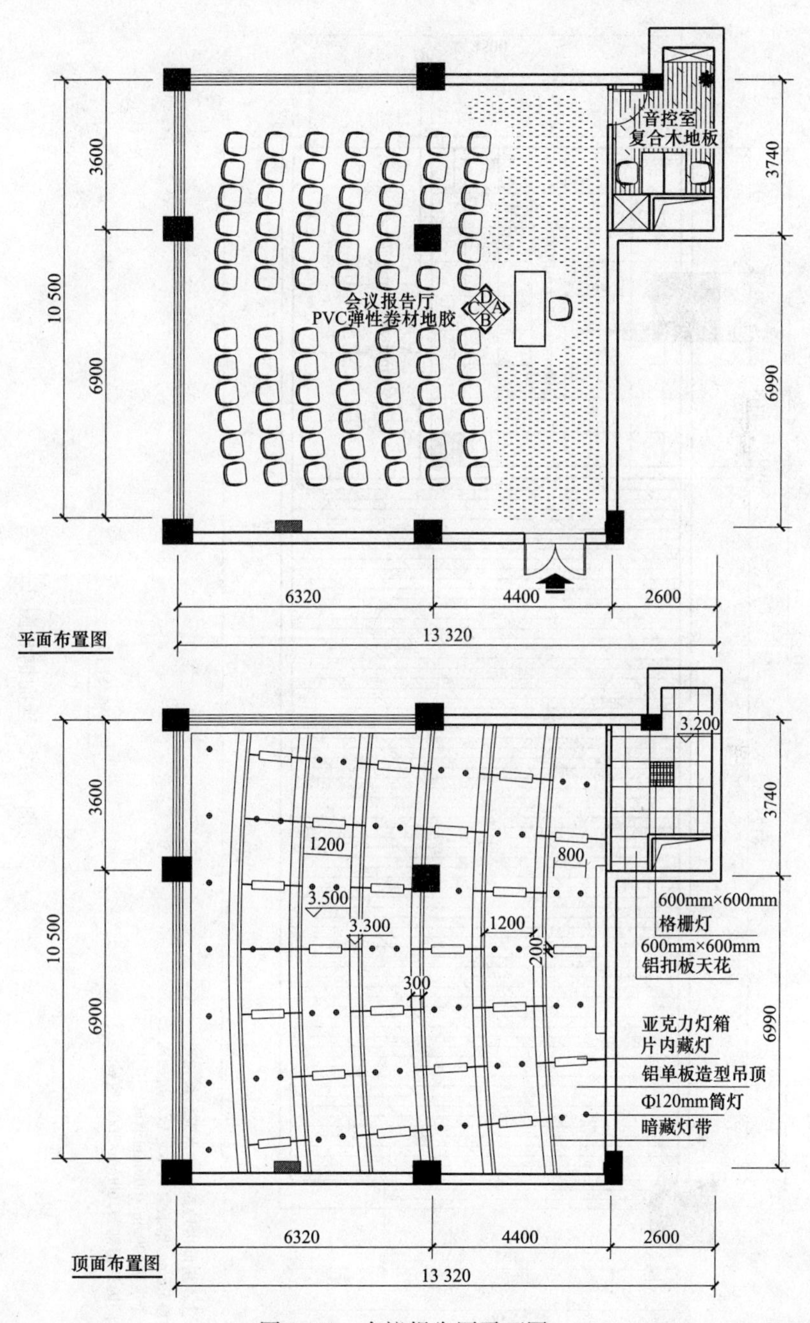

图 3-17　会议报告厅平面图

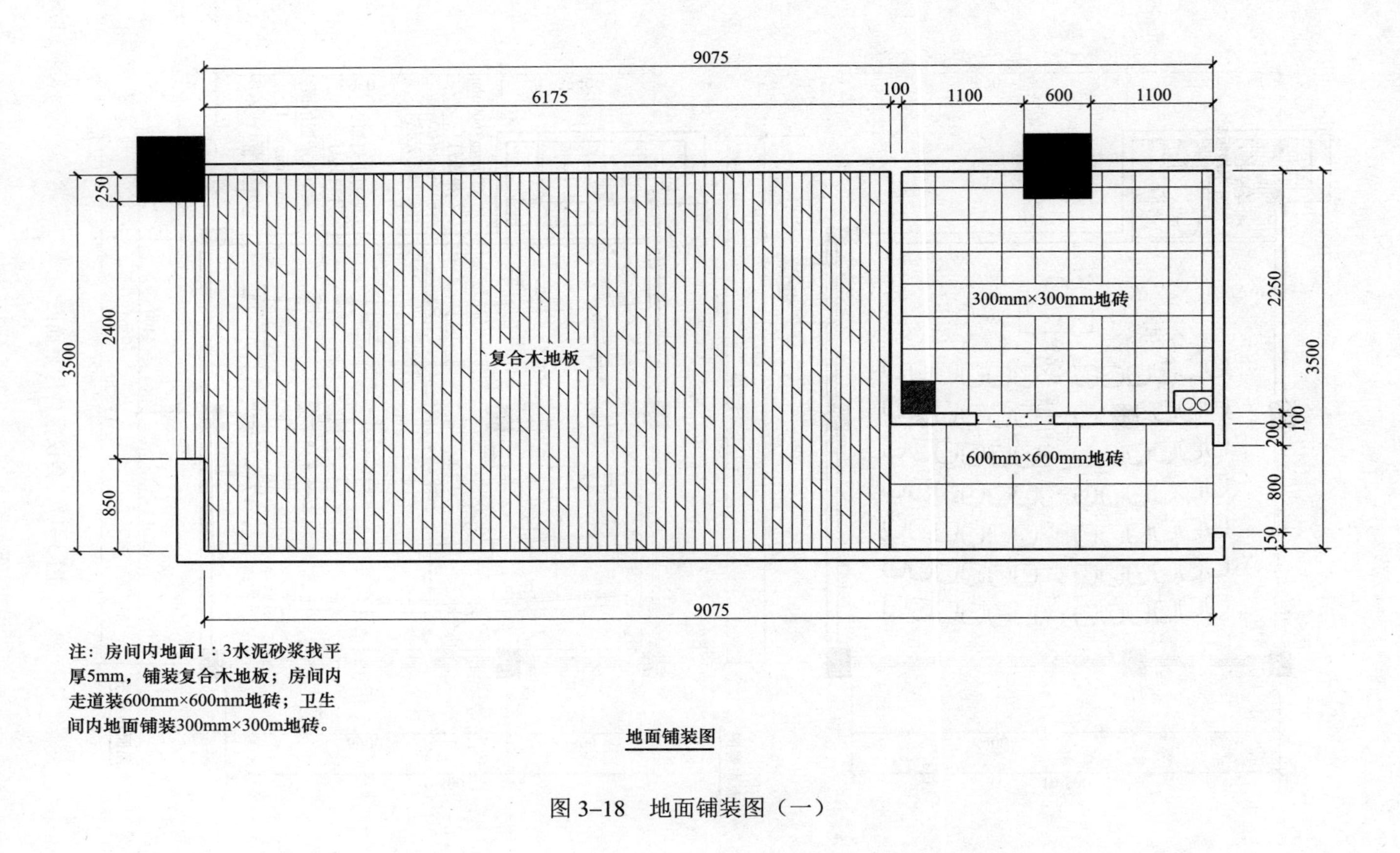
9075
6175
100
1100
600
1100
250
2400
3500
850
复合木地板
300mm×300mm地砖
600mm×600mm地砖
2250
3500
200
100
800
150
9075
注：房间内地面1：3水泥砂浆找平厚5mm，铺装复合木地板；房间内走道装600mm×600mm地砖；卫生间内地面铺装300mm×300m地砖。
地面铺装图

图 3-18　地面铺装图（一）

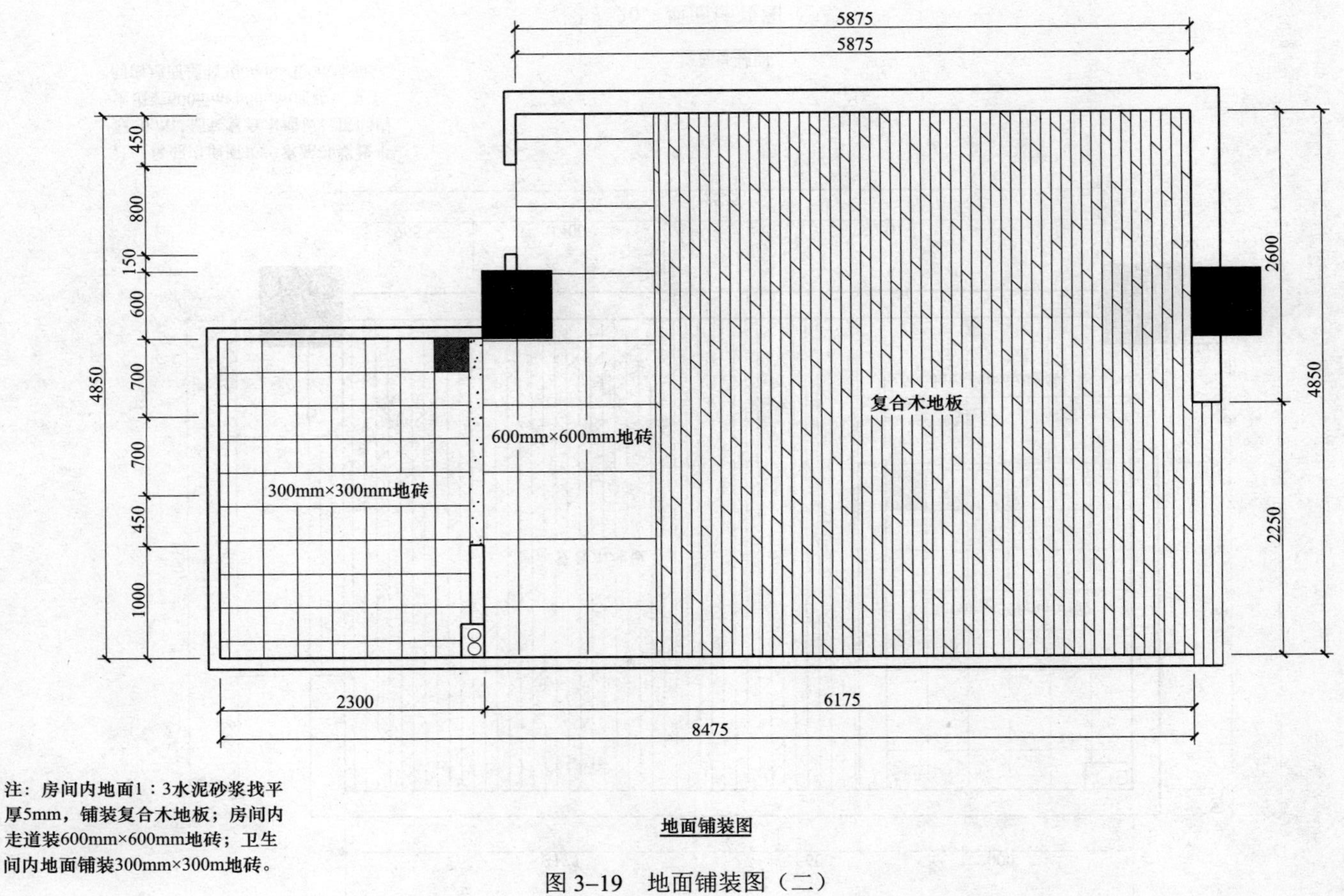

图 3-19　地面铺装图（二）

注：房间内地面1：3水泥砂浆找平厚5mm，铺装复合木地板；房间内走道装600mm×600mm地砖；卫生间内地面铺装300mm×300m地砖。

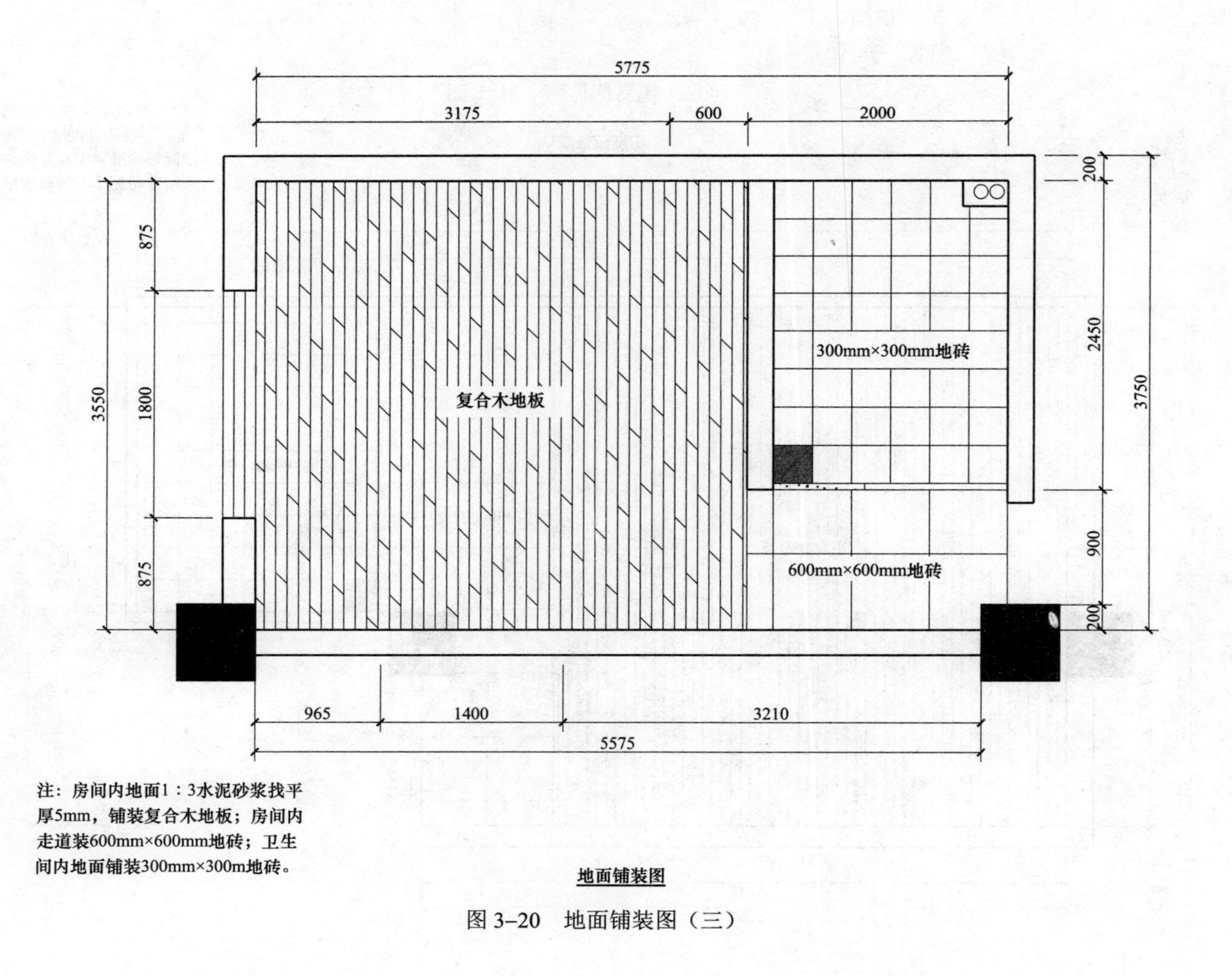

注：房间内地面1：3水泥砂浆找平厚5mm，铺装复合木地板；房间内走道装600mm×600mm地砖；卫生间内地面铺装300mm×300m地砖。

地面铺装图

图 3-20　地面铺装图（三）

第四章 给排水图

给排水图是装修施工制图中特殊专业制图之一。在实际工作中，由于绘制给排水图比较枯燥，对于多数小型项目而言，很多水路施工员能凭借自身经验，在施工现场边设计边安装，因此很多设计者不够重视，一旦需要严格的图纸交付使用，就很难应对。给排水图不仅要保持精密的思维，还要熟读国家标准，本章以 GB/T 50106—2010《给水排水制图标准》和 GB/T 50001—2010《房屋建筑制图统一标准》为参考依据，列举两项典型案例详细讲述绘制方法。

第一节 国家标准规范

给排水图主要表现为设计空间中的给排水管布置、管道型号、配套设施布局、安装方法等内容，它使整体设计功能更加齐备，保证后期给排水施工能顺利进行。

一、图线

给排水制图的主要绘制对象是管线，因此图线的宽度 B 应根据图纸的类别、比例和复杂程度，按 GB/T 50001—2010《房屋建筑制图统一标准》中所规定的线宽系列 2.0mm、1.4mm、1.0mm、0.7mm、0.5mm、0.35mm 选用，宜为 0.7mm 或 1.0mm。由于管线复杂，在实线和虚线的粗、中、细三档线型的线宽中增加了一档中粗线，因而线宽组的线宽比也扩展为粗：中粗：中：细=1：0.7：0.5：0.25。给排水专业制图常用的各种线型宜符合表 4-1 的规定。

表 4-1 图 线

名 称	线 型	线 宽	用 途
粗实线	————————	B	新设计的各种排水和其他重力流管线
粗虚线	— — — — — — —	B	新设计的各种排水和其他重力流管线的不可见轮廓线
中粗实线	————————	0.7B	新设计的各种给水和其他压力流管线；原有的各种排水和其他重力流管线

续表

名称	线型	线宽	用途
中粗虚线	— — — — — —	0.7B	新设计的各种给水和其他压力流管线及原有的各种排水和其他重力流管线的不可见轮廓线
中实线	————	0.5B	给水排水设备、零（附）件的可见轮廓线；总图中新建的建筑物和构筑物的可见轮廓线；原有的各种给水和其他压力流管线
中虚线	— — — — — —	0.5B	给水排水设备、零（附）件的不可见轮廓线；总图中新建的建筑物和构筑物的不可见轮廓线；原有的各种给水和其他压力流管线的不可见轮廓线
细实线	————	0.25B	建筑的可见轮廓线；总图中原有的建筑物和构筑物的可见轮廓线；制图中的各种标注线
细虚线	— — — — —	0.25B	建筑的不可见轮廓线；总图中原有的建筑物和构筑物的不可见轮廓线
单点长画线	—— · —— · ——	0.25B	中心线、定位轴线
折断线	——\/——	0.25B	断开界线
波浪线	∽∽∽	0.25B	平面图中水面线；局部构造层次范围线；保温范围示意线

二、比例

给水排水专业制图中平面图常用的比例宜与相应建筑平面图一致。在给排水轴测图中，如果表达有困难，该处可不按比例绘制。

三、标高

标高符号及一般标注方法应符合GB/T 50001—2010《房屋建筑制图统一标准》中的规定。室内工程应标注相对标高，室外工程宜标注绝对标高，当无绝对标高资料时，可标注相对标高，但应与GB/T 50103—2010《总图制图标准》一致（见图4-1、图4-2）。压力管道应标注管中心标高；沟渠和重力流管道宜标注沟（管）内底标高。在实际工程中，管道也可以标注相对本层地面的标高，标注方法为H+×，如H+0.025。在下列部位应标注标高。

(1) 沟渠和重力流管道的起讫点、转角点、连接点、变坡点、变坡尺寸（管径）点及交叉点。

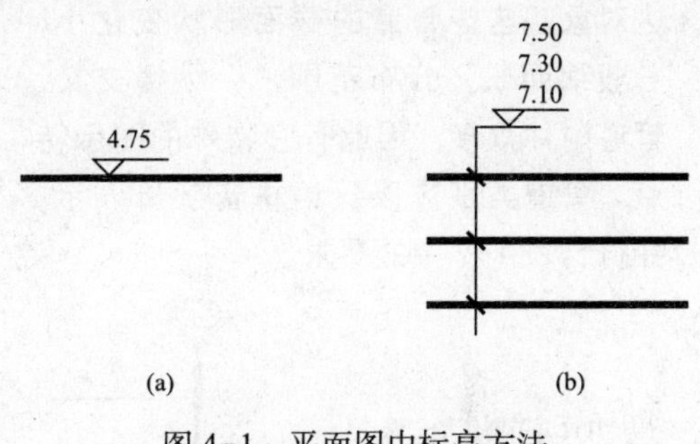

图 4-1　平面图中标高方法

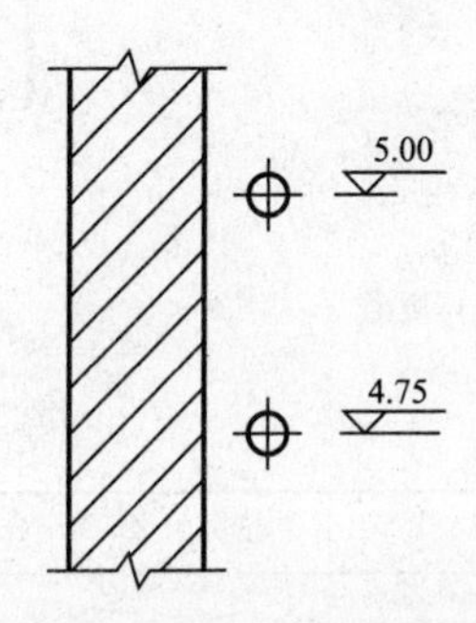

图 4-2　剖面图中标高方法

（2）压力流管道中的标高控制点。

（3）管道穿外墙、剪力墙和构筑物的壁及底板等处。

（4）不同水位线处。

（5）构筑物和土建部分的相关标高。

四、管径

管径应该以 mm 为单位。水煤气输送钢管（镀锌或非镀锌）、铸铁管等管材，管径宜以公称直径 DN 表示，如 DN20、DN50 等。无缝钢管、焊接钢管（直缝或螺旋缝）、铜管、不锈钢管等管材，管径宜以外径 D×壁厚表示，如 D108×4、D159×4.5 等（见图 4-3）。钢筋混凝土或（混凝土）管、陶土管、耐酸陶瓷管、缸瓦管等管材，管径宜以内径 D 表示，如 D230、D380 等。塑料管材，管径宜按产品标准的表示方法表示。当设计均用公称直径 DN 表示管径时，应有公称直径 DN 与相应产品规格对照表。

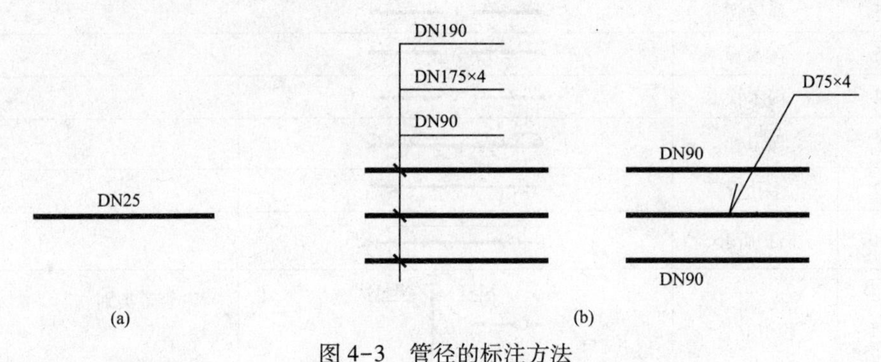

图 4-3　管径的标注方法

（a）单管管径表示法；（b）多管管径表示法

五、编号

当建筑物的给水引入管或排水排出管的数量超过一根时，宜进行编号（见图 4-4a）。建筑物内穿越楼层的立管，其数量超过一根时宜进行编号（见图 4-4b）。

在总平面图中，当给排水附属构筑物的数量超过一个时，宜进行编号。编号方法为：构筑物代号-编号。给水构筑物的编号顺序宜为：从水源到干管，再从干管到到支管，最后到用户。排水构筑物的编号顺序宜为：从上游到下游，先干管后支管。当给排水机电设备的数量超过一台时，宜进行编号，并应有设备编号与设备名称对照表。

六、图例

由于管道是给排水工程图的主要表达对象，这些管道的截面形状变化小，一般细而长，分布范围广，纵横交叉，管道附件众多，因此有它特殊的图示特点。管道类别应以汉语拼音字母表示，并符合表4-2中的要求。

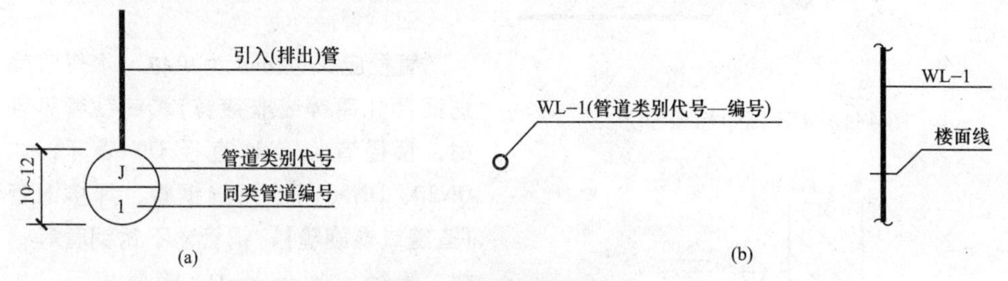

图4-4 管道编号表示法

(a) 给水引入(排水排出)管；(b) 立管

表4-2 给排水图常用图例

序号	名称	图例	备注
1	生活给水管	J	
2	热力给水管	RJ	
3	循环给水管	XJ	
4	废水管	F	可与中水源水管合用
5	通气管	T	
6	污水管	W	
7	雨水管	Y	
8	保温管		
9	多孔管		
10	防护管套		
11	管道立管	XL-1 XL-1 平面 系统	X：管道类别 L：立管 1：编号
12	立管检查口		
13	清扫口	平面 系统	
14	通气帽	成品 蘑菇形	

续表

序号	名称	图例	备注
15	通气帽	YD- YD- 成品 系统	
16	排水漏斗	平面 系统	
17	圆形地漏	平面 系统	通用，如为无水封，地漏应加存水弯
18	方形地漏		
19	自动冲水箱		
20	法兰连接		
21	承插连接		
22	活接头		
23	管堵		
24	法兰堵盖		
25	弯折管		表示管道向下及向后弯转 90°
26	三通连接		
27	四通连接		
28	盲管		
29	管道丁字上接		
30	管道丁字下接		
31	管道交叉		在下方和后面的管道应断开
32	短管		
33	存水弯		

续表

序号	名 称	图 例	备 注
34	弯头		
35	正三通		
36	斜三通		
37	正四通		
38	斜四通		
39	闸阀		
40	角阀		
41	三通阀		
42	四通阀		
43	截止阀	DN≥50 DN＜50	
44	电动阀		
45	电磁阀	M	
46	浮球阀	平面 系统	
47	延时自闭冲洗阀		
48	放水龙头	平面 系统	
49	脚踏开关		

续表

序号	名 称	图 例	备 注
50	消防栓给水管	XH	
51	自动喷水灭火给水管	ZP	
52	室外消火栓		
53	室内消火栓（单口）	平面 系统	白色为开启面
54	室内消火栓（双口）	平面 系统	
55	自动喷洒头（开式）	平面 系统	
56	自动喷洒头（闭式）	平面 系统	下喷
		平面 系统	上喷
		平面 系统	上下喷
57	雨淋灭火给水管	YL	
58	水幕灭火给水管	SM	
59	立式洗脸盆		
60	台式洗脸盆		
61	挂式洗脸盆		
62	浴盆		
63	化验盆、洗涤盆		

续表

序号	名 称	图 例	备 注
64	带沥水板洗涤盆		不锈钢制品
65	盥洗槽		
66	污水池		
67	妇女卫生盆		
68	立式小便器		
69	壁挂式小便器		
70	蹲式大便器		
71	坐式大便器		
72	小便槽		
73	淋浴喷头		
74	水泵	平面 系统	
75	开水器		
76	水表小便槽		

第二节 识读要点

由于给排水图中的管道和设备非常复杂，在识读给排水图时要注意以下几点。

一、正确认识图例

给水与排水工程图中的管道及附件、管道连接、阀门、卫生器具及水池、设备及仪表等，都要采用统一的图例表示。在识读图纸时最好能随身携带一份国家标准图例，应用时可以随时查阅该标准。凡在该标准中尚未列入的，可自设图例，但在图纸上应专门画出自设的图例，并加以说明，以免引起误解。

二、辨清管线流程

给水与排水工程中管道很多，常分成给水系统和排水系统。它们都按一定方向通过干管、支管，最后与具体设备相连接。如室内给水系统的流程为：进户管（引入管）—水表—干管—支管—用水设备；室内排水系统的流程为：排水设备—支管—干管—户外排出管。常用 J 作为给水系统和给水管的代号，用 F 作为废水系统和废水管的代号，用 W 作为污水系统和污水管的代号，现代住宅、商业和办公空间的排水管道基本都以 W 作为统一标识。

三、对照轴测图

由于给排水管道在平面图上较难表明它们的空间走向，所以在给水与排水工程图中，一般都用轴测图直观地画出管道系统，称为系统轴测图，简称轴测图或系统图。阅读图纸时，应将轴测图和平面图对照识读。轴测图能从空间上表述管线的走向，表现效果更直观。

四、配合原始建筑图

由于给排水工程图中管道设备的安装，需与土建施工密切配合，所以给排水施工图也应与土建施工图（包括建筑施工图和结构施工图）相互密切配合。尤其在留洞、预埋件、管沟等方面对土建的要求，须在图纸上表明。

第三节 给排水平面图

在装修施工图设计方案中，给排水施工图是用来表示卫生设备、管道、附件的类型、大小及其在空间中的位置、安装方法等内容的图样。由于给排水平面图主要反映管道系统各组成部分的平面位置，因此，设计空间的轮廓线应与设计平面图或基础平面图一致。一般只需抄绘墙身、柱、门窗洞、楼梯等主要构配件，至于细部、门窗代号等均可略去。底层平面图（即±0.000 标高层平面图）应在右上方绘出指北针。卫生设备和附件中有一部分是工业产品，如洗脸盆、大便器、小便器、地漏等，只表示出它们的类型和位置；另一部分是在后期施工中需要现场制作的，如厨房中的水池（洗涤盆）、卫生间中的大小便槽等，这部分图形先由建筑设计人员绘制，在给排水平面图中仅需抄绘其主要轮廓。

给排水管道应包括立管、干管、支管，要注出管径，底层给排水平面图中还有给水引入管和废水、污水排出管。为了便于读图，在底层给排水平面图中的各种管道要按系统编号，系统的划分视具体情况而异，一般给水管以每一引入管为一个系统，污水、废水管以每一个承接排水管的检查井为一个系统。此外，图中的图例应采用标准图例，自行增加的标准中未列的图例，应附上图例说明，但为了使施工员便于阅读图纸，无论是否采用标准图例，最好都能附上各种管道及卫生设备等的图例，并对施工要求和有关材料等内容用文字加以说明。通常将图例和施工说明都附在底层给排水平面图中。

绘制给排水平面图注重图纸的表意功能，需要精密的思维，具体绘制方法可以分为三个步骤。

一、抄绘基础平面图

先抄绘基础平面图中的墙体与门窗位置等固定构造形态，再绘制现有的给排水立管和卫生设备的位置。选用比例宜根据图纸的复杂程度合理选择，一般采用与平面图相同的比例。由于平面布局不是该图的主要内容，所以墙、柱、门窗等都用细实线表示（见图 4–5）。抄绘建筑平面图的数量，宜视卫生设备和给排水管道的具体状况来确定。

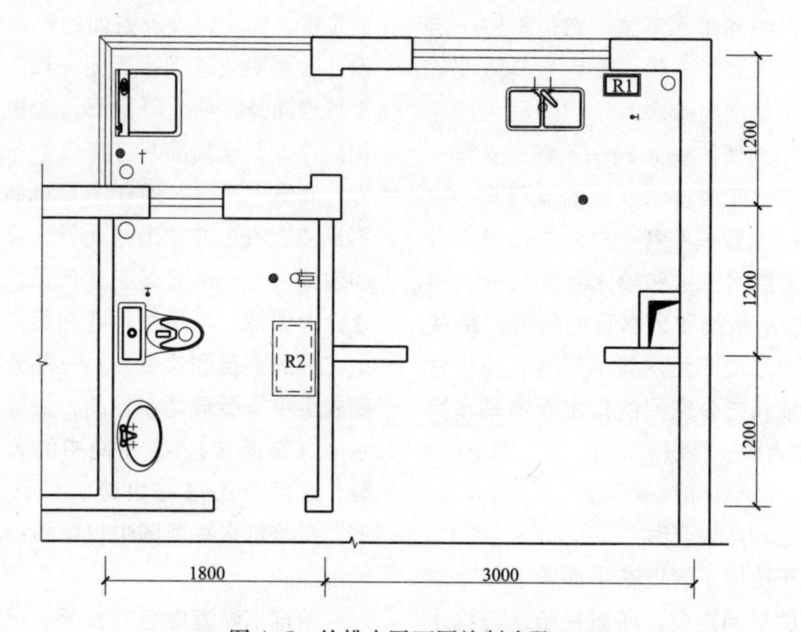

图 4–5　给排水平面图绘制步骤一

对于多层建筑，底层由于室内管道需与室外管道相连，必须单独画出一个完整的平面图。其他楼层的平面图只抄绘与卫生设备和管道布置有关的部分即可，但是还应分层抄绘，如果楼层的卫生设备和管道布置完全相同，也可以只画出相同楼层的一个平面图，但在图中必须注明各楼层的层次和标高。设有屋顶水箱的楼层可以单独画出屋顶给排水平面图，当管道布置不太复杂时，也可在最高楼层给排水平面图中用中虚线画出水箱的位置。

各类卫生设备一般按国家标准图例绘制，用中实线画出其平面图形的外轮廓。现代环境艺术设计制图追求唯美的图面效果，也可以使用成品图库中的图样。对于非标准设计的设施和器具，则应在建筑施工图中另附详图，这里就不必详细画出其形状。如果在施工或安装时有所需要，可注出它们的定位尺寸。本例中的卫生设备，如洗脸盆、浴盆、坐式大便器等，都采用定型产品，按相关图集安装。

二、连接管线

当所有卫生设备和给排水立管绘制完毕后就可以绘制连接管线，管线的绘制顺序是先连接给水管，再连接排水管，管线连接尽量简洁，避免交叉过多、转角过多，尽量降低管线连接长度。管线应采用汉语拼音字头代号来表示管道类别，此外，还可以使用不同线形来区分，这对较简单的给排水制图比较适用，如中粗实线表示冷给水管，中粗虚线表示热给水管，粗单点画线表示污水管等（见图 4-6）。凡是连接某楼层卫生设备的管道，无论是安装在楼板上，还是楼板下，都可以画在该楼层平面图中。也无论管道投影是否可见，都按原线型表示。给排水平面图按投影关系表示了管道的平面布置和走向，对管道的空间位置表达得不够明显，所以还必须另外绘制管道的系统轴测图。管道的长度是在施工安装时根据设备间的距离直接测量截割的，所以在图中不必标注管长。

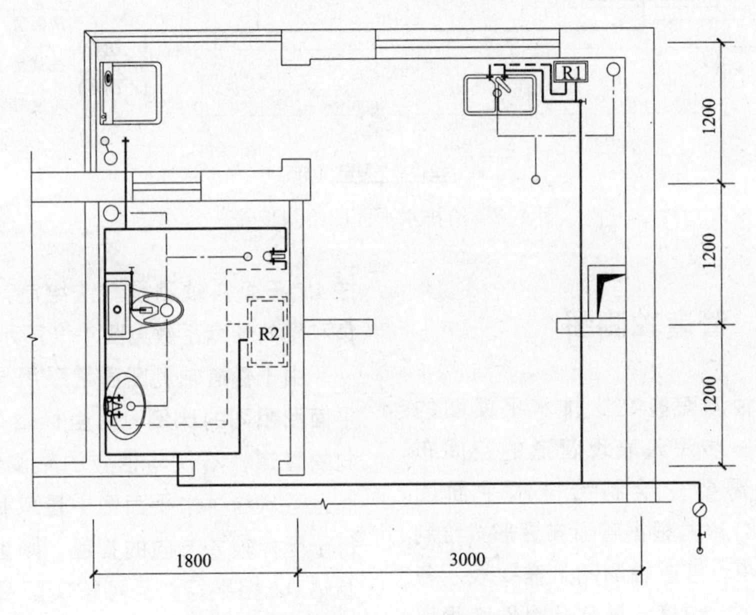

图 4-6 给排水平面图绘制步骤二

三、标注与图例

连接管线后要注意检查、核对，发现错误与不合理的地方要及时更正。给排水管（包括低压流体输送用的镀锌焊接钢管、不涂锌焊接钢管、铸铁管等）的管径尺寸应以毫米为单位，以公称直径 DN 表示，如 DN15、DN50 等，一般标注在该管段的旁边，如位置不够时，也可用引出线引出标注。标注顺序一般为先标注立管，再标注横管，先标注数字和字母，再书写汉字标题。绘制图例要完整，图例大小一般应该与平面图一致，对于过大或过小的构件可以适当扩减。标注完成再重新检查一边，纠正错误（见图 4-7）。

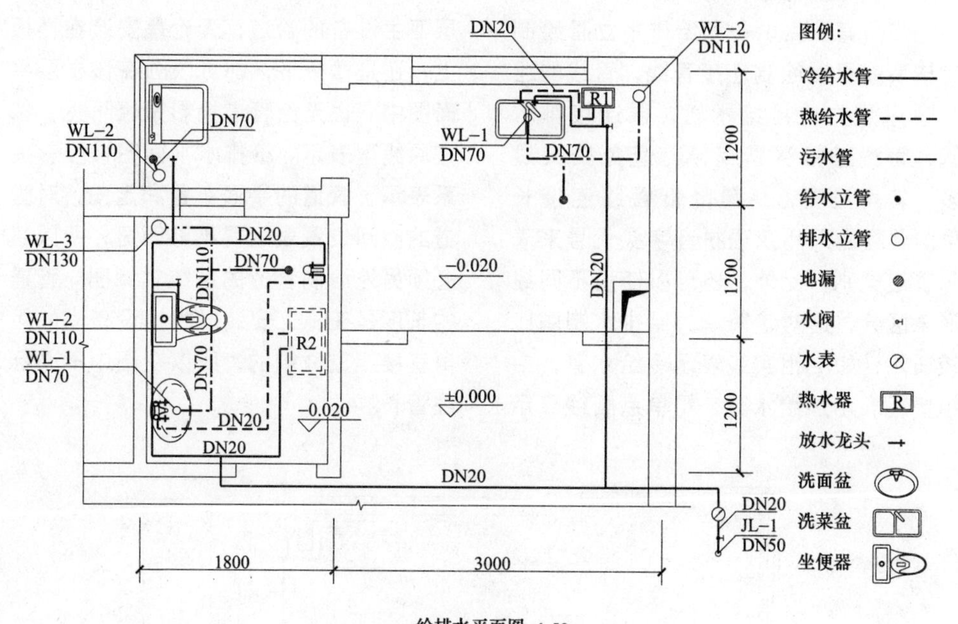

图 4-7　给排水平面图绘制步骤三

第四节　管道轴测图

管道轴测图能在给排水平面图的基础上进一步深入表现管道的空间布置情况，需要先绘制给排水平面图（见图 4-8），再根据管道布置形式绘制管道轴测图。管道轴测图上需要表示各管段的管径、坡度、标高及附件在管道上的位置，因此又称为给排水系统轴测图，一般采用与给排水平面图相同的比例。绘制给排水管道轴测图要注重图纸的空间关系，要求在二维图纸上表现三维效果。

一、正面斜轴测图

在绘图时，按轴向量取长度较为方便。国家标准规定，给排水轴测图一般按 45°正面斜轴测投影法绘制，其轴间角和轴向伸缩系数见图 4-9 所示。

由于管道轴测图通常采用与给排水平面图相同的比例，沿坐标轴 X、Y 方向的管道，不仅与相应的轴测轴平行，而且可从给排水平面图中量取长度，平行于坐标轴 Z 方向的管道，则也应与轴测轴 OZ 相平行，且可按实际高度以相同的比例作出。凡不平行坐标轴方向的管道，则可通过作平行于坐标轴的辅助线，从而确定管道的两端点而连成。

二、管道绘制

管道系统的划分一般按给排水平面图中进出口编号已分成的系统，分别绘制出各管道系统的轴测图，这样，可避免过多的管道重叠和交叉。为了与平面图相呼应，每个管道轴测图都应该编号，且编号应与底层给排水平面图中管道进出口的编号相一致。

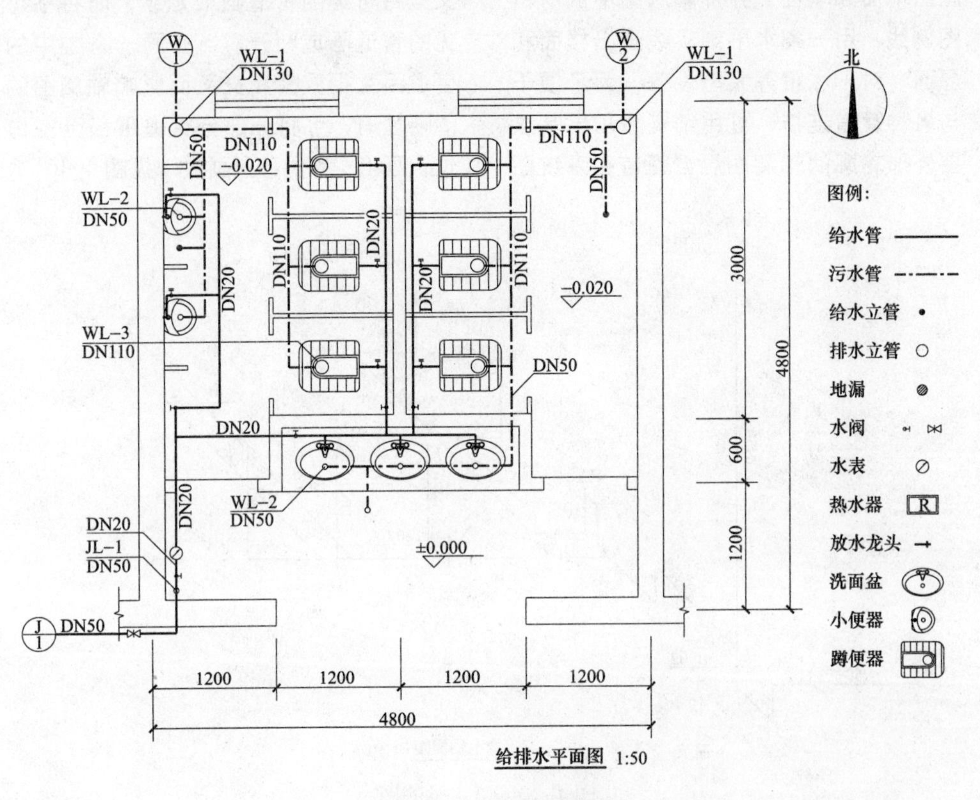

图 4-8　给排水平面图

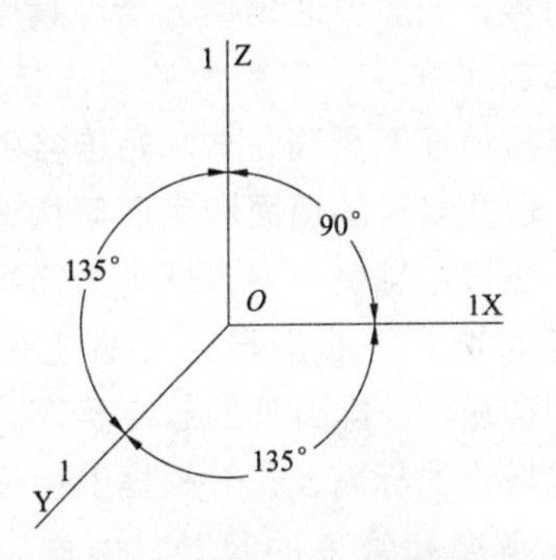

图 4-9　给排水管道轴测图所用的正面斜等测

给水、废水、污水轴测图中的管道可以都用粗实线表示，其他的图例和线宽仍按原规定。在轴测图中不必画出管件的接头形式。在管道系统中的配水器，如水表、截止阀、放水龙头等，可用图例画出，但不必每层都画，相同布置的各层，可只将其中的一层画完整，其他各层只需在立管分支处用折断线表示。

在排水轴测图中，可以用相应图例画出卫生设备上的存水弯、地漏或检查口等。排水横管虽有坡度，但是由于比例较小，故可画成水平管道。由于所有卫生设备或配水器具已在给排水平面图中表达清楚，故在排水管道轴测图中就没有必要画出。

为了反映管道和建筑构造的联系，轴测图中还要画出被管道穿越的墙、地面、楼面、屋面的位置，一般用细实线画出地面和墙面，并加轴测图中的材料图例线，用一条水平细实线画出楼面和屋面。对于水箱等大型设备，为了便于与各种管道连接，可用细实线画出其主要外形轮廓的轴测图。当管道在系统图中交叉时，应在鉴别其可见性后，在交叉处将可见的管道画成延续，而将不可见的管道画成断开。当在同一系统中的管道因互相重叠和交叉而影响轴测图的清晰性时，可将一部分管道平移至空白位置画出，称为移置画法（见图4-10）。

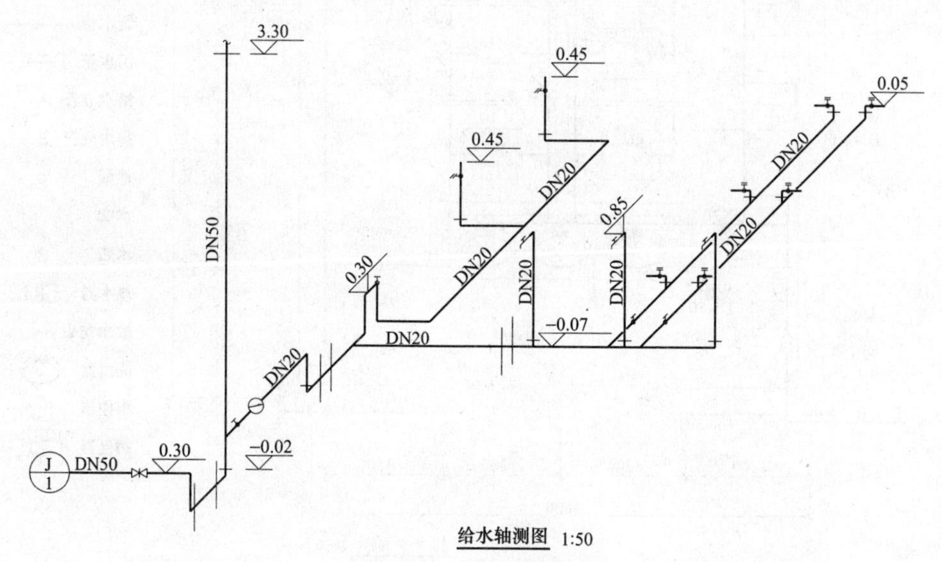

图4-10　给水轴测图

三、管道标注

管道的管径一般标注在该管段旁边，标注空间不够时，可用指引线引出标注，室内给排水管道标注公称直径DN。管道各管段的管径要逐段标注，当不连续的几段管径都相同时，可以仅标注它的始段和末段，中间段可以省略不标注。凡有坡度的横管（主要是排水管），都要在管道旁边或引出线上标注坡度（见图4-11）。当排水横管采用标准坡度时，则在图中可省略不标注，而须在施工图的说明中写明。

室内管道轴测图中标注的标高是相对标高，即以底层室内主要地面为±0.000。在给水轴测图中，标高以管中心为准，一般要注出引入管、横管、阀门及放水龙头，卫生设备的连接支管，各层楼地面及屋面，与水箱连接的各管道，以及水箱的顶面和底面等构造的标高。在排水轴测图中，横管的标高以管内底为准，一般应标注立管上的通气帽、检查口、排出管的起点标高。其他排水横管的标高，一般根据卫生设备的安装高度和管件的尺寸，由施工员决定。此外，还要标注各层楼地面及屋面的标高。

总之，绘制水路图需要认真思考，制图时要多想少画，完成后要反复检查，严格按照国家标准图例规范制图。

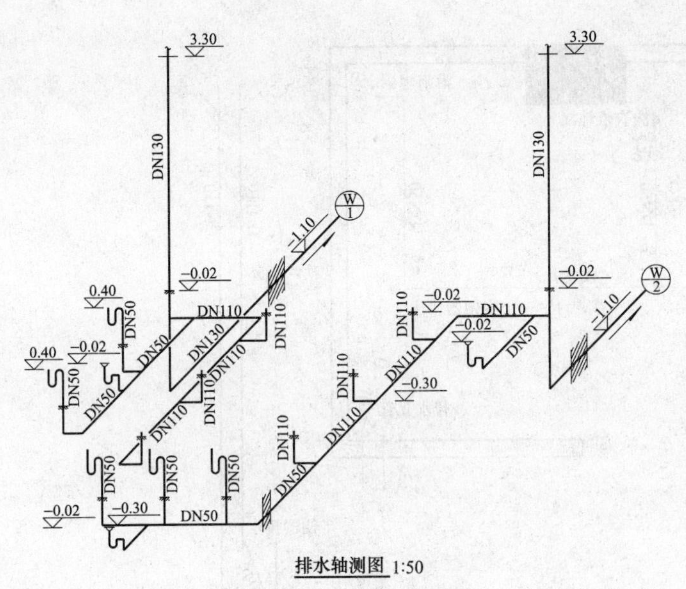

图 4-11　管道标准坡度图

附：给排水图展示（图 4-12~图 4-15）

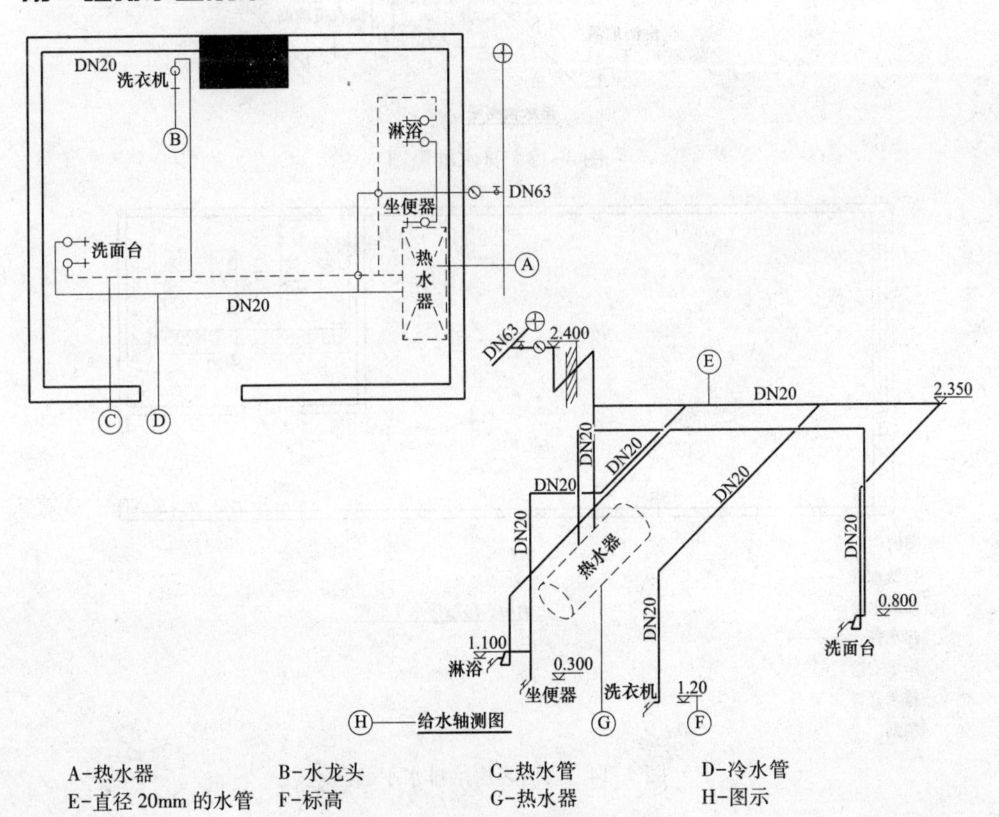

A-热水器　B-水龙头　C-热水管　D-冷水管
E-直径 20mm 的水管　F-标高　G-热水器　H-图示

图 4-12　给排水轴测图识读范例

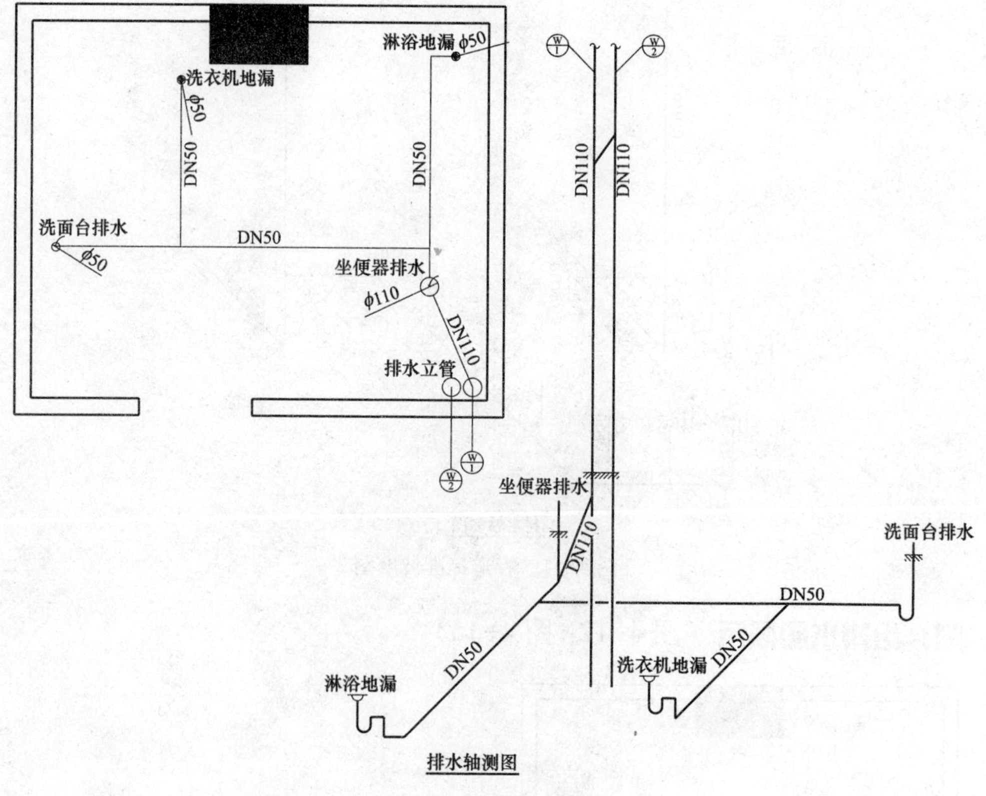

图 4-13 排水轴测图

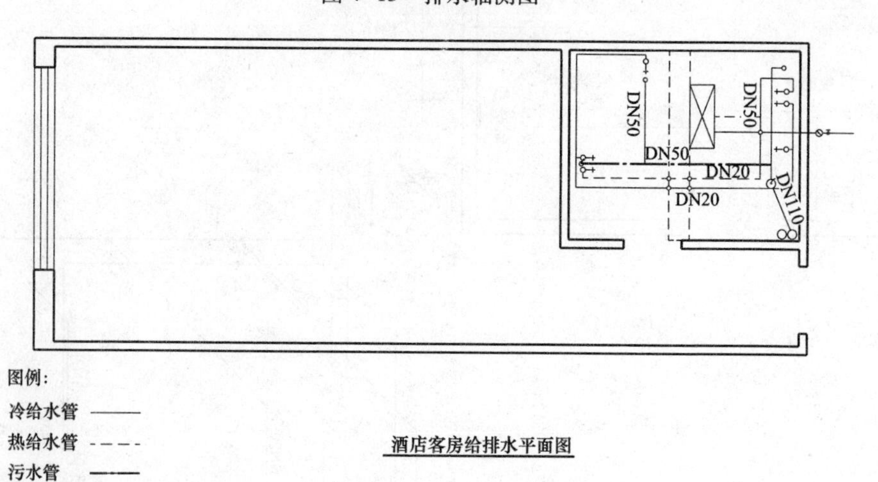

图 4-14 酒店客房给排水平面图

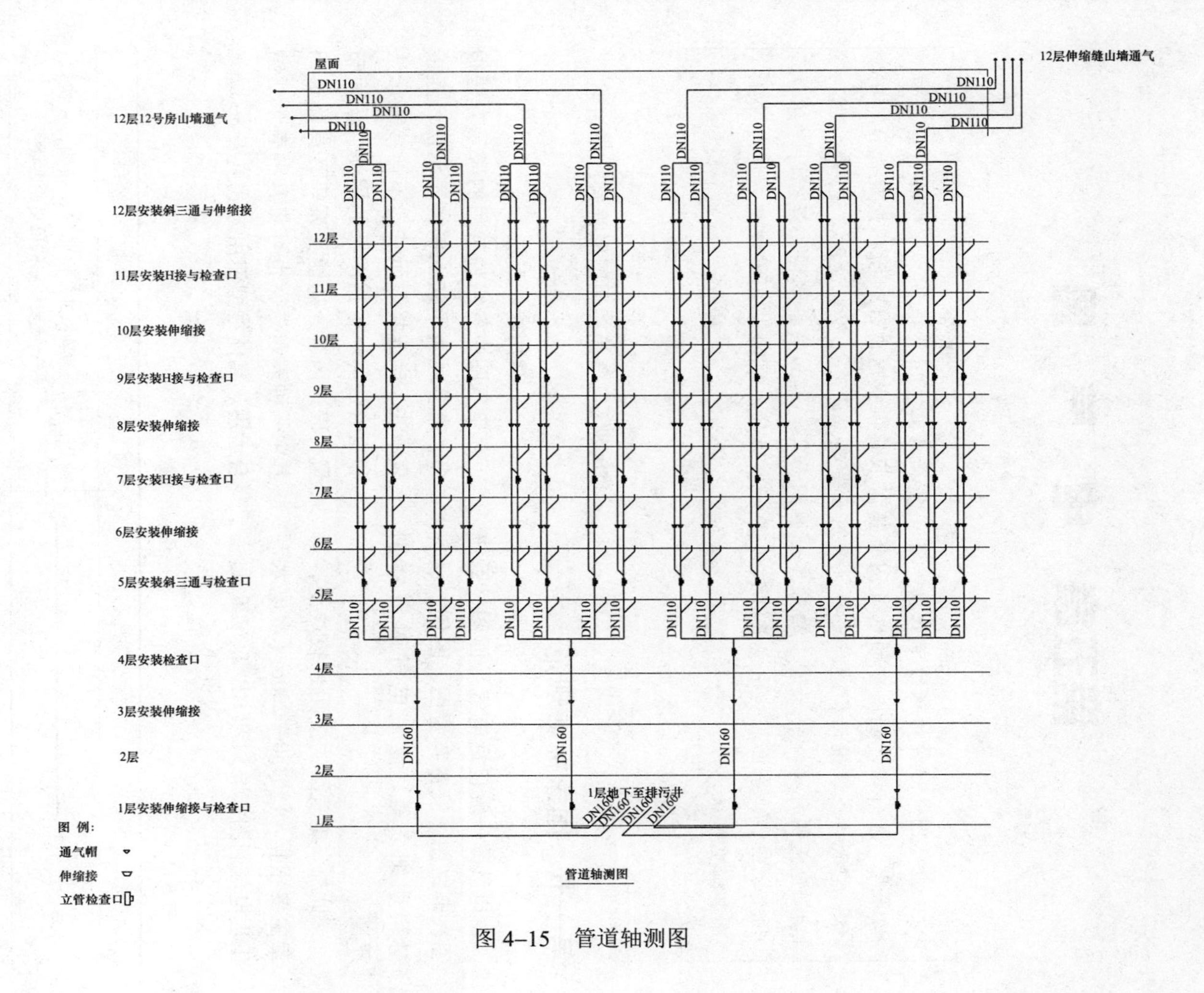
12层伸缩缝山墙通气
屋面
DN110
DN160
12层12号房山墙通气
12层安装斜三通与伸缩接
11层安装H接与检查口
10层安装伸缩接
9层安装H接与检查口
8层安装伸缩接
7层安装H接与检查口
6层安装伸缩接
5层安装斜三通与检查口
4层安装检查口
3层安装伸缩接
2层
1层安装伸缩接与检查口
12层
11层
10层
9层
8层
7层
6层
5层
4层
3层
2层
1层
1层地下至排污井
图 例:
通气帽
伸缩接
立管检查口
管道轴测图

图 4-15 管道轴测图

第五章 电气图

电气图是一种特殊的专业技术图，涉及专业、门类很多，能被各行各业广泛采用。装饰设计制图中的电气图集建筑装饰、室内设计、园林景观设计于一体，它既要表现设计构造，又要注重图面美观，还要让各类读图者看懂。因此，绘制电气图时要特别严谨，相对其他图纸而言，例如给排水图，绘制时思维也须更敏锐、更全面。其中需要在装饰设计中明确表现的电气图种类为电气平面图和配电系统图。

第一节 国家标准规范

电气图一般包括电气平面图、系统图、电路图、设备布置图、图例、设备材料明细表等，绘制电气时需特别严谨。

此外，电气图的应用也较广泛，本章主要根据 DL 5350—2006《水电水利工程电气制图标准》和 GB/T 4728.11—2008《电气简图用图形符号》来讲述。

一、常用表示方法

电气图中各组件常用的表示方法很多，有多线表示法、单线表示法、连接表示法、半连接表示法、不连接表示法和组合法等。根据图纸的用途、图面布置、表达内容、功能关系等，具体选用其中一种表示法，也可将几种表示法结合运用。具体线型使用方式见表 5-1。

表 5-1 图 线

名称	线型	线宽	用途
中粗实线	————————	0.75B	基本线、轮廓线、导线、一次线路、主要线路的可见轮廓线
中粗虚线	— — — — — — —	0.75B	基本线、轮廓线、导线、一次线路、主要线路的不可见轮廓线
细实线	————————	0.25B	二次线路、一般线路、建筑物与构筑物的可见轮廓线
细虚线	— — — — — — —	0.25B	二次线路、一般线路、建筑物与构筑物的不可见轮廓线、屏蔽线、辅助线

续表

名 称	线 型	线 宽	用 途
单点长画线	——— - ——— - ———	0. 25B	控制线、分界线、功能图框线、分组图框线等
双点长画线	——— - - ——— - - ———	0. 25B	辅助图框线、36 V 以下线路等
折断线	———∧———	0. 25B	断开界线

识读提示

其他种类电气图

(1) 电路图：也可以称为接线图或配线图，是用来表示电气设备、电器元件和线路的安装位置、接线方法、配线场所的一种图。一般电路图包括两种，一种是属于电气安装施工中的强电部分，主要表达和指导安装各种照明灯具、用电设施的线路敷设等安装图样。另一种电路图是属于电气安装施工中的弱电部分，是表示和指导安装各种电子装置与家用电器设备的安装线路和线路板等电子元器件规格的图样。

(2) 设备布置图：是按照正投影图原理绘制的，用以表现各种电器设备和器件的设计空间中的位置、安装方式及其相互关系的图样，通常由水平投影图、侧立面图、剖面图及各种构件详图等组成。例如：灯位图是一种设备布置图。为了不使工程的结构施工与电气安装施工产生矛盾，灯位图使用较广泛。灯位图在表明灯具的种类、规格、安装位置和安装技术要求的同时，还详细地画出部分建筑结构。这种图无论是对于电气安装工，还是结构制作的施工人员，都有很大的作用。

(3) 安装详图：是表现电气工程中设备某一部分的具体安装要求和做法的图样。国家已有专门的安装设备标准图集可供选用。

(1) 多线表示法　元件之间的连线按照导线的实际走向逐根分别画出（见图 5-1）。

(2) 单线表示法　各元件之间走向一致的连接导线可用一条线表示，而在线条上画上若干短斜线表示根数，或者在一根短斜线旁标注数字表示导线根数（一般用于三根以上导线数），即图上的一根线实际代表一束线。某些导线走向不完全相同，但在某段上相同、平行的连接线也可以合并成一条线，在走向变化时，再逐条分出去，使图面保持清晰，单线法表示的线条可以编号（见图 5-2）。

(3) 组合线表示法　在同一图样中，必要时可以将多线表示法和单线表示法组合起来使用，在复杂连接的地方使用多线表示法，在比较简单的地方使用单线表示法。线路的去向可以用斜线表示，以方便识别导线的汇入与离开线束的方向（见图 5-3）。

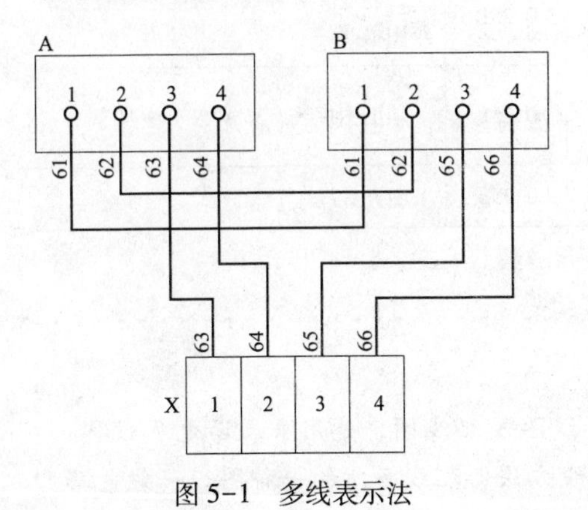

图 5-1　多线表示法

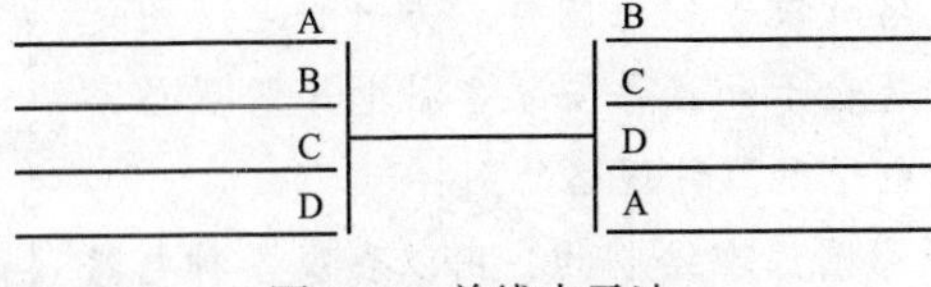

图 5-2　单线表示法

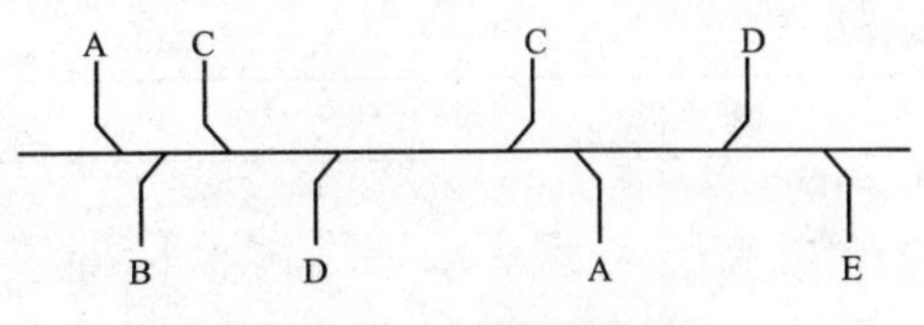

图 5-3　组合线表示法

（4）指引线标注　指引线一般为细实线。在电气施工图中，为了标记和注释图样中的某些内容，需要用指引线在旁边标注简短的文字说明，指向被注释的部位。指向轮廓线内，线端以圆点表示（见图 5-4a）；指向轮廓线上，线端以箭头表示（见图 5-4b）；指向电路线上，线端以短斜线表示（见图 5-4c）。

二、电气简图

电气图中，应尽量减少导线、信号通路、连接线等图线的交叉、转折。电路可水平布置或垂直布置。电路或元件宜按功能布置，尽可能按工作顺序从左到右、从上到下排列。连接线不应穿过其他连接的连接点。连接线之间不应在交叉处改变方向。图中可用点划线图框显示出图表示的功能单元、结构单元或项目组（如继电器装置），图框的形状可以是不规则的。当围框内含有不属于该单元的元件符号时，须对这些符号加双点划线围框，并加注代号或注解。

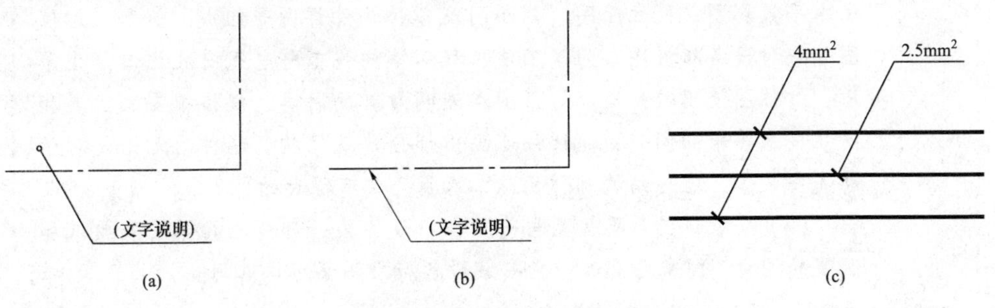

图 5-4　指引线末端标注

在同一张图中，连接线较长或连接线穿越其稠密区域时，可将连接线中断，并在中断处加注相应的标记，或加区号。去向相同的线组，可以中断，并在线组的中断处加注标记。线路须在图中中断转至其他图纸时，应在中断处注明图号、张次、图幅分区代号等标记。若在同一张图纸上有多处中断线，必须采用不同的标记加以区分。单线表示法规定一组导线的两端各自按顺序编号。两个或两个以上的相同电路，可只详细画出其中之一，其余电路用围框加说明表示。

此外，在简单电路中，可采用连接表示法，把功能相关的图形符号集中绘制在一起，驱动与被驱动部分用机械连接线连接（见图5-5a）。在较复杂电路中，为使图形符号和连接线布局清晰，可采用半连接表示法，把功能相关的图形符号在简图上分开布置，并用虚线连接符号表示它们之间的关系。此时，连接线允许弯折、交叉和分支（见图5-5b）。在非常复杂电路中也可将功能相关的图形符号彼此分开画出，也可不用连接线连接，但各符号旁应标出相同的项目代号（见图5-5c）。

照明灯具及其控制系统，如开关、灯具等是最常见的设备，绘制时需要理清连接顺序。

（1）一个开关控制一盏灯　通常最简单的照明布置，是在一个空间内设置一盏照明灯，由一只开关控制即可满足需要（见图5-6a）。

（2）两个开关控制一盏灯　为了使用方便，两只双控开关在两处控制一盏灯也比较常见。通常用于面积较大或楼梯等空间，便于从两处位置进行控制（见5-6b）。

（3）多个开关控制多盏灯　很多复杂环境的照明需要不同的照度和照明类型，因此需要设置数量不同的灯具形式，用多个开关控制多盏不同类型和数量的灯（见图5-6c）。

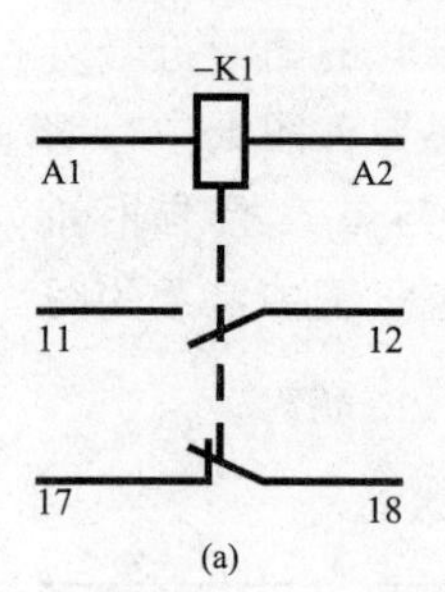

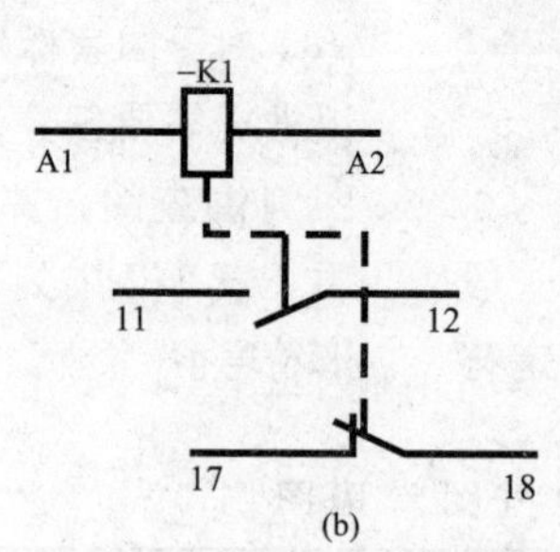

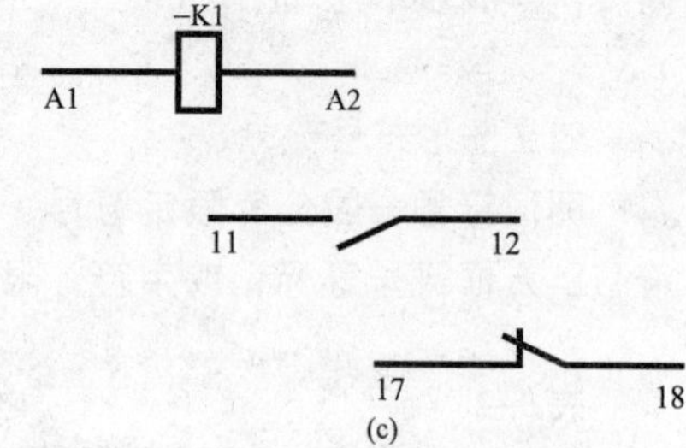

图5-5　简单线路连接表示法

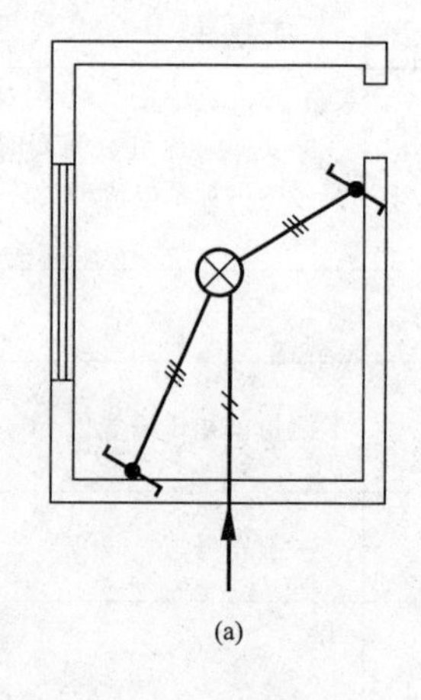

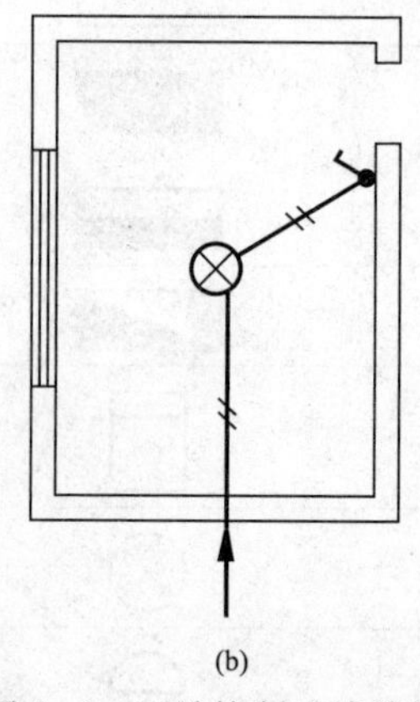

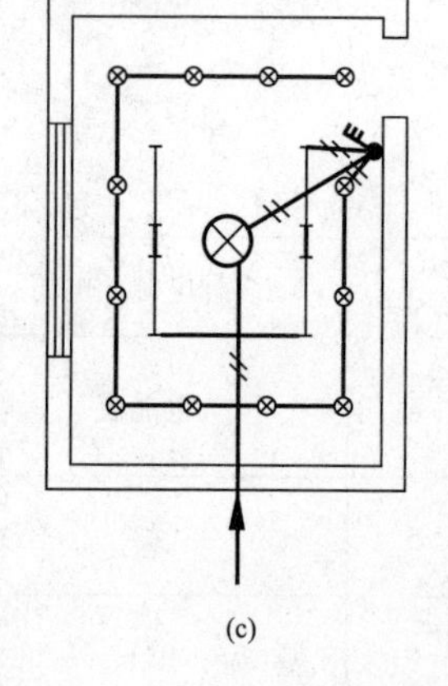

图5-6　开关控制连接简图

三、标注与标高

(1) 标注　当符号用连接表示法和半连接表示法表示时，项目代号只在符号近旁标一次，并与设备连接对齐。当符号用不连接表示法表示时，项目代号在每一项目符号近旁标出。当电路水平布置时，项目代号一般标注在符号的上方；垂直布置时，一般标注在符号的左方。

(2) 标高　在电气图中，线路和电气设备的安装高度需要标注标高，通常采用与建筑施工图相统一的相对标高，或者相对本楼层地面的相对标高。如某设计项目的电气施工图中标注的总电源进线安装高度为 5.0m，是指相对建筑基准标高±0.000 的高度，而内部某插座安装高度 0.4m，则是指相对本楼层地面的高度，一般表示为 nF+0.4m。

四、图形符号

图形符号一般分为限定符号、一般符号、方框符号等标记或字符。限定符号不能单独使用，必须同其他符号组合使用，构成完整的图形符号。在不改变符号含义的前提下，符号可根据图面布置的需要旋转，但文字应水平书写。图形符号可根据需要缩放。当一个符号用以限定另一符号时，该符号一般缩小绘制。符号缩放时，各符号间及符号本身的比例应保持不变。有些图形符号具有几种图形形式，使用时应优先采用“优选形”。在同一设计项目中，只能选用同一种图形形式。图形符号的大小和线条的粗细均要求基本一致，图形符号中的文字符号、物理量符号等，应视为图形符号的组成部分。同一图形符号表示的器件，当其用途或材料不同时，应在图形符号的右下角用大写英文名称的字头表示其区别。

对于国家标准中没有的图形符号可以根据需要创建，但是要在图纸中标明图例供查阅，并不得与国家标准相矛盾。表 5-2 中列举了电气图中常用的图形符号。

表 5-2　电气图常用图例

序号	名称	图例	备注
1	屏、台、箱、柜		一般符号
2	照明配电箱		必要时可涂红、需要时符号内可标示电流种类
3	多种电源配电箱		
4	电能表	Wh	测量单相传输能量
5	灯		一般符号
6	电铃		

续表

序号	名　称	图　例	备　注
7	电警笛 报警器		
8	单相插座	明装　暗装 密闭防水　防爆	
9	带保护触点插座、 带接地插孔的单相插座	明装　暗装 密闭防水　防爆	
10	带接地插孔 的三相插座	明装　暗装 密闭防水　防爆	
11	插座箱		
12	带单极开 关的插座		
13	单极开关	明装　暗装 密闭防水　防爆	
14	双极开关	明装　暗装 密闭防水　防爆	
15	三极开关	明装　暗装 密闭防水　防爆	
16	声控开关		
17	光控开关	TS	
18	单极限时开关	t	
19	双控开关		单极三线

续表

序号	名称	图例	备注
20	具有指示灯的开关		用于不同照度
21	多拉开关		
22	投光灯		
23	聚光灯		
24	泛光灯		
25	荧光灯	单管 三管 5 五管 防爆	
26	应急灯		自带电源
27	火灾报警控制器	B	
28	烟感火灾探测器		点式
29	温感火灾探测器	W	点式
30	火灾报警按钮		
31	气体火灾探测器		
32	火焰探测器		
33	火警电铃		
34	火警电话		
35	火灾警报器		
36	消防喷淋器		

续表

序号	名称	图例	备注
37	摄像机	普通 球形 带防护罩	
38	电信插座		
39	带滑动防护板插座		
40	多个插座	3	表示三个插座
41	配线	向上　向下　垂直	
42	导线数量	三根 N N根	

第二节　识读要点

一、电气线路的组成

电气线路主要由下面几部分组成。

(1) 进户线　进户线通常是由供电部门的架空线路引进建筑物中，如果是楼房，线路一般是进入楼房的二层配电箱前的一段导线。

(2) 配电箱　进户线首先接入总配电箱，然后再根据需要分别接入各个分配电箱。配电箱是电气照明工程中的主要设备之一，现代城市多数用暗装（嵌入式）的方式进行安装，只须绘出电气系统图。

(3) 照明电气线路　分为明敷设和暗敷设两种施工方式，暗敷设是指在墙体内和吊顶棚内采用线管配线的敷设方法进行线路安装。线管配线就是将绝缘导线穿在线管内的一种配线方式，常用的线管有薄壁钢管、硬塑料管、金属软管、塑料软管等。在有易燃材料的线路敷设部位必须标注焊接要求，以避免产生打火点。

(4) 空气开关　为了保证用电安全，应根据负荷选定额定电压和额定电流的空气开关。

(5) 灯具　在一般设计项目中常用的灯具有吊灯、吸顶灯、壁灯、荧光灯、射灯等。在图样上以图形符号或旁标文字表示，进一步说明灯具的名称、功能。

(6) 电气元件与用电器　主要是各类开关、插座和电子装置。插座主要用来插接各种移动电器和家用电器设备，应明确开关、插座是明装还是暗装，以及它们的型号。各种电子装置和元器件则要注意它们的耐压和极性。其他用电器主要有电风扇、空调器等。

二、电气图识读要点

电气图主要表达各种线路敷设安装、电气设备和电气元件的基本布局状况，因此要采用相关的各种专业图形符号、文字符号和项目代号来表示。电气系统和电气装置主要是由电气元件和电气连接线构成的，电气元件和电气连接线是电气图表达的主要内容。装饰装修施工中的电气设备和线路是在简化的建筑结构施工图上绘制的，阅读时掌握合理的看图方法，了解国家建筑相关标准、规范，掌握一些常用的电气工程技术，结合其他施工图，才能较快地读懂电气图。

(1) 熟悉工程概况　电气图表达的对象是各种设备的供电线路。看电气照明工程图时，先要了解设计对象的结构，如楼板、墙面、材料结构、门窗位置、房间布置等。识读时要重点掌握配电箱的型号、数量、安装位置和标高及配电箱的电气系统。了解各类线路的配线方式，敷设位置，线路的走向，导线的型号、规格及根数，导线的连接方法。确定灯具、开关、插座和其他电器的类型、功率、安装方式、位置、标高、控制方式等信息。在识读电气照明工程图时要熟悉相关的技术资料和施工验收规范。如果在平面图中，开关、插座等电气组件的安装高度在图上没有标出，施工者可以依据施工及验收规范进行安装。例如，开关组件一般安装在高度距地面 1300mm、距门框 150~200mm 的位置。

(2) 常用照明线路分析　在大多数工程实践中，灯具和插座一般都是并连接于电源进线的两端，相线必须经过开关后再进入灯座，零线直接进灯座，保护接地线与灯具的金属外壳相连接。通常在一个设计空间内，有很多灯具和插座，目前广泛使用的是线管配线、塑料护套线配线的安装方式，线管内不允许有接头，导线的分路接头只能在开关盒、灯头盒、接线盒中引出，这种接线法称为共头接线法。当灯具和开关的位置改变，进线方向改变，并头的位置改变，都会使导线根数的变化。必须了解导线根数变化的规律，掌握照明灯具、开关、插座、线路敷设的具体位置、安装方式。

(3) 结合多种图纸识读

识读电气图时要结合各种图样，并注意一定的顺序。一般来说，看图顺序是施工说明、图例、设备材料明细表、系统图、平面图、线路和电气原理图等。从施工说明了解工程概况，图样所用的图形符号，该工程所需的设备、材料的型号、规格和数量。由于电气施工需与土建、给排水、供暖通风等工程配合进行，如电气设备的安装位置与建筑物的墙体结构、梁、柱、门窗及楼板材料有关，尤其是暗敷线路的敷设还会与其他工程管道的规格、用途、走向产生制约关系。所以看图时还必须查看有关土建图和其他工程图，了解土建工程和其他工程对电气工程的影响。此外，读图时要将平面图和系统图相结合，一般而言，照明平面图能清楚地表现灯具、开关、插座和线路的具体位置及安装方法。但同一方向的导线只用一根线表示，这时要结合系统图来分析其连接关系，逐步掌握接线原理并找出接线位置，这样在施工中穿线、并头、接线就不容易搞错了。在实际施工中，重点是掌握原理接线图，不论灯具、开关位置的变动如何，原理接线图始终不变。理解了原理图，就能看懂任何复杂的平面图和系统图。

识读提示

常用弱电系统

目前，一个完善的设计空间除了要具备照明电气、空调、给排水等基础设施外，弱电项目在设计施工中的比例正逐渐上升。火灾自动报警、灭火系统、防盗安保报警系统、有线电视系统、电话通信系统等弱电工程，已经成为满足现代生产生活必备的保障系统。

(1) 火灾消防自动报警系统：一般都采用24V左右的工作电压，故称为弱电工程，但自动灭火装置中一般仍为强电控制。消防自动报警系统自动监测火灾迹象，并自动发出火灾报警和执行某些消防措施。所涉及的消防报警系统主要由火灾探测器、报警控制按钮部分组成，联动控制、自动灭火装置等则作为住宅消防系统整体集中控制。

(2) 有线电视系统：又称共用天线电视系统，是通过同轴电缆连接多台电视机，共用一套电视信号接收装置、前端装置和传输分配线路的有线电视网络。有线电视系统工程图是有线电视配管、预埋、穿线、设备安装的主要依据，图纸主要有系统图、有线电视设备平面图、设备安装详图等。

(3) 防盗安保系统：是现代安全保障重要的监控设施之一，包括防盗报警器系统、电子门禁系统、对讲安全系统等内容。其设备主要有防盗报警器、电子门锁、摄像机等，图纸主要有防盗报警系统框图、防盗监视系统设备及线路平面图。

(4) 电话通信系统：主要包括电话通信、电话传真、电传、电脑联网等设备的安装。图纸主要有电话配线系统框图、电话配线平面图、电话设备平面图等。

第三节　强电图

绘制强电平面图首先要明确空间电路使用功能，主要根据前期绘制完成的平面布置图（见图5-7）和顶棚平面图来构思。

下面就列举一项办公空间详细介绍强电图的绘制方法。

首先，描绘出平面布置图中的墙体、结构、门窗等图线。为了明确表现电气图，基础构造一般采用细实线绘制，可以简化或省略各种装饰细部，注意描绘安装各种插座、开关、设备、构造和家具，这些是定位绘制的基础。平面图描绘完成后需要作一遍检查，然后开始绘制各种电器、灯具、开关、插座等符号，图形符号要适中，尤其是在简单平面图中不宜过大，在复杂平面图中不宜过小，复杂平面图可以按结构或区域分为多张图纸绘制。绘制图形符号要符合国家标准，尤其是符号图线的长短要与国家标准一致，不得擅自改变。一边绘制图形符号，一边绘制图例，避免图例中存在遗漏。最后，为各类符号连接导线，导线绘制要求尽量简洁，不宜转折过多或交叉过多。对于非常复杂的电气图，可以使用线路标号来替代连接线路，过凌乱的导线会干扰图面阅读效率，影响正确识读。连接导线后需要添加适当文字标注并编写设计说明，对于图纸无法清晰表现的内容需要文字来辅助说明（见图5-8）。全部绘制完成后作第二遍检查，查找遗漏。

制强电平面图绘制完成后可以根据需要绘制相应的配电系统图（见图5-9）。

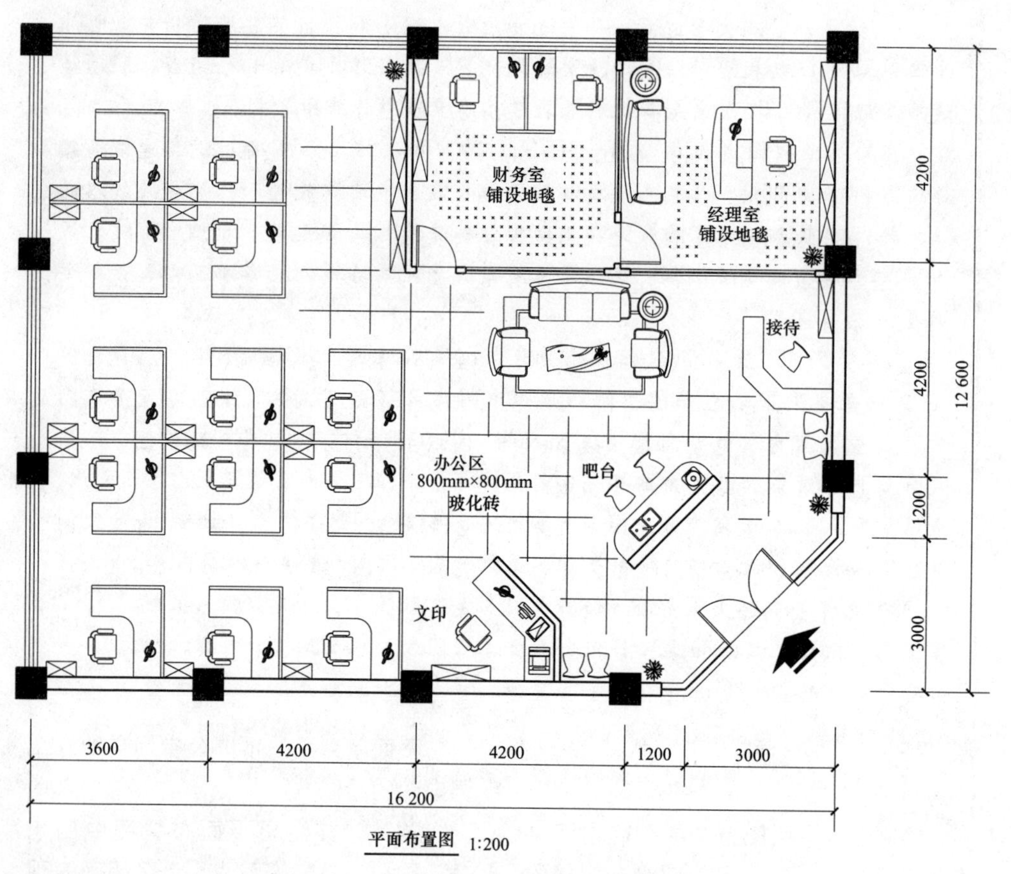

图5-7　办公空间平面布置图

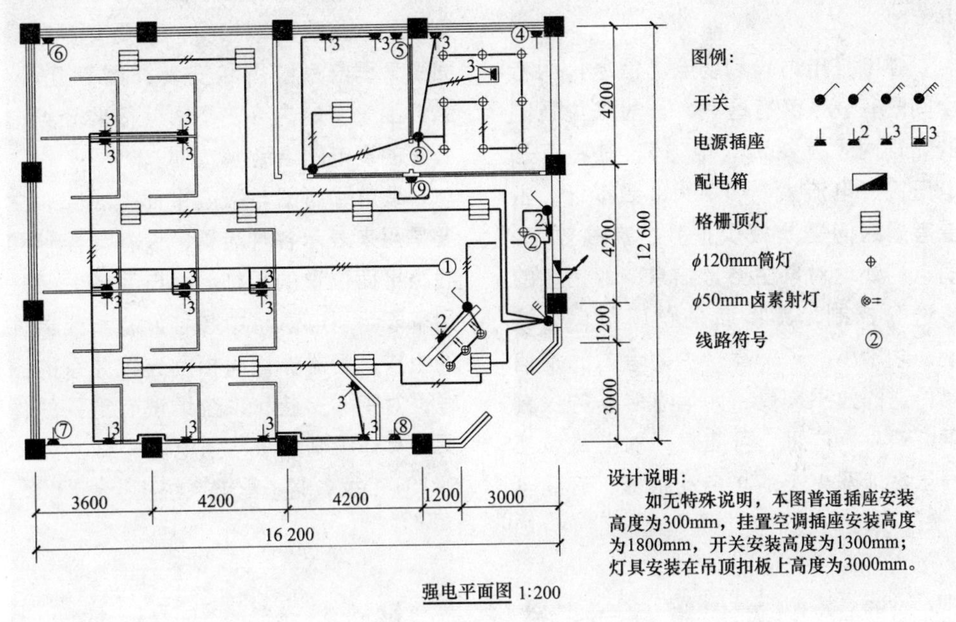

图 5-8 强电平面图

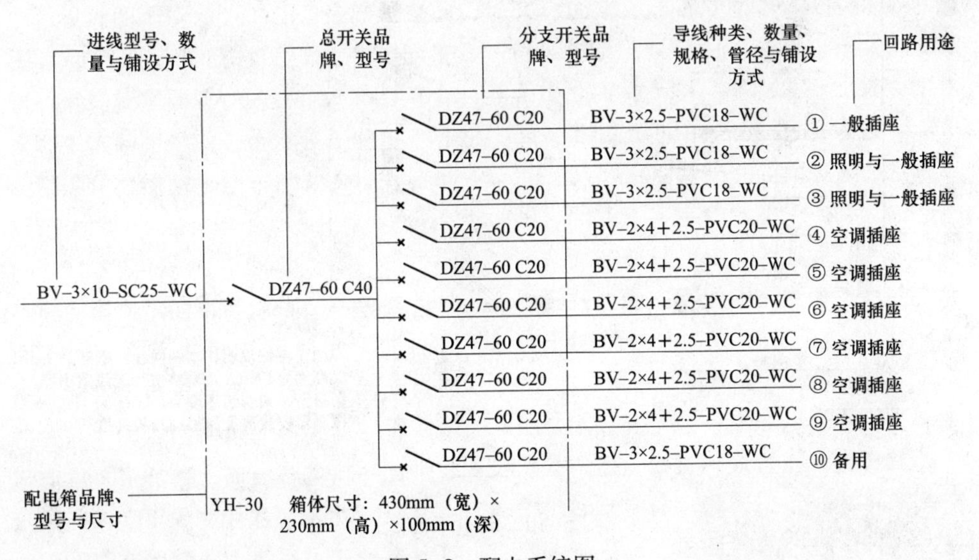

图 5-9 配电系统图

第四节　弱电图

强电（电力）和弱电（信息）两者之间既有联系又有区别，一般来说强电的处理对象是能源（电力），其特点是电压高、电流大、功率大、频率低，主要考虑的问题是减少损耗、提高效率。弱电的处理对象主要是信息，即信息的传送和控制，其特点是电压低、电流小、功率小、频率高，主要考虑的是信息传送的效果问题，如信息传送的保真度、速度、广度、可靠性。弱电系统工程虽然涉及火灾消防自动报警、有线电视、防盗安保、电话通信等多种系统，但工程图样的绘制除了图例符号有所区别以外，画法基本相同，主要有弱电平面图、弱电系统图和安装详图等几种。结合上一节的内容，下面就简要介绍办公室的弱电图绘制。

弱电平面图与强电平面图相似，主要是用来表示各种装置、设备元器件和线路平面位置的图样。弱电系统图则是用来表示弱电系统中各种设备和元器件的组成、元器件之间相互连接关系的图样，对指导安装和系统调试有重要的作用。具体绘制方法与强电图一样（见图5-10），故省略了配电系统图。

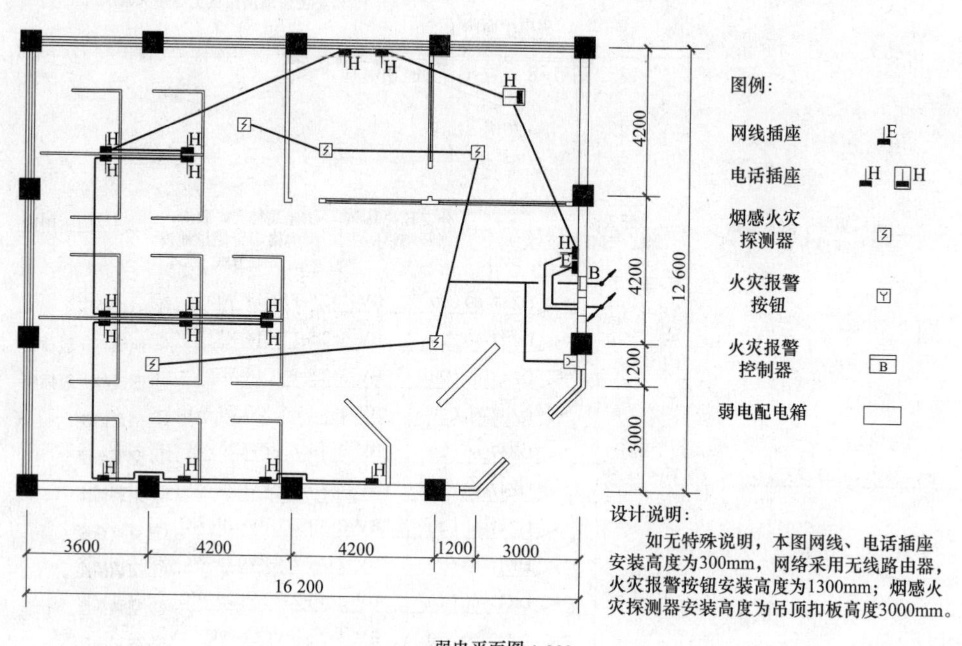

图 5-10　弱电平面图

附：电气图施工图展示（见图 5-11~图 5-14）

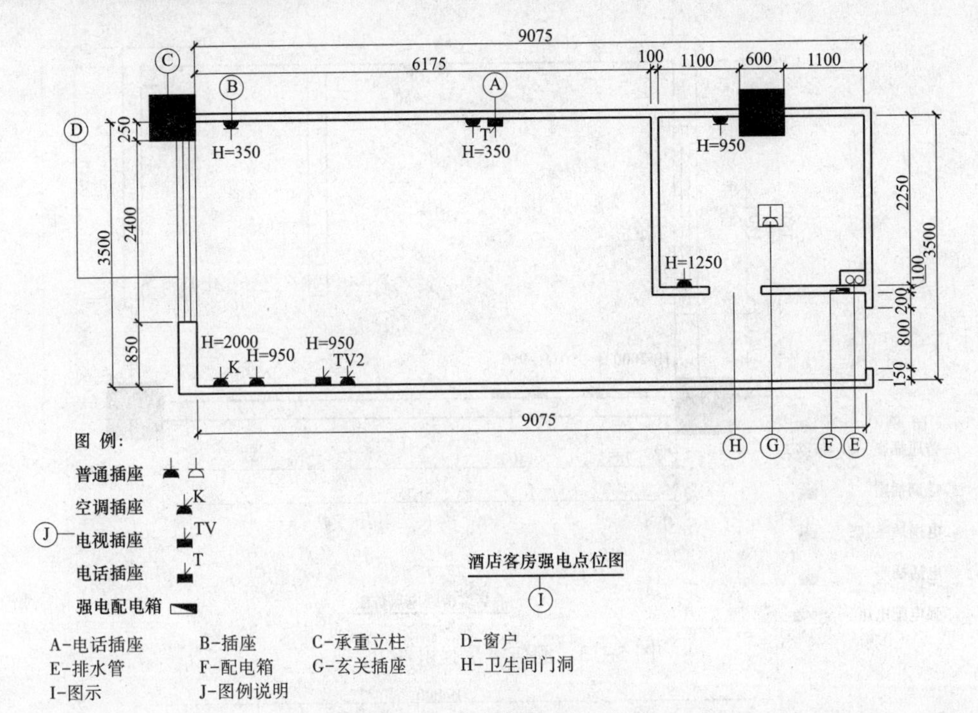

图 5-11 酒店客房强电图（一）

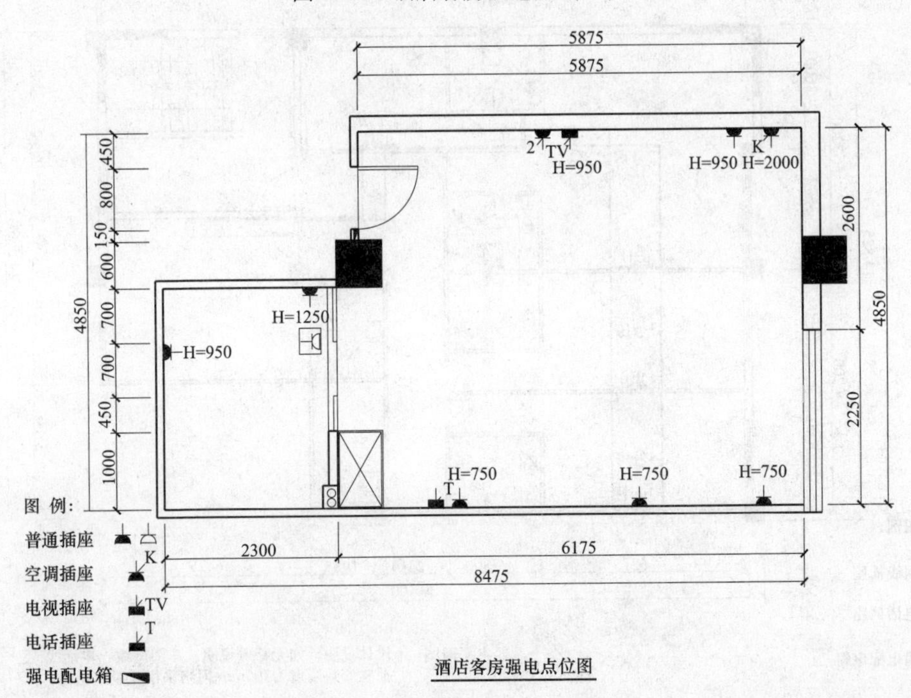

图 5-12 酒店客房强电图（二）

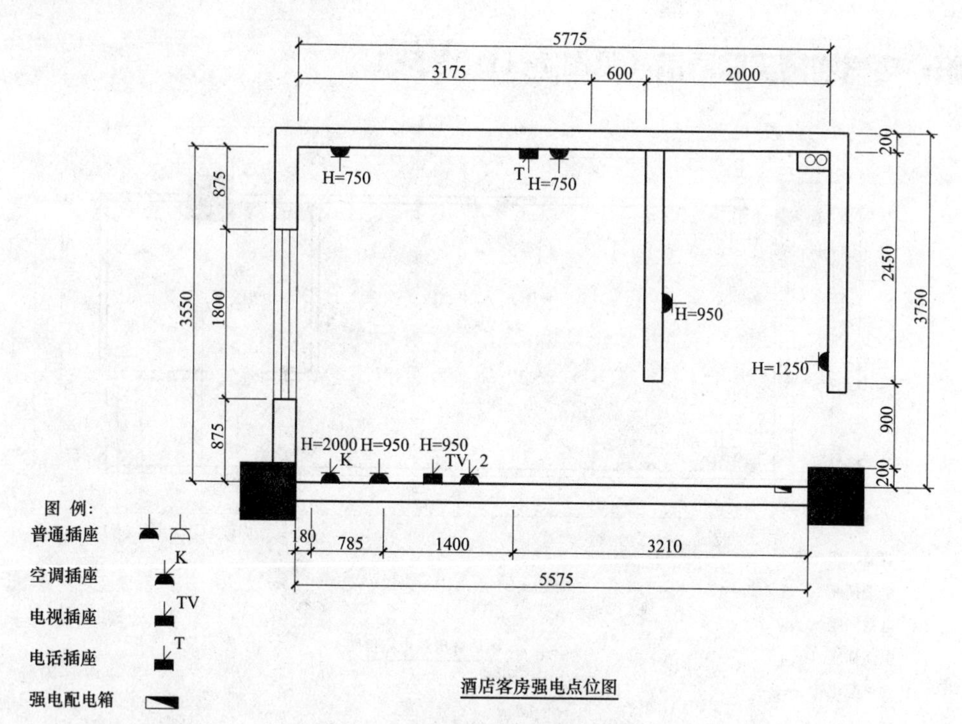

图 5-13 酒店客房强电图（三）

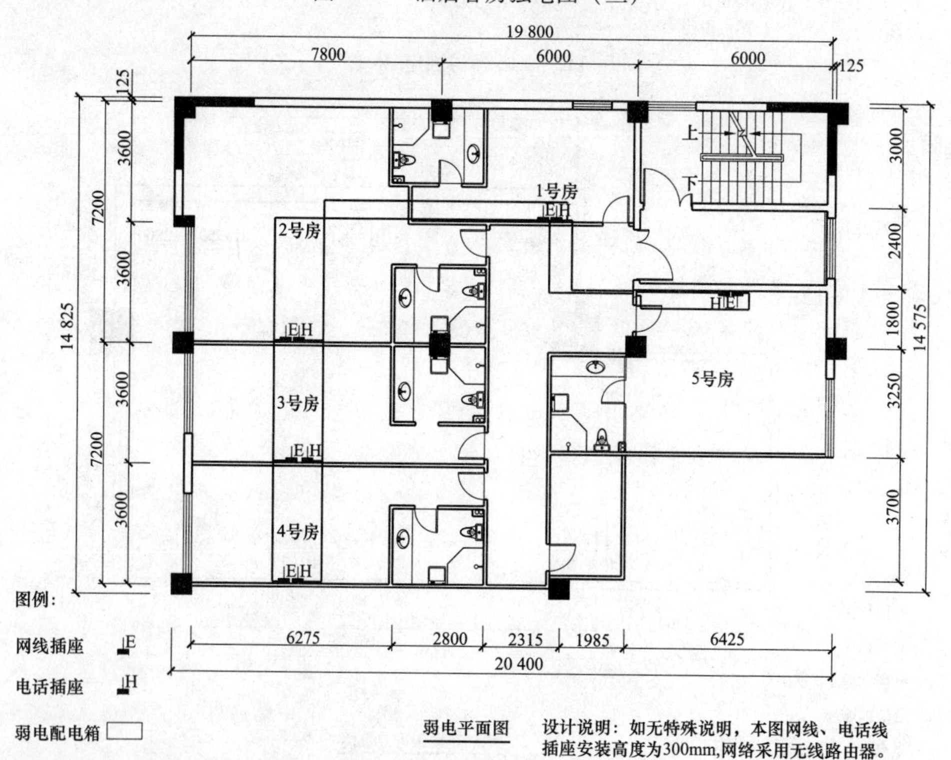

图 5-14 家居弱电平面图

第六章 暖通空调图

暖通与空调系统可以控制空气的温度与湿度，提高室内的舒适度，是为了改善现代生产、生活条件而设置的，主要包括采暖、通风、空气调节等内容。同样，它也是大中型工业建筑或办公建筑，如摩天楼建筑设计中重要的一环。虽然暖通、空调系统的工作原理各不相同，但是绘制方法相似。总之，暖通空调系统的根本目的就是为了实现对环境温度的调控，以满足人们对环境舒适度及一些工艺性的要求。

第一节 国家标准规范

暖通与空调系统主要包括采暖、通风、空气调节等内容。绘制暖通空调专业图纸要求根据 GB/T 50114—2010《暖通空调制图标准》定制的规则，保证图面清晰、简明，符合设计、施工、存档的要求。该标准主要适用于暖通空调设计中的新建、改建、扩建工程各阶段设计图、竣工图；适用于原有建筑物、构筑物等的实测图；适用于通用设计图、标准设计图。暖通空调专业制图还应符合 GB/T 50001—2010《房屋建筑制图统一标准》及国家现行有关强制性标准的规定。

一、一般规定

图线的基本宽度 B 和线宽组，应根据图样的比例、类别及使用方式确定。基本宽度 B 宜选用 0.18mm、0.35mm、0.5mm、0.7mm、1.0mm，图样中仅使用两种线宽的情况，线宽组宜为 B 和 0.25B，三种线宽的线宽组宜为 B、0.5B 和 0.25B。在同一张图纸内，各不同线宽组的细线，可统一采用最小线宽组的细线。暖通空调专业制图采用的线型及其含义有具体要求（见表 6-1），图样中也可以使用自定义图线及含义，但应明确说明，且其含义不应与本标准相反。总平面图、平面图的比例，宜与工程项目设计的主导专业一致。

表 6-1 图 线

名 称	线 型	线 宽	用 途
粗实线	———	B	单线表示的管道
中实线	———	0.5B	本专业设备轮廓、双线表示的管道轮廓
细实线	———	0.25B	建筑物轮廓；尺寸、标高、角度等标注线及引出线；非本专业设备轮廓

续表

名称	线型	线宽	用途
粗虚线		B	回水管线
中虚线		0.5B	本专业设备及管道被遮挡的轮廓
细虚线		0.25B	地下管沟，改造前风管的轮廓线；示意性连接
单点长画线		0.25B	轴线、中心线
双点长画线		0.25B	假想或工艺设备轮廓线
中波浪线		0.5B	单线表示的软管
细波浪线		0.25B	断开界限
折断线		0.25B	断开界线

二、常用图例

水、气管道代号宜按表 6-2 选用，自定义水、气管道代号应避免与其相矛盾，并应在相应图面中说明。自定义可取管道内介质汉语名称的拼音首个字母，如与表内已有代号重复，应继续选取第 2、3 个字母，最多不超过 3 个。如果采用非汉语名称标注管道代号，须明确表明对应的汉语名称。风道代号宜按表 6-3 采用，暖通空调图常用图例宜按表 6-4 采用。

表 6-2　　水、气管道代号

序号	代号	管道名称	备注
1	R	（供暖、生活、工艺用）热水管	1. 用粗实线、粗虚线区分供水、回水时，可省略代号； 2. 可附加阿拉伯数字 1、2 区分供水、回水； 3. 可附加阿拉伯数字 1、2、3……表示一个代号、不同参数的多种管道
2	Z	蒸汽管	需要区分饱和、过热、自用蒸汽时，可在代号前分别附加 B、G、Z
3	N	凝结水管	
4	P	膨胀水管、排污管、排气管、旁通管	需要区分时，可在代号后附加一位小写拼音字母，即 Pz、Pw、Pq、Pt
5	G	补给水管	
6	X	泄水管	
7	XH	循环管、信号管	循环管为粗实线，信号管为细虚线。不致引起误解时，循环管也可为 X
8	Y	溢排管	
9	L	空调冷水管	
10	LR	空调冷/热水管	

续表

序号	代号	管道名称	备　注
11	LQ	空调冷却水管	
12	n	空调冷凝水管	
13	RH	软化水管	
14	CY	除氧水管	
15	YS	盐液管	
16	FQ	氟汽管	
17	FY	氟液管	

表 6-3　　风　道　代　号

序号	代号	风道名称	序号	代号	风道名称
1	K	空调风管	4	H	回风管（一、二次回风可附加 1、2 区别）
2	S	送风管	5	P	排风管
3	X	新风管	6	PY	排烟管或排风、排烟共用管道

表 6-4　　暖通空调图常用图例

序号	名称	图　例	备　注
1	阀门（通用）、截止阀	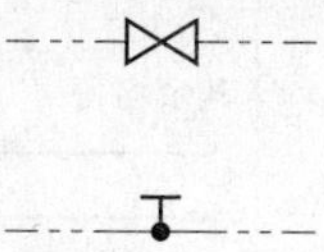	1. 没有说明时，表示螺纹连接 法兰连接时  焊接时  2. 轴测图画法阀杆为垂直 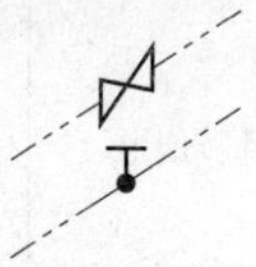 阀杆为水平 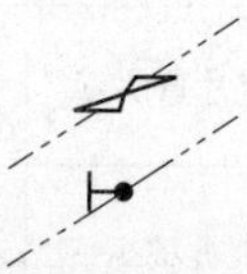
2	闸阀		
3	手动调节阀		
4	角阀	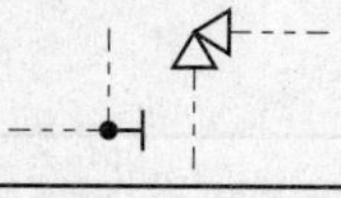	

续表

序号	名称	图例	备注
5	集气罐、排气装置	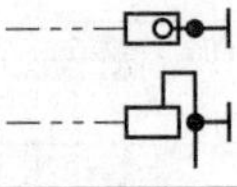	上为平面图
6	自动排气阀		
7	除污器（过滤器）	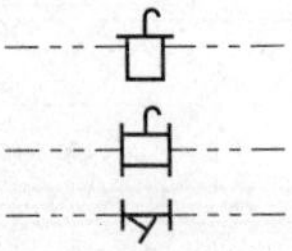	上为立式除污器；中为卧式除污器；下为Y型过滤器
8	变径管异径管	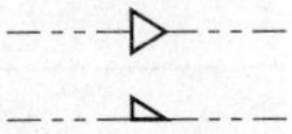	上为同心异径管；下为偏心异径管
9	法兰盖		
10	丝堵	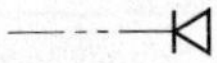	也可表示为： 
11	金属软管		也可表示为： 
12	绝热管		
13	保护套管		
14	固定支架	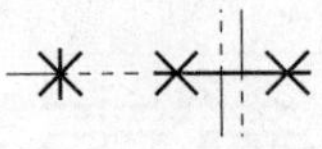	
15	介质流向	 或 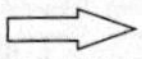	在管道断开处时，流向符号宜标注在管道中心线上，其余可同管径标注位置
16	砌筑风、烟道	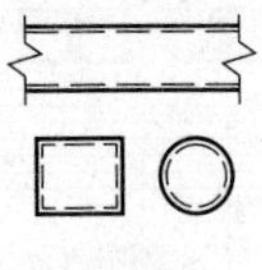	其余均为： 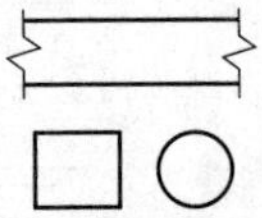
17	带导流片弯头		
18	天圆地方	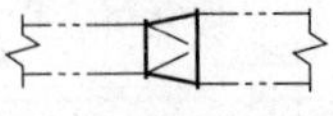	左接矩形风管，右接圆形风管
19	蝶阀		
20	风管止回阀		

续表

序号	名称	图　例	备　注
21	三通调节阀		
22	防火阀	80℃ 80℃,长开	表示80℃动作的长开阀，若因图面小，可表示为下图
23	排烟阀	320℃ 320℃	上图为320℃的长闭阀，下图为长开阀，若因图面小，表示方法同上
24	软接头	~	
25	软管		也可表示为光滑曲线（中粗）
26	风口（通用）	□ 或 ○	
27	气流方向		上为通用表示法，中表示送风，下表示回风
28	散流器		上为矩形散流器，下为圆形散流器。散流器为可见时，虚线改为实线
29	检查孔 测量孔	检 检 测 测	

续表

序号	名称	图例	备注
30	散热器及控制阀	13 13 13 13	左为平面图画法，右为剖面图画法
31	轴流风机		
32	离心风机		左为左式风机，右为右式风机
33	水泵		左侧为进水，右侧为出水
34	空气加热、冷却器		左、中分别为单加热，单冷却，右为双功能换热装置
35	板式换热器		
36	空气过滤器		左为粗效，中为中效，右为高效
37	电加热器		
38	加湿器		
39	挡水板		
40	窗式空调器		
41	分体空调器		
42	温度传感器	T 温度	
43	湿度传感器	H 湿度	

续表

序号	名称	图例	备注
44	压力传感器	P 压力	
45	记录仪		
46	温度计	T 或	左为圆盘式温度计，右为管式温度计
47	压力表	或	
48	流量计	F.M. 或	也可表示为光滑曲线（中粗）
49	能量计	E.M. 或 T1 T2	
50	水流开关	F	

三、图样画法

（1）一般规定　各工程、各阶段的设计图纸应满足相应的设计深度要求。在同一套设计图纸中，图样的线宽组、图例、符号等应一致。在设计中，宜依次表示图纸目录、选用图集（纸）目录、设计施工说明、图例、设备、主要材料表、总图、工艺图、系统图、平面图、剖面图、详图等。如单独成图时，其图纸编号应按所述顺序排列。图样需用的文字说明，宜以“注：”“附注：”或“说明：”的形式在图纸右下方、标题栏的上方书写，并用“1、2、3……”进行编号。

当一张图幅内绘制有平、剖面等多种图样时，宜按平面图、剖面图、安装详图，从上至下、从左至右的顺序排列。当一张图幅绘有多层平面图时，宜按建筑层次由低至高，由下至上顺序排列。图纸中的设备或部件不便用文字标注时，可进行编号。图样中只注明编号，如还需表明其型号（规格）、性能等内容时，宜用“明细栏”表示。初步设计和施工图设计的设备表至少应包括序号（编号）、设备名称、技术要求、数量、备注栏，材料表至少应包括序号

(编号)、材料名称、规格、物理性能、数量、单位、备注栏。

(2) 管道设备平面图、剖面图及详图 一般应以直接正投影法绘制，用于暖通空调系统设计的建筑平面图、剖面图，应用细实线绘出建筑轮廓线和与暖通空调系统有关的门、窗、梁、柱、平台等建筑构配件，并标明相应定位轴线编号、房间名称、平面标高。管道和设备布置平面图应按假想除去上层板后俯视规则绘制，否则应在相应垂直剖面图中表示剖切符号。平面图上应注出设备、管道定位（中心、外轮廓、地脚螺栓孔中心）线与建筑定位（墙边、柱边、柱中）线间的关系。剖面图上应注出设备、管道（中、底或顶）标高，必要时，还应注出距该层楼（地）板面的距离。剖面图应在平面图上选择能反映系统全貌的部位作垂直剖切后绘制。当剖切的投射方向为向下和向右，且不致引起误解时可省略剖切方向线（见图6-1）。

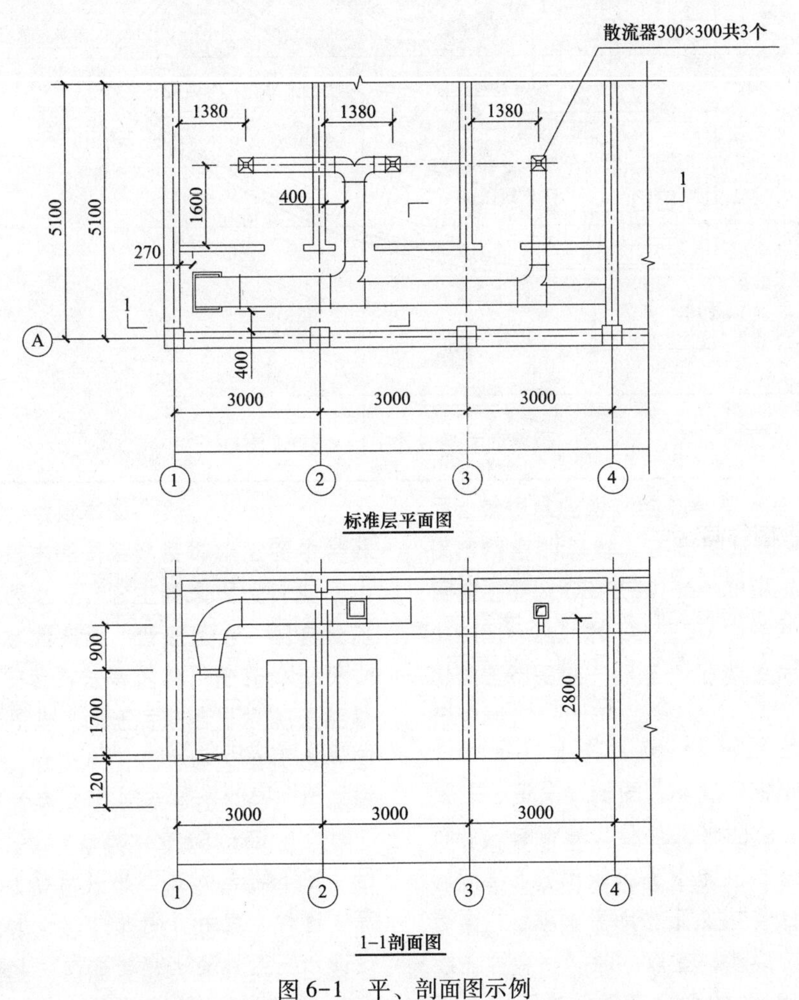

图6-1 平、剖面图示例

建筑平面图采用分区绘制时，暖通空调专业平面图也可分区绘制，但分区部位应与建筑平面图一致，并应绘制分区组合示意图。平面图、剖面图中的水、气管道可用单线绘制，风管不宜用单线绘制（方案设计和初步设计除外）。平面图、剖面图中的局部需另绘详图时，应在平、剖面图上标注索引符号。

（3）管道系统图　一般应能确认管径、标高及末端设备，可按系统编号分别绘制。管道系统图如果采用轴测投影法绘制，宜采用与相应平面图一致的比例，按正面等轴测或正面斜二轴测的投影规则绘制，在不致引起误解时，管道系统图可不按轴测投影法绘制。管道系统图的基本要素应与平、剖面图相对应。水、气管道及通风、空调管道系统图均可用单线绘制。系统图中的管线重叠、密集处，可采用断开画法，断开处宜以相同的小写拉丁字母表示，也可用细虚线连接。

（4）系统编号　一项工程设计中同时有供暖、通风、空调等两个及两个以上的不同系统时，应进行系统编号。暖通空调系统编号、入口编号，应由系统代号和顺序号组成。系统代号由大写拉丁字母表示（见表 6-5），顺序号由阿拉伯数字表示（见图 6-2）。系统编号宜标注在系统总管处。竖向布置的垂直管道系统，应标注立管号（见图 6-3）。在不致引起误解时，可只标注序号，但应与建筑轴线编号有明显区别。

表 6-5　　系　统　代　号

序号	代号	系统名称	序号	代号	系统名称
1	N	（室内）供暖系统	9	X	新风系统
2	L	制冷系统	10	H	回风系统
3	R	热力系统	11	P	排风系统
4	K	空调系统	12	JS	加压送风系统
5	T	通风系统	13	PY	排烟系统
6	J	净化系统	14	P（Y）	排风兼排烟系统
7	C	除尘系统	15	RS	人防送风系统
8	S	送风系统	16	RP	人防排烟系统

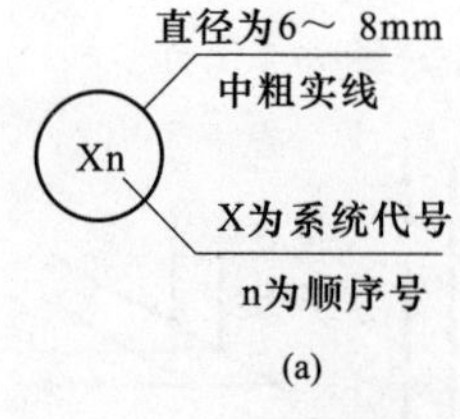

图 6-2　系统代号、编号的画法

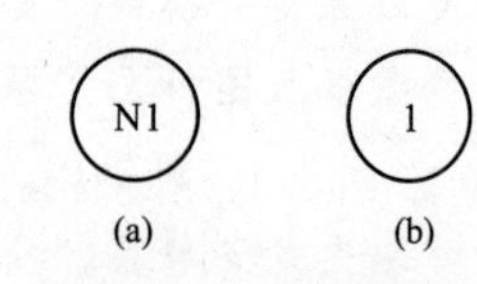

图 6-3　立管号的画法

(5) 管道标高、管径、尺寸标注

在不宜标注垂直尺寸的图样中，应标注标高。标高以米为单位，精确到厘米或毫米。当标准层较多时，可只标注与本层楼（地）板面的相对标高（见图6-4）。水、气管道所注标高未予说明时，表示管中心标高。水、气管道标注管外底或顶标高时，应在数字前加“底”或“顶”字样。矩形风管所注标高未予说明时，表示管底标高。圆形风管所注标高未予说明时，表示管中心标高。低压流体输送用焊接管道规格应标注公称通径或压力。公称通径的标记由字母“DN”后跟一个以毫米表示的数值组成，如DN15、DN32，公称压力的代号为“PN”。输送流体用无缝钢管、螺旋缝或直缝焊接钢管、铜管、不锈钢管，当需要注明外径和壁厚时，用“D或Φ外径×壁厚”表示，如“D108×4”“Φ108×4”。在不致引起误解时，也可采用公称通径表示。金属或塑料管应采用“d”表示，如“d10”。圆形风管的截面定型尺寸应以直径符号“Φ”后跟以毫米为单位的数值表示。矩形风管（风道）的截面定型尺寸应以“A×B”表示。“A”为该视图投影面的边长尺寸，“B”为另一边尺寸，A、B单位均为毫米。平面图中无坡度要求的管道标高可以标注在管道截面尺寸后的括号内，如“DN32（2.50）”“200×200（3.10）”。必要时，应在标高数字前加“底”或“顶”的字样。

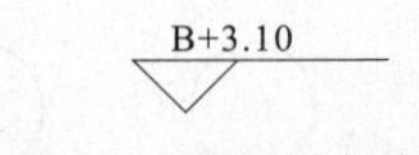

图6-4 相对标高的画法

水平管道的规格宜标注在管道的上方，竖向管道的规格宜标在管道的左侧。双线表示的管道，其规格可标注在管道轮廓线内部（见图6-5）。当斜管道不在图6-6所示30°范围内时，其管径（压力）、尺寸应平行标注在管道的斜上方。否则，用引出线水平或90°方向标注。多条管线的规格标注且管线密集时采用中间图画法，其中短斜线也可统一用圆点（见图6-7）。风口、散流器的规格、数量及风量的表示方法见图6-8。平面图、剖面图上如需标注连续排列的设备或管道的定位尺寸或标高时，应至少有一个自由段（见图6-9）。挂墙安装的散热器应说明安装高度。

此外，针对管道转向、分支、重叠及密集处，需要详细绘制（见图6-10~图6-19）。

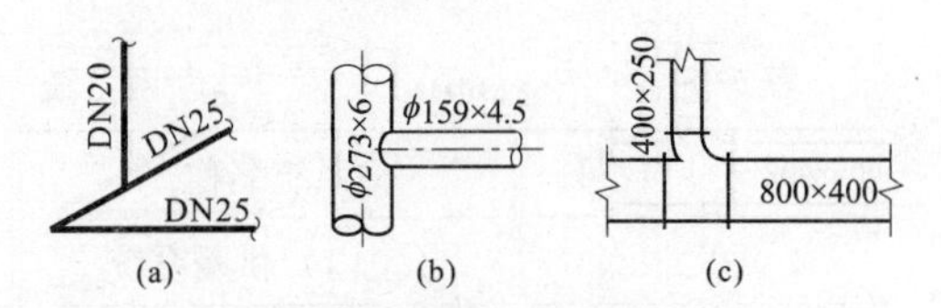

图6-5 管道截面尺寸的画法

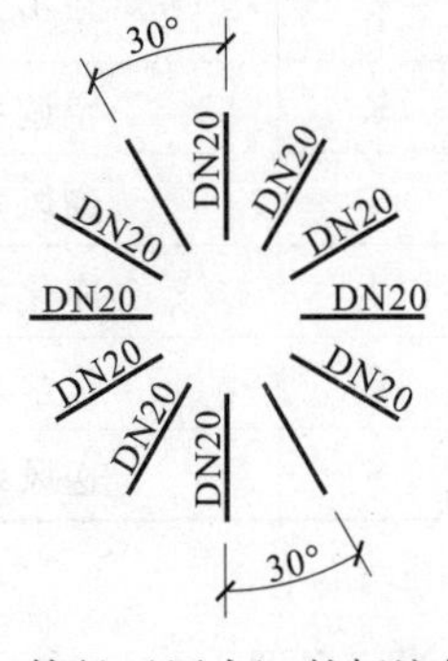

图6-6 管径（压力）的标注位置示例

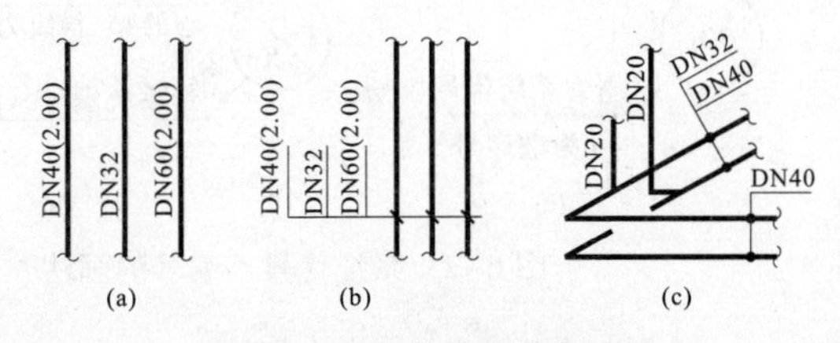

图6-7 多条管线规格的画法

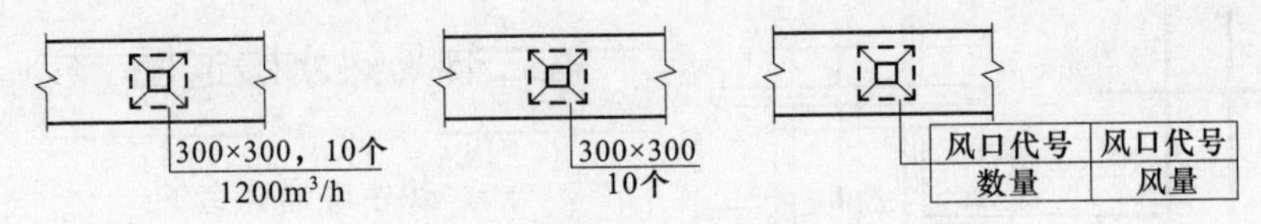

图 6-8　风口、散流器的表示方法

图 6-9　定位尺寸的表示方法

注：括号内数字应为不保证尺寸，不宜与上排尺寸同时标注

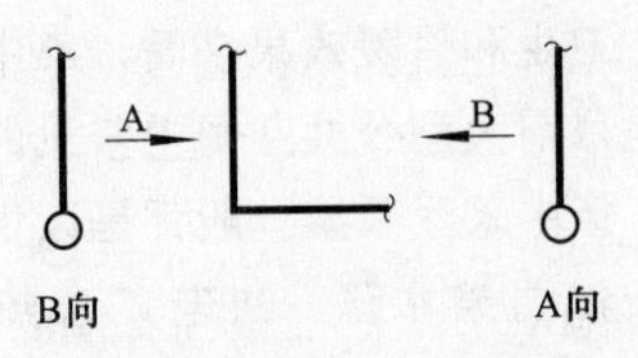

图 6-10　单线管道转向的画法

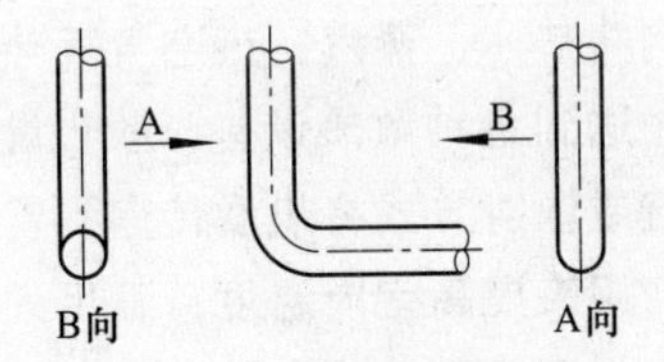

图 6-11　双线管道转向的画法

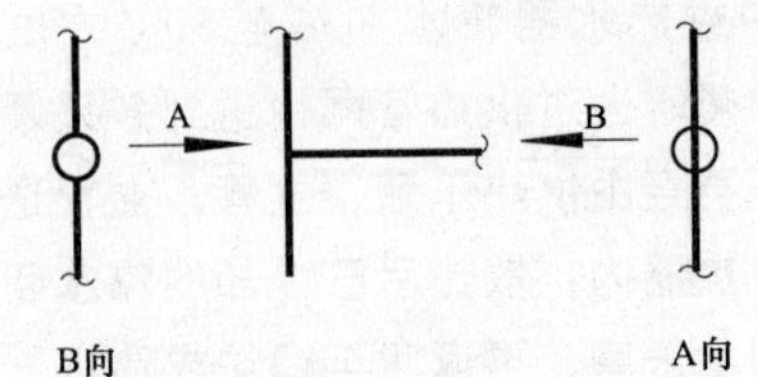

图 6-12　单线管道的分支画法

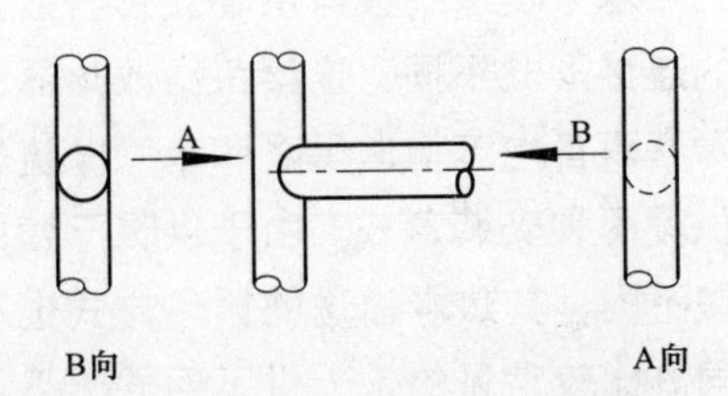

图 6-13　双线管道的分支画法

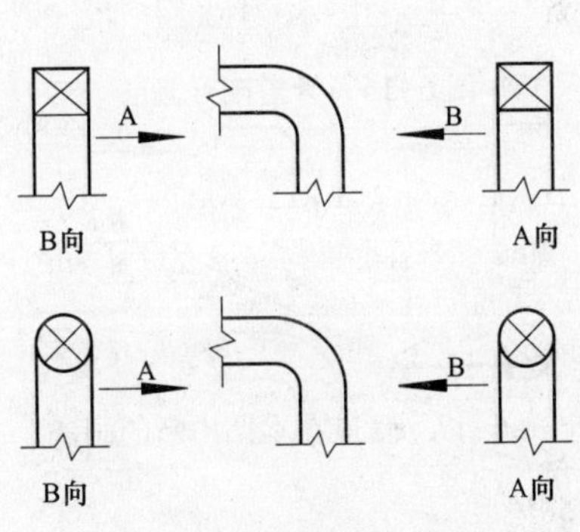

图 6-14　送风管转向的画法

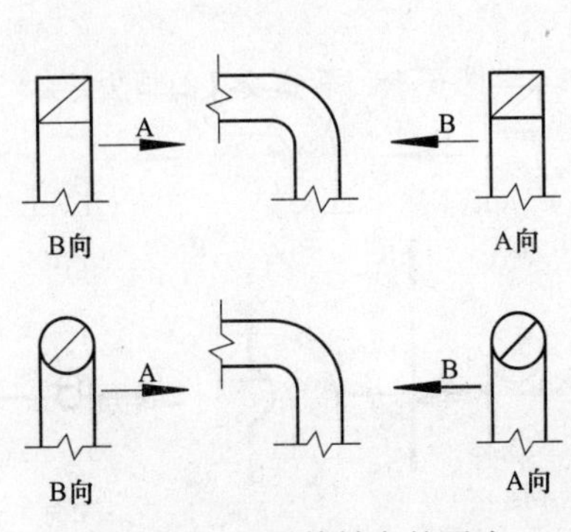

图 6-15　回风管转向的画法

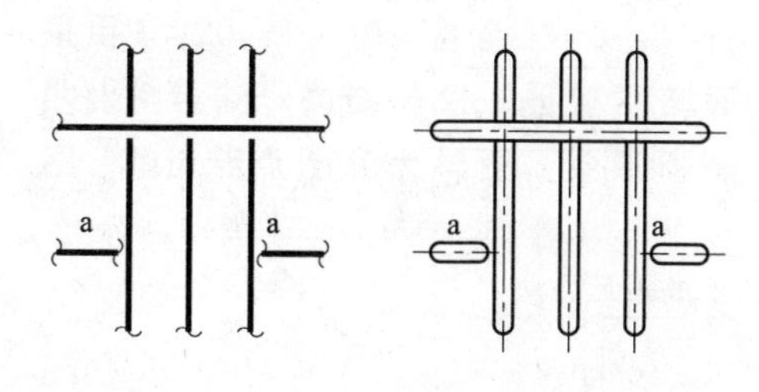

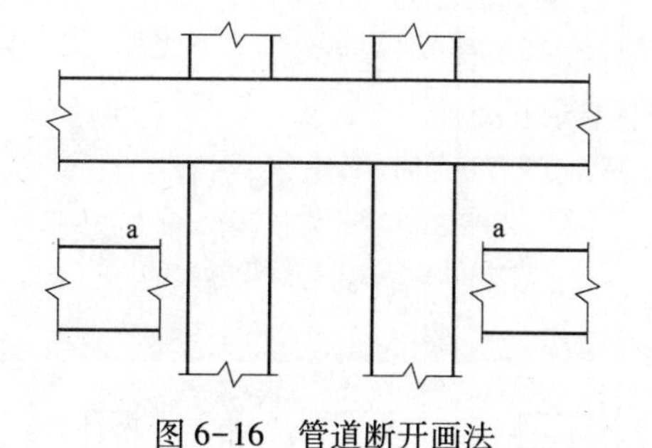

图 6-16　管道断开画法

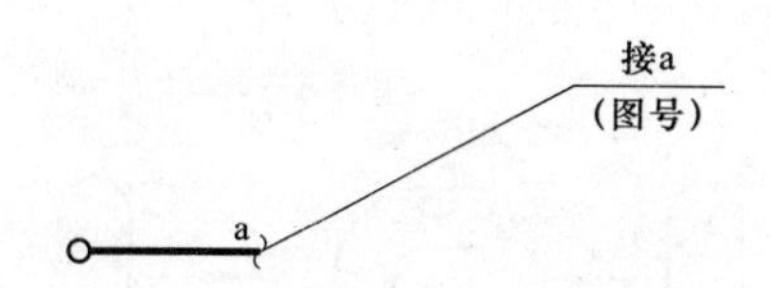

图 6-17　管道在本图中断的画法

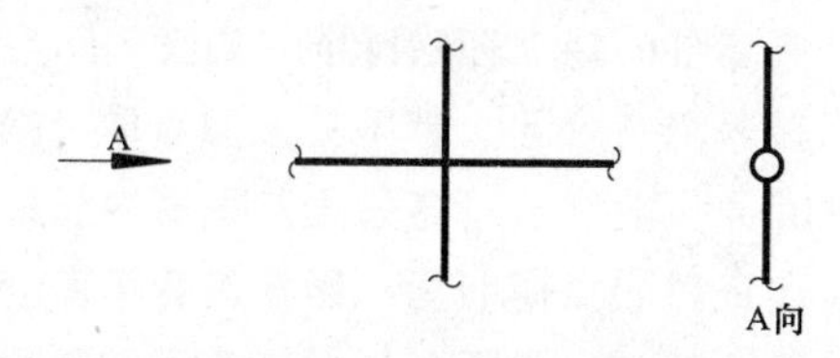

图 6-18　管道交叉的画法

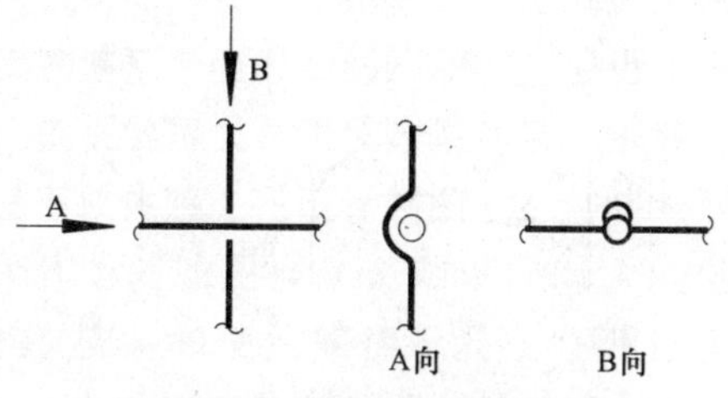

图 6-19　管道跨越的画法

第二节　热水暖通图

一、热水暖通构造

现代设计项目中，需要绘制热水暖通图的设计方案一般采用集中采暖系统，这类系统是指热源和散热设备分别设置，利用一个热源产生的热能通过输热管道向各个建筑空间供给热量的采暖方式。它具有构造复杂、一次性投入大、采暖效率高、方便洁净的特点。从经济、卫生和供暖效果来看，集中采暖系统是目前大型公共空间中常见的采暖系统。集中采暖系统一般都是以供暖锅炉、天然温泉水源、热电厂余热供汽站、太阳能集热器等作为热源，分别以热水、蒸汽、热空气作为热媒，通过供热管网将热水、蒸汽、热空气等热能从热源输送到各种散热设备，散热设备再以对流或辐射方式将热量传递到室内空气中，用来提高室内温度，满足人们的工作和生活需要。其中热水采暖系统是目前广泛采用的一种供热方式，它是由锅炉或热水器将水加热至 90℃ 左右以后，热水通过供热管网输送到各采暖空间，再经由供热干管、立管、支管送至各散热器内，散热后已冷却的凉水回流到回水干管，再返回至锅炉或热水器重新加热，如此循环供热。

热水采暖系统按照供暖立管与散热器的连接形式不同，连接每组散热器的立管有双管均流输送供暖和单管顺流输送供暖两种安装形式。由于供暖干管的位置不同，其热水输送的循环方式也不相同。比较常见的是上供下回式、下供下回式两种形式。

(1) 上供下回式热水输送循环系统

是指供水干管设在整个采暖系统之上，回水干管则设在采暖系统的最下面。

(2) 下供下回式热水输送循环系统

是指热水输送干管和回水干管均设置在采暖系统中所有散热器的下面。供热干管应按水流方向设上升坡度，以便使系统内空气聚集到采暖系统上部设置的空气管，并通过集气罐或自动放风阀门将空气排至系统外的大气中。回水干管则应按水流方向设下降坡度，以便使系统内的水全部排出。一般情况下，采暖系统上面的干管敷设在顶层的天棚处，而下面的干管应敷设在底层地板上。

二、绘制方法

本小节列举的是一项 KTV 娱乐空间的热水暖通图。热水暖通图一般需要参考平面布置图来绘制（见图6-20），经常采用单线表示管路，附有必要的设计施工说明，主要分为热水地暖平面图（见图6-21）、热水采暖平面图（见图6-22）和采暖系统图（见图6-23）三种，前两种绘制内容有差异，但是绘制方法和连接原理一致，只是形式不同，统称采暖平面图。采暖系统图主要表示从热水（气）入口至出口的采暖管道、散热器、各种安装附件的空间位置和相互关系的图样，能清楚地表达整个供暖系统的空间情况。采暖系统图以供暖平面图为依据，采用与平面图相同的比例以正面斜轴测投影方法绘制。

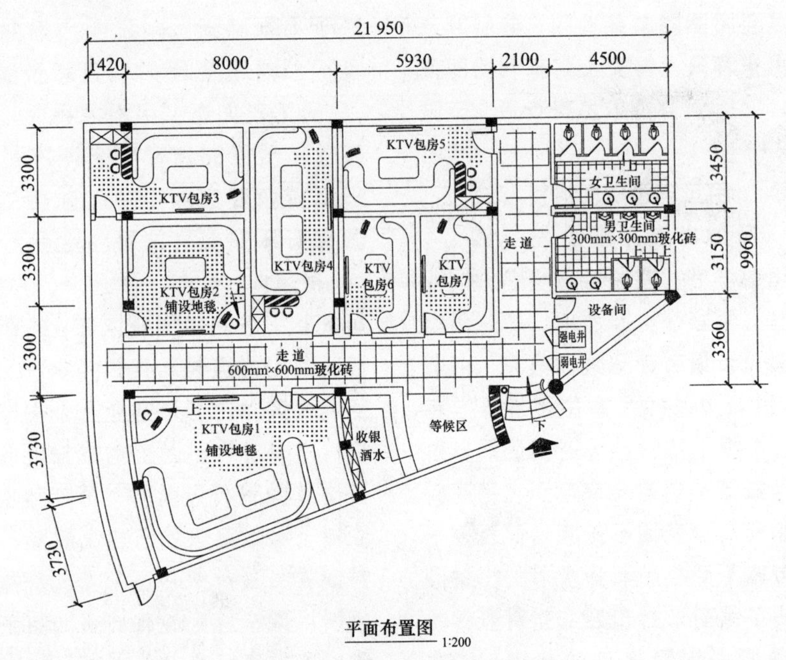

图 6-20　娱乐空间平面布置图

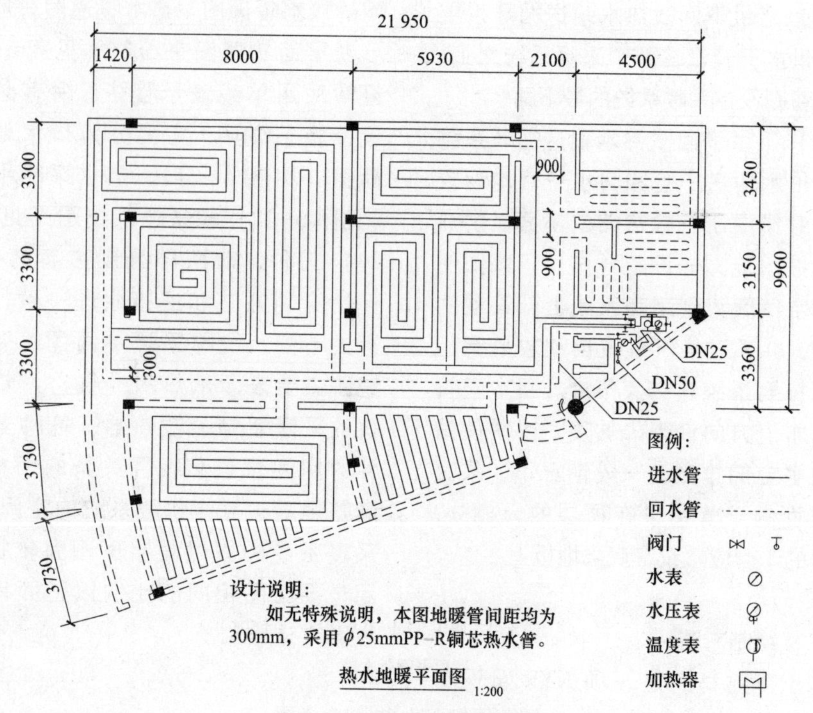

图 6-21　热水地暖平面图

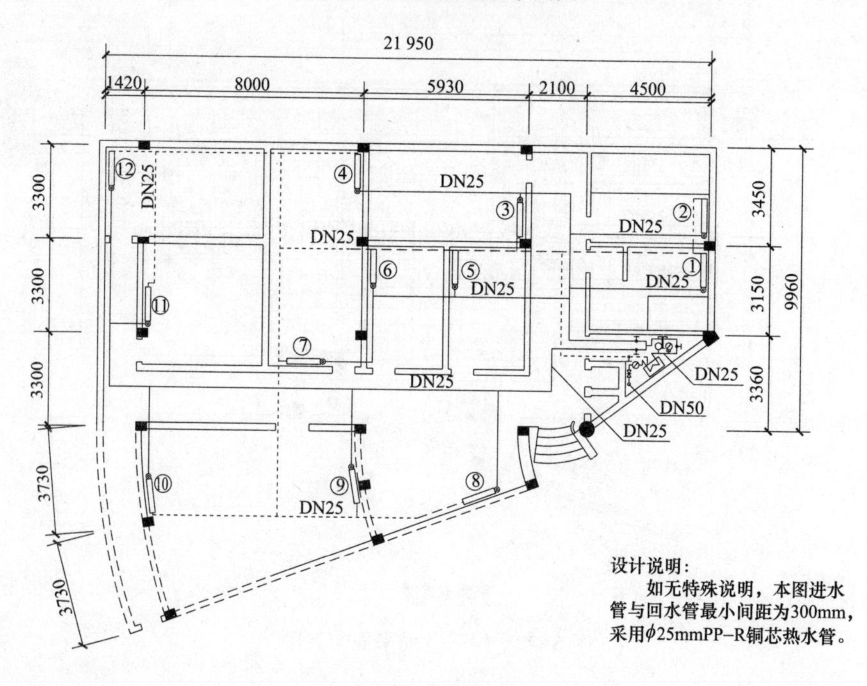

图 6-22　热水采暖平面图

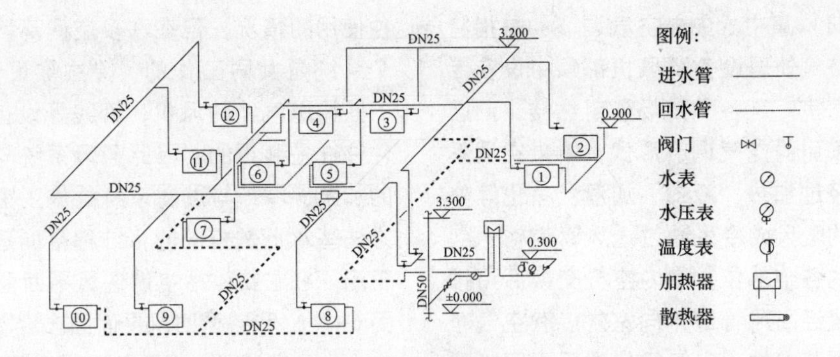

图 6-23　热水采暖系统图

（1）采暖平面图　绘制热水暖通图时经常采用与平面布置图相同的比例。图样应表达设计空间的平面轮廓、定位轴线和建筑主要尺寸，如各层楼面标高、房间各部位尺寸等。为突出整个供暖系统，散热器、立管、支管用中实线画出；供热干管用粗实线画出；回水干管用粗虚线画出；回水立管、支管用中虚线画出。表示出采暖系统中各干管支管、散热器位置及其他附属设备的平面布置，每组散热器的近旁应标注片数。标注各主干管的编号，编号应从总立管开始按照①、②、③的顺序标注。为了避免影响图形清晰，编号应标注在建筑物平面图形外侧，同时标注各段管路的安装尺寸、坡度，如3‰，即管路坡度为千分之三，箭头指向下坡方向等，并应示意性表示管路支架的位置。立管的位置，支架和立管的具体间距、距墙的详细尺寸等在施工说明中予以说明，或按照施工规范确定，一般不标注。

（2）采暖系统图　首先确定地面标高为±0.000的位置及各层楼地面的标高，从引入水（气）管开始，先绘制总立管和建筑顶层棚下的供暖干管，干管的位置、走向应与采暖平面图一致。根据采暖平面图中各个立管的位置，绘制与供暖干管相连接的各个立管，再绘制出各楼层的散热器及与散热器连接的立管、支管。接着依次绘制回水立管、回水干管，直至回水出口。在管线中需画出每一个固定支架、阀门、补偿器、集气罐等附件和设备的位置。最后标出各立管的编号、各干管相对于各层楼面的主要标高、干管各段的管径尺寸、坡度等，并在散热器的近旁标注片数。

第三节　中央空调图

一、中央空调构造

空调系统泛指以各种通风系统、空气加温、冷却与过滤系统共同工作，对室内空气进行加温、冷却、过滤或净化后，采用气体输送管道进行空气调节的系统，实际上包括通风系统，空气加温、冷却与过滤系统两类，在某些特殊空间环境中通风系统往往单独使用。

中央空气调节系统又分为集中式中央空气调节系统和半集中式中央空气调节系统两种。

（1）集中式中央空气调节　是指将各种空气处理设备及风机都集中设在专用机房室，是各种商场、商住楼、酒店经常采用的空气调节形式，中央空调系统将经过加热、冷却、加湿、净化等处理过的暖风或冷风通过送风管道输送到房间的各个部位，室内空气交换后用排风装置经回风管道排向室外。有空气净化处理装置的，空气经处理后再回送到各个空间，使室内空气循环达到调节室内温度、湿度和净化的目的。

（2）半集中式的中央空气调节　是将各种空气处理设备、风机或空调器都集中设在机房外，通过送风和回风装置将处理后的空气送至各个住宅空间，但是在各个空调房间内还有二次控制处理设备，以便灵活控制空气调节系统。

一般而言，中央空调通风系统通风包括排风和送风两个方面的内容，从室内排出污浊的空气称为排风，向室内补充新鲜空气称为送风，给室内排风和送风所采用的一系列设备、装置构成了通风系统。而空气加温、冷却与过滤系统是对室内外交换的空气进行处理的设备系统，它只是空气调节的一部分，将其单独称之为空调系统是不准确的。但是很多室内空气的加温、循环水冷却、过滤系统往往与通风系统结合在一起，构成一个完善的空气调节体系，即空调系统。

二、绘制方法

结合第二节热水暖通图的内容，本节将同样以 KTV 娱乐空间为对象，讲述其中央空调图的绘制方法。空气调节系统包括通风系统和空气的加温、冷却、过滤系统两个部分。虽然通风系统有单独使用的情况，但在许多空间环境这两个系统是共同工作的，除主要设备外，一些输送气体的风机、管线等设备、附件往往是共用的，因此通风系统与空气的加温、冷却与过滤系统的施工图绘制方法基本上是相同的，统称空调系统施工图。它主要包括空调送风平面图（见图 6-24）和空调回风平面图。

中央空调图主要是表明空调通风管道和空调设备的平面布置图样。图中一般采用中粗实线绘制墙体轮廓，采用细实线绘制门窗，采用细单点长画线绘制建筑轴线，并标注空间尺寸、楼面标高等。然后根据空调系统中各种管线、风道尺寸大小，由风机箱开始，采用分段绘制的方法，按比例逐段绘制送风管的每一段风管、弯管、分支管的平面位置，并标明各段管路的编号、坡度等。用图例符号绘出主要设备、送风口、回风口、盘管风机、附属设备及各种阀门等附件的平面布置。标明各段风管的长度和截面尺寸及通风管道的通风量、方向等。

图样中应注写相关技术说明，如设计依据、施工和制作的技术要求、材料质地等。空调工程中的风管一般都是根据系统的结构和规格需要，采用镀锌铁板分段制作的矩形风管，安装时将各段风管、风机用法兰连接起来即可。回风平面图的绘制过程与送风平面图相似，只不过是送风口改成了回风口。

暖通空调设计图需要根据具体设计要求和施工情况来确定绘制内容，关键在于标明管线型号和设备位置，以及彼此的空间关系。绘图前最好能到相关施工现场参观考察，建立较为直观的印象后再着手绘图就比较快了。

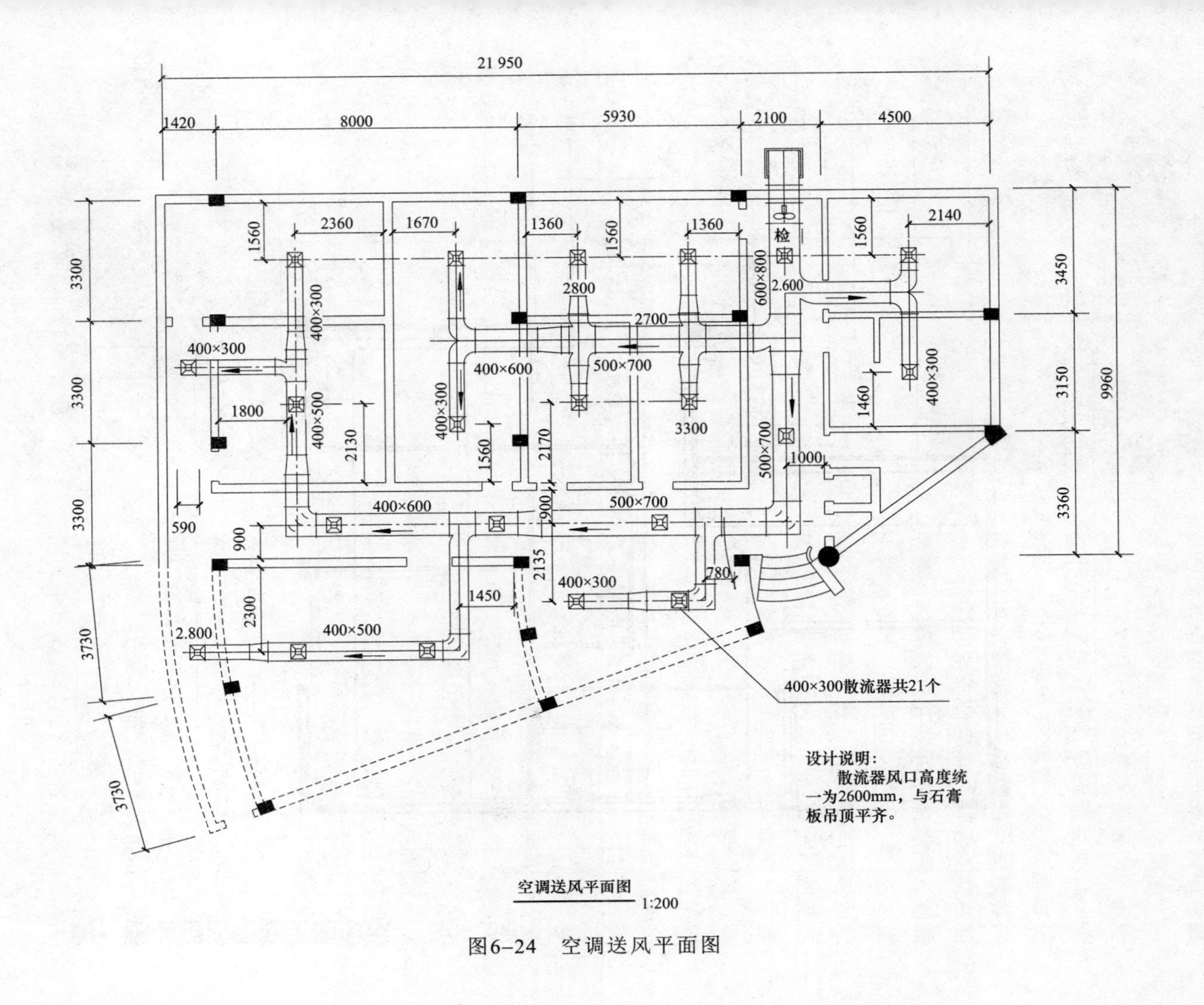

图6-24　空调送风平面图

附：暖通空调图施工图展示（图6-25和图6-26）

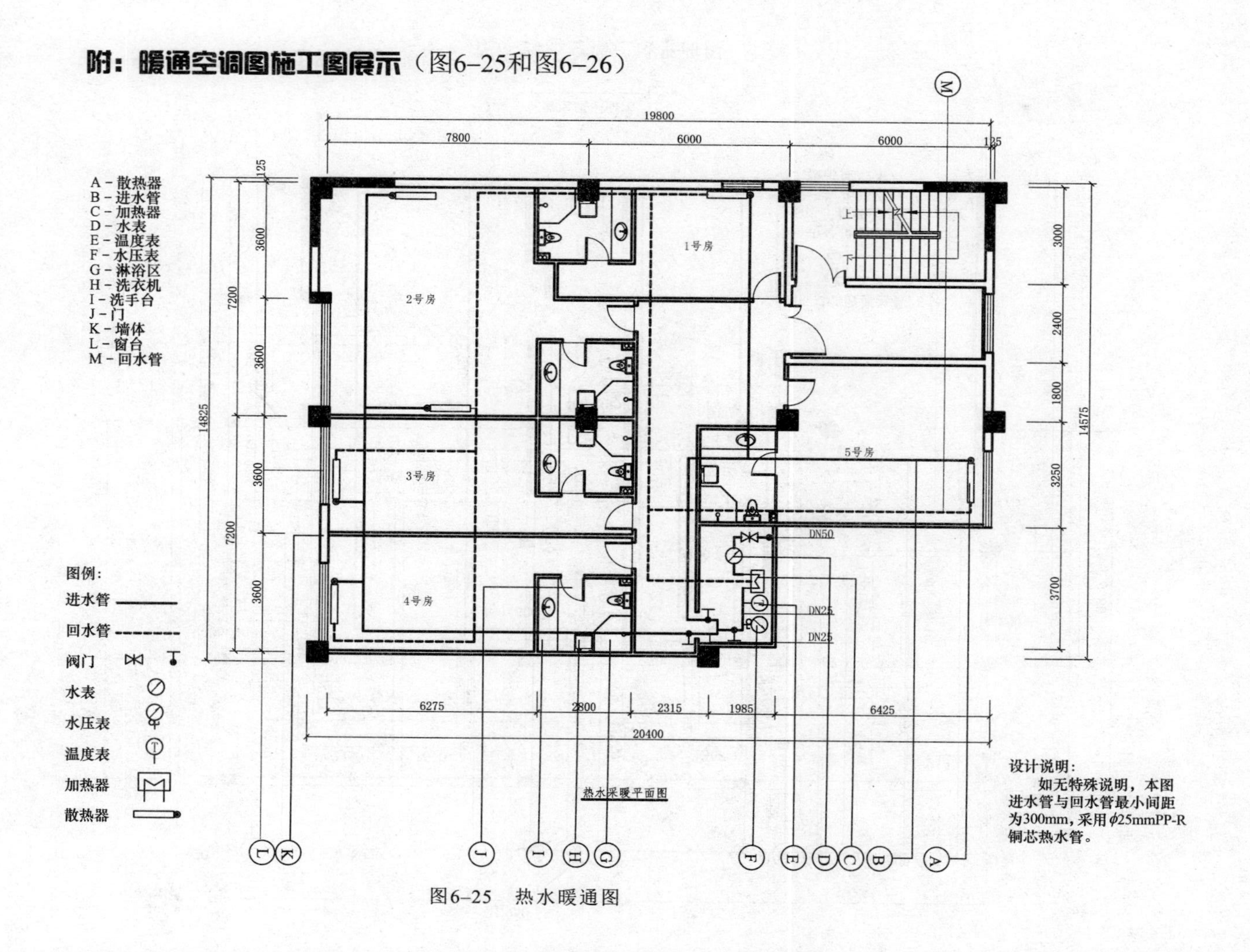

图6-25 热水暖通图

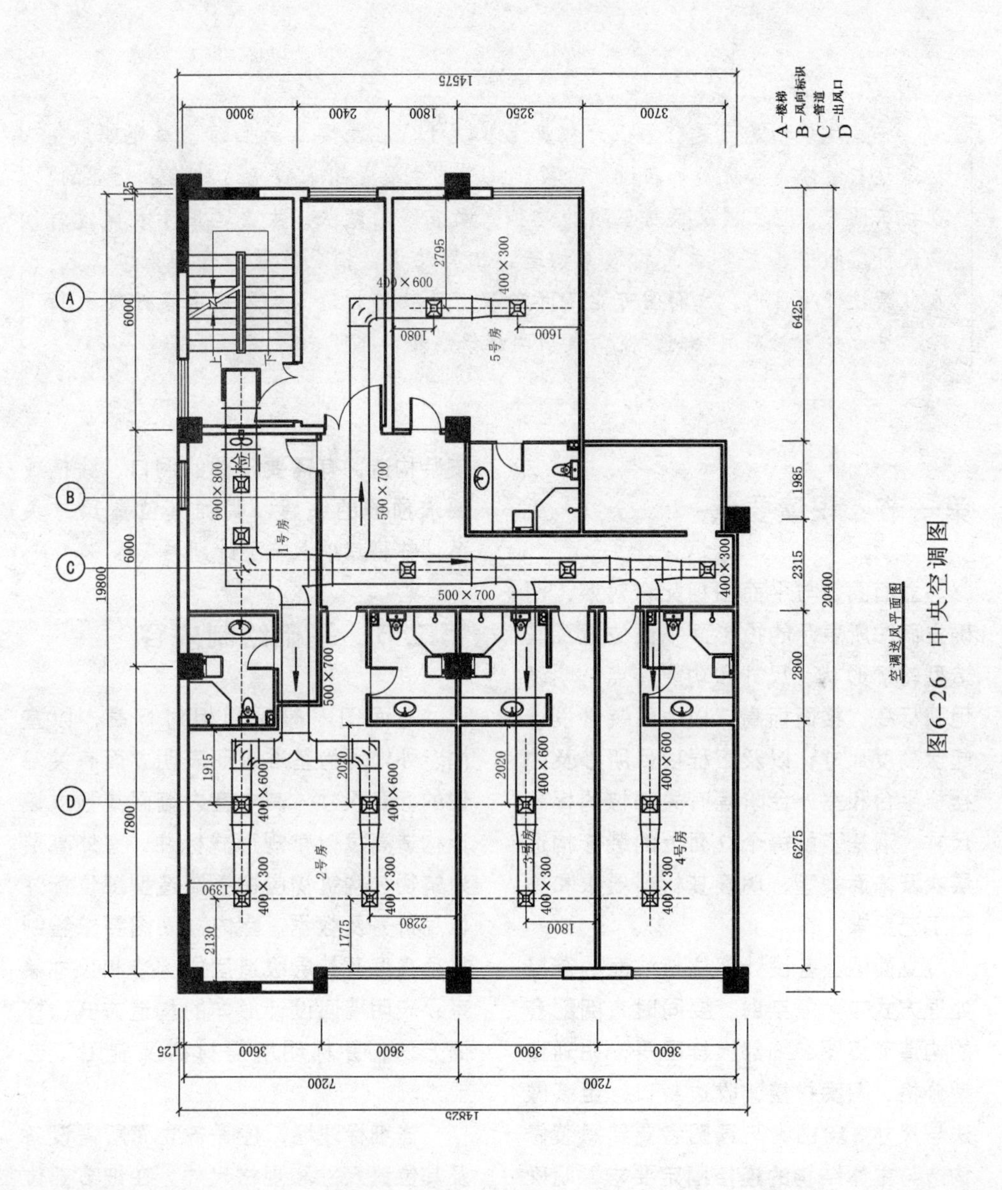
A-楼梯
B-风向标识
C-管道
D-出风口
空调送风平面图
1号房
2号房
3号房
4号房
5号房
600×800
500×700
400×600
400×300
400×300
14575
14825
20400
19800

图6-26 中央空调图

第七章 立 面 图

一座建筑物是否美观，很大程度上取决于它在主要立面上的艺术处理，包括造型与装修是否优美。在设计阶段，立面图主要是用来研究这种艺术处理的。在施工图中，它主要反映房屋的外貌和立面装修的做法，主要适用于表现建筑与设计空间中各重要立面的形体构造、相关尺寸、相应位置和基础施工工艺。在复杂设计项目中，立面图可能还涉及原有的装饰构造，如果不准备改变或拆除，这部分可以不用绘制，空白或用阴影斜线表示即可。

第一节 识读要点

立面图须与平面图相配合对照，明确立面图所表示的投影面平面位置及其造型轮廓形状、尺寸和功能特点。明确地面标高、楼面标高、楼地面装修设计起伏高度尺寸，以及工程项目所涉及的楼梯平台和室外台阶等有关部位的标高尺寸。清楚了解每个立面上的装修构造层次及饰面类型，明确其材料要求和施工工艺要求。

立面图上各设计部位与饰面的衔接处理方式较为复杂时，要同时查阅配套的构造节点图、细部大样图等，明确造型分格、图案拼接、收边封口、组装做法与尺寸。绘图者与读图者要熟悉装修构造与主体结构的连接固定要求，明确各种预埋件、后置埋件、紧固件和连接件的种类、布置间距、数量和处理方法等详细的设计规定。配合设计说明，了解有关施工设置或固定设施在墙体上的安装构造，有需要预留的洞口、线槽或要求预埋的线管，明确其位置尺寸关系，并将其纳入施工计划。

第二节 基础绘制内容

立面图一般采用相对标高，以室内、外地坪为基准进而表明立面有关部位的标高尺寸。其中室内墙面或独立设计构造高度以常规形式标注，室外高层建筑物、构筑物应在主要造型部位标注标高符号及数据。室内立面图要求绘制吊顶高度及其层级造型的构造和尺寸关系，表明墙面设计形体的构造方式、饰面方法，并标明所需材料及施工工艺要求。

详细标注墙、柱等各立面所需设备及其位置尺寸和规格尺寸。在细节部位要对关键设计项目作精确绘制，尤其要表明墙、柱等立面与平顶及吊顶的连接构造和收口形式。标注门、窗、轻质隔墙、装饰隔断等设施的高度尺寸和安装尺寸；标注与立面设计有关的装饰造型及其他艺术造型体的高低错落位置尺寸（见图 7-1）。此外，立面图要与后期绘制的剖面图或节点图相配合，表明设计结构连接方法、衔接方式及其相应的尺寸关系。

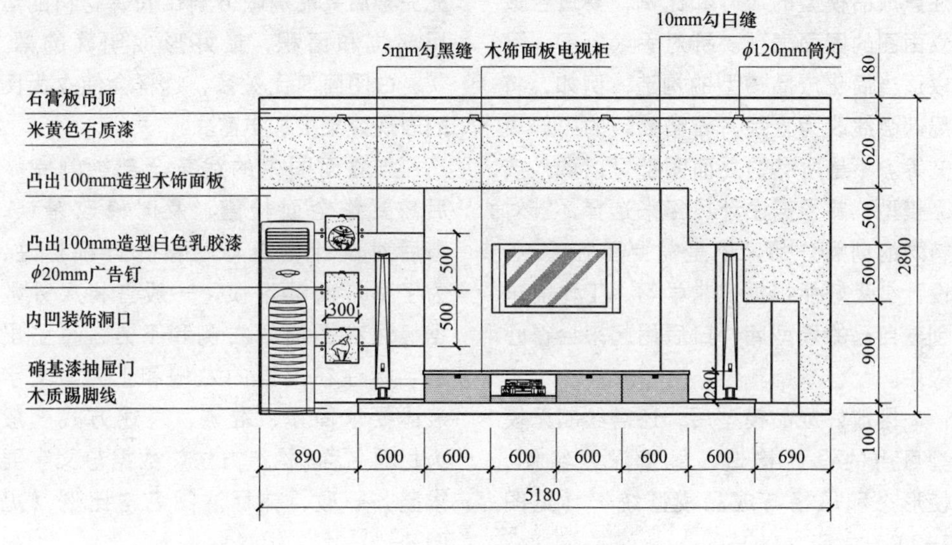

图 7-1 客厅电视背景墙立面图

第三节 立面图识读

这里列举某宾馆客房床头背景墙立面图，详细讲解绘制步骤与要点。

一、建立构架

首先，根据已绘制完成的平面图，引出地面长度尺寸，在适当的图纸幅面中建立墙面构架（见图 7-2）。一般而言，立面图的比例可以定在 1∶50，对于比较复杂的设计构造，可以扩大到 1∶30 或 1∶20，但是立面图不宜大于后期将要绘制的节点详图，以能清晰、准确反映设计细节来确定图纸幅面。由于一套设计图纸中，立面图的数量较多，可以将全套图纸的幅面规格以立面图为主。墙面构架主要包括确定墙面宽度与高度，并绘制墙面上主要装饰设计结构，如吊顶、墙面造型、踢脚线等，除四周地、墙、顶边缘采用粗实线外，这类构造一般都采用中实线，被遮挡的重要构造可以采用细虚线。

基础构架的尺寸一定要精确，为后期绘制奠定基础。当然，也不宜急于标注尺寸，绘图过程也是设计思考过程，要以最终绘制结果为参照来标注。

二、调用成品模型

基本构架绘制完毕后，就可以从图集、图库中调用相关的图块和模型，如家具、电器、陈设品等，这些图形要预先经过线型处理，将外围图线改为中实线，内部构造或装饰改为细实线，对于特别复杂的预制图形要作适当处理，简化其间的线条，否则图线过于繁杂，会影响最终打印输出的效果。此外，还要注意成品模型的尺寸和比例，要适合该立面图的图面表现。针对手绘制图，可以适当简化成品模型的构造，例如，将局部弧线改为直线，省略繁琐的内部填充等。不是所有的立面图都可以调入成品模型，要根据设计风格来选择，针对特殊的创意作品，还是需要单独绘制，设计者最好能根据日常学习、工作需求创建自己的模型库，日后用起来会得心应手。

摆放好成品模型后，还需绘制无模型可用的设计构造，尽量深入绘制，使形态和风格与成品模型统一（见图7-3）。

三、填充与标注

当基本图线都绘制完毕后，就需要对特殊构造作适当填充，以区分彼此间的表现效果，如墙面壁纸、木纹、玻璃镜面等，填充时注意填充密度，小幅面图纸不宜填充面积过大、过饱满，大幅面图纸不宜填充面积过小、过稀疏。填充完毕后要能清晰分辨出特殊材料的运用部位和面积，最好形成明确的黑、灰、白图面对比关系，这样会使立面图的表现效果更加丰富。

当立面图中的线条全部绘制完毕后需要作全面检查，及时修改错误，最后对设计构造与材料作详细标注，为了适应阅读习惯，一般宜将尺寸数据标注在图面的右侧和下方，将引出文字标注在图面的左侧和上方，文字表述要求简单、准确，表述方式一般为材料名称+构造方法。数据与文字要求整齐一致，并标注图名与比例（见图7-4）。

绘制立面图的关键在于把握丰富的细节，既不宜过于繁琐，也不宜过于简单，太繁琐的构造可以通过后期的大样图来深入表现，太简单的构造可以通过多层次填充来弥补。

图7-2　立面图绘制步骤一

图 7-3 立面图绘制步骤二

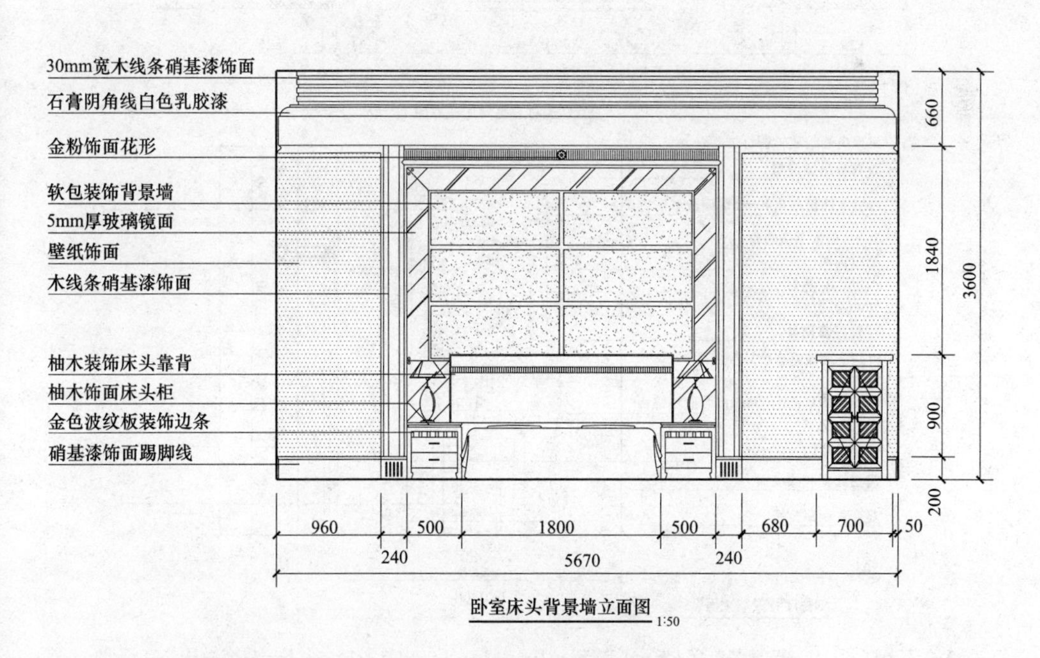

图 7-4 立面图绘制步骤三

附：立面图施工图展示（图 7-5~图 7-14）

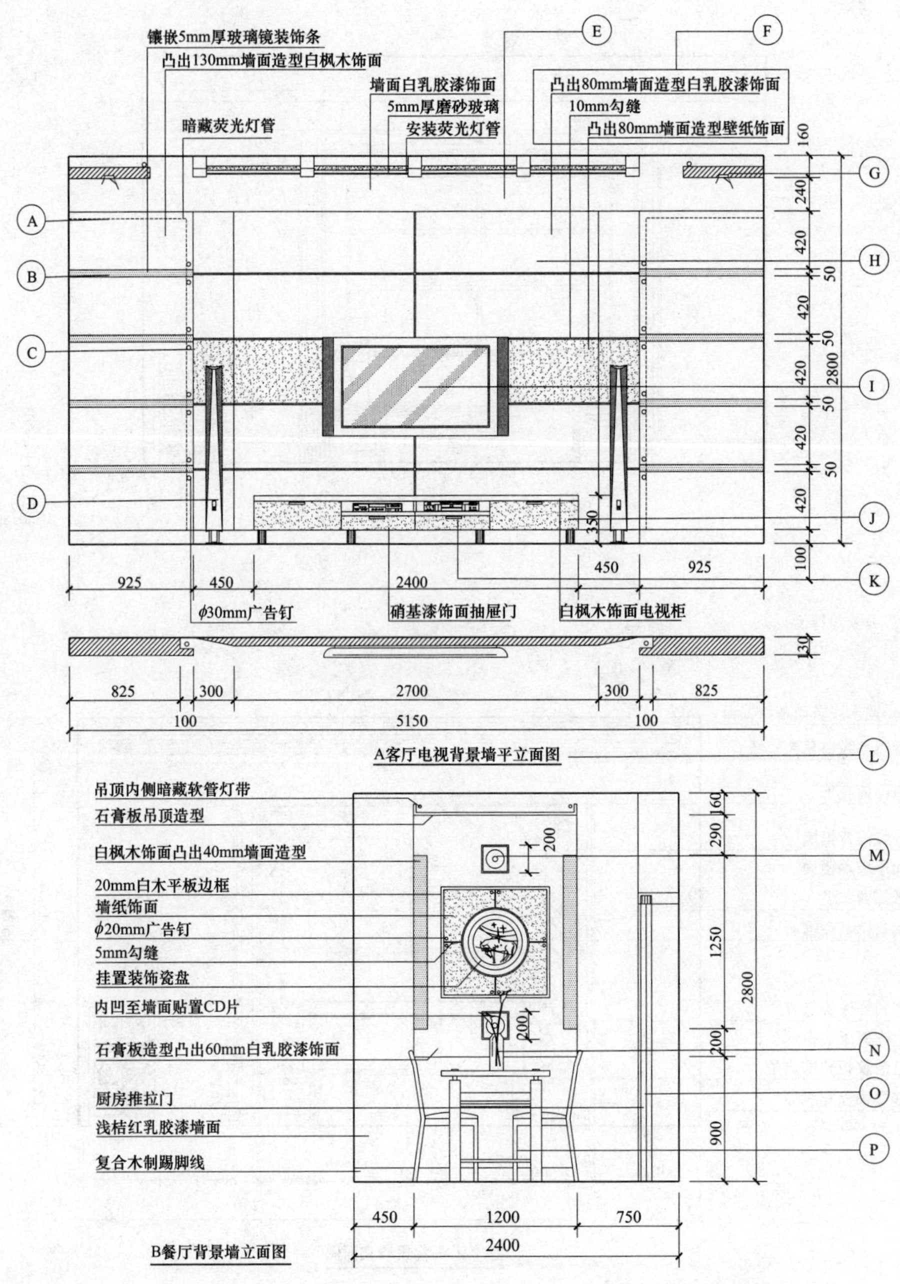

A—荧光灯管；B—玻璃装饰条；C—广告钉；D—音响；E—白乳胶墙面；F—装饰做法文字说明；G—吊顶；H—壁纸饰面（墙面）；I—电视机；J—电视柜；K—电视机抽屉；L—图示；M—CD片装饰；N—花瓶；O—厨房推拉门；P—就餐桌椅

图 7-5　128m²住宅立面图（一）

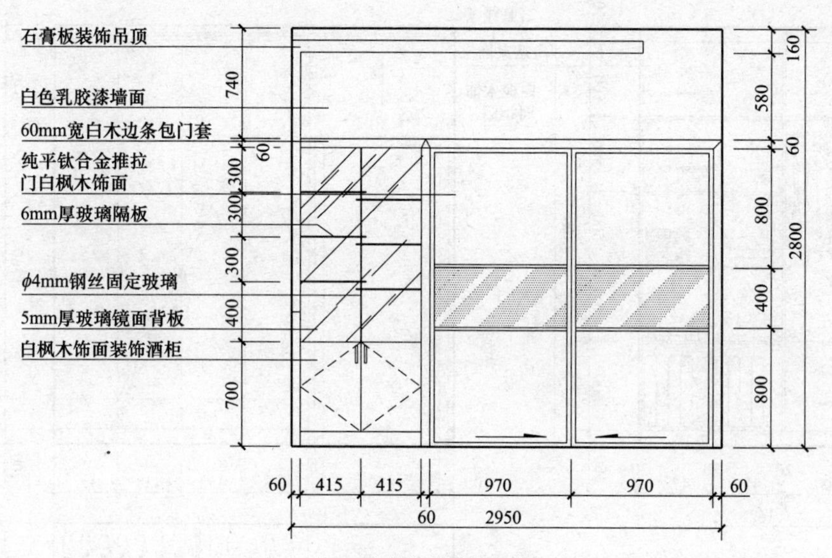

C餐厅酒柜推拉门立面图

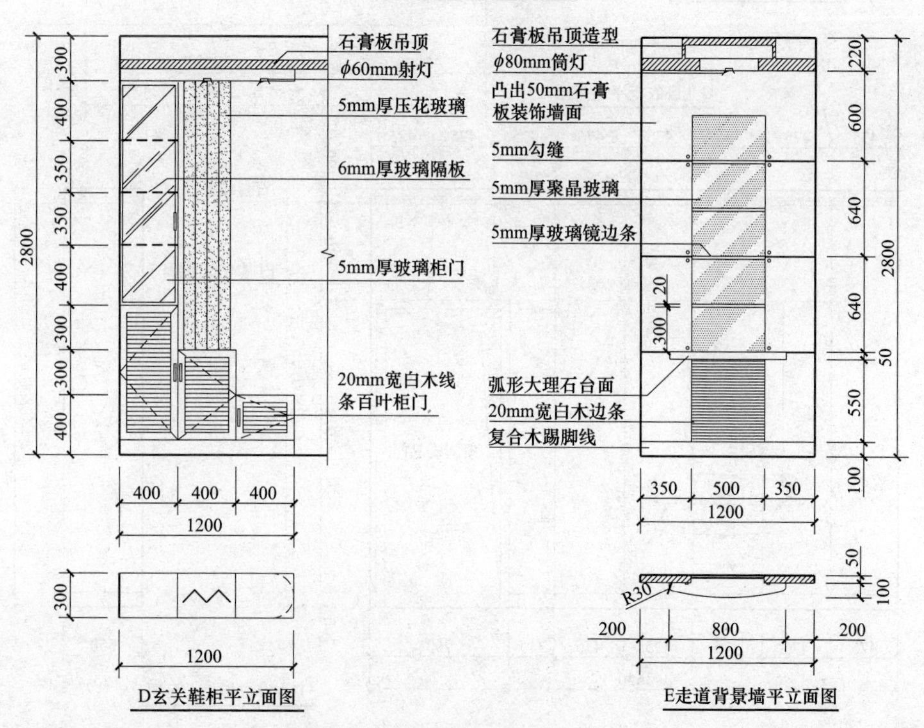

D玄关鞋柜平立面图

E走道背景墙平立面图

图 7-6 128m^{2}住宅立面图（二）

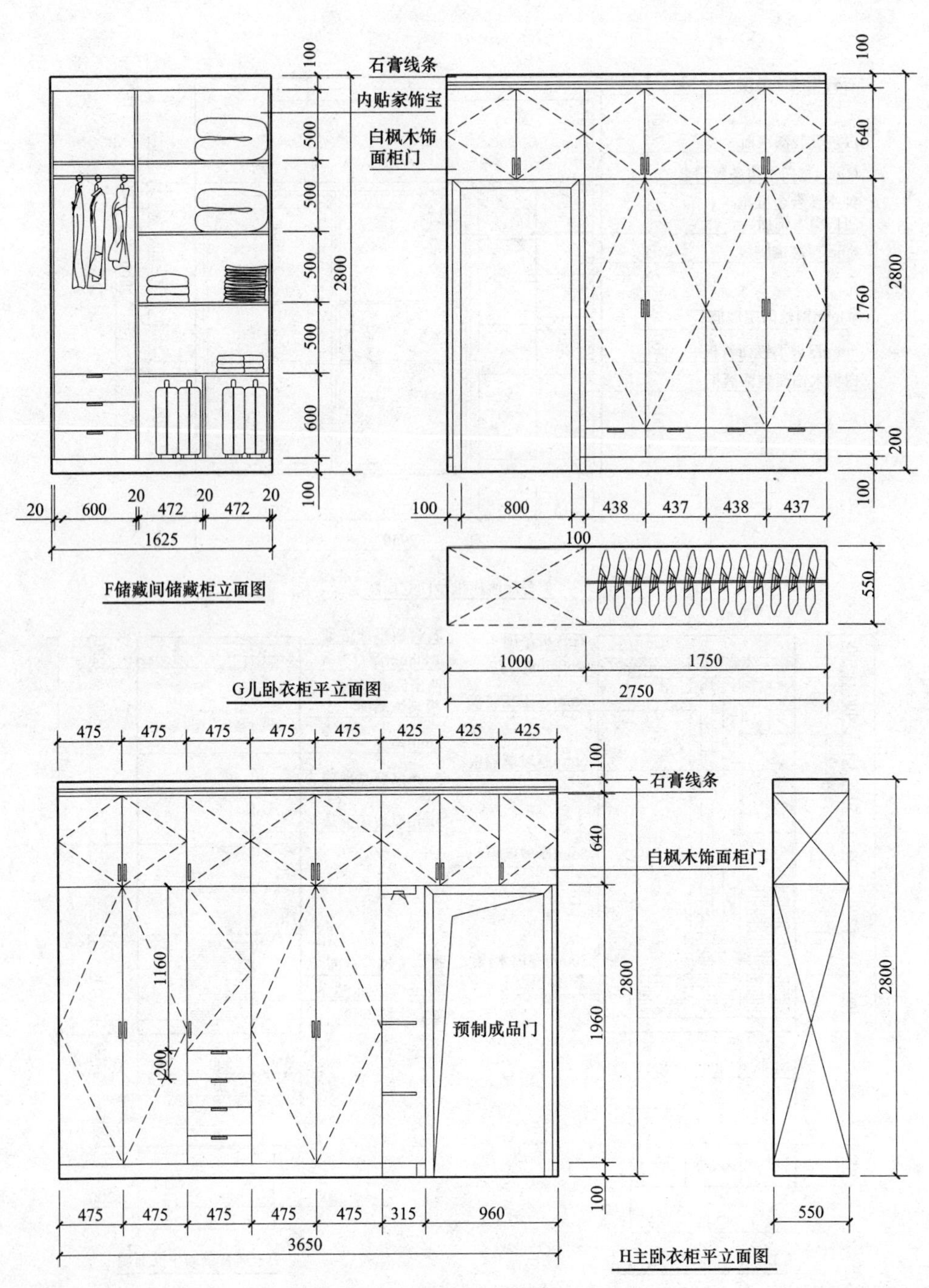

图 7-7 128m²住宅立面图（三）

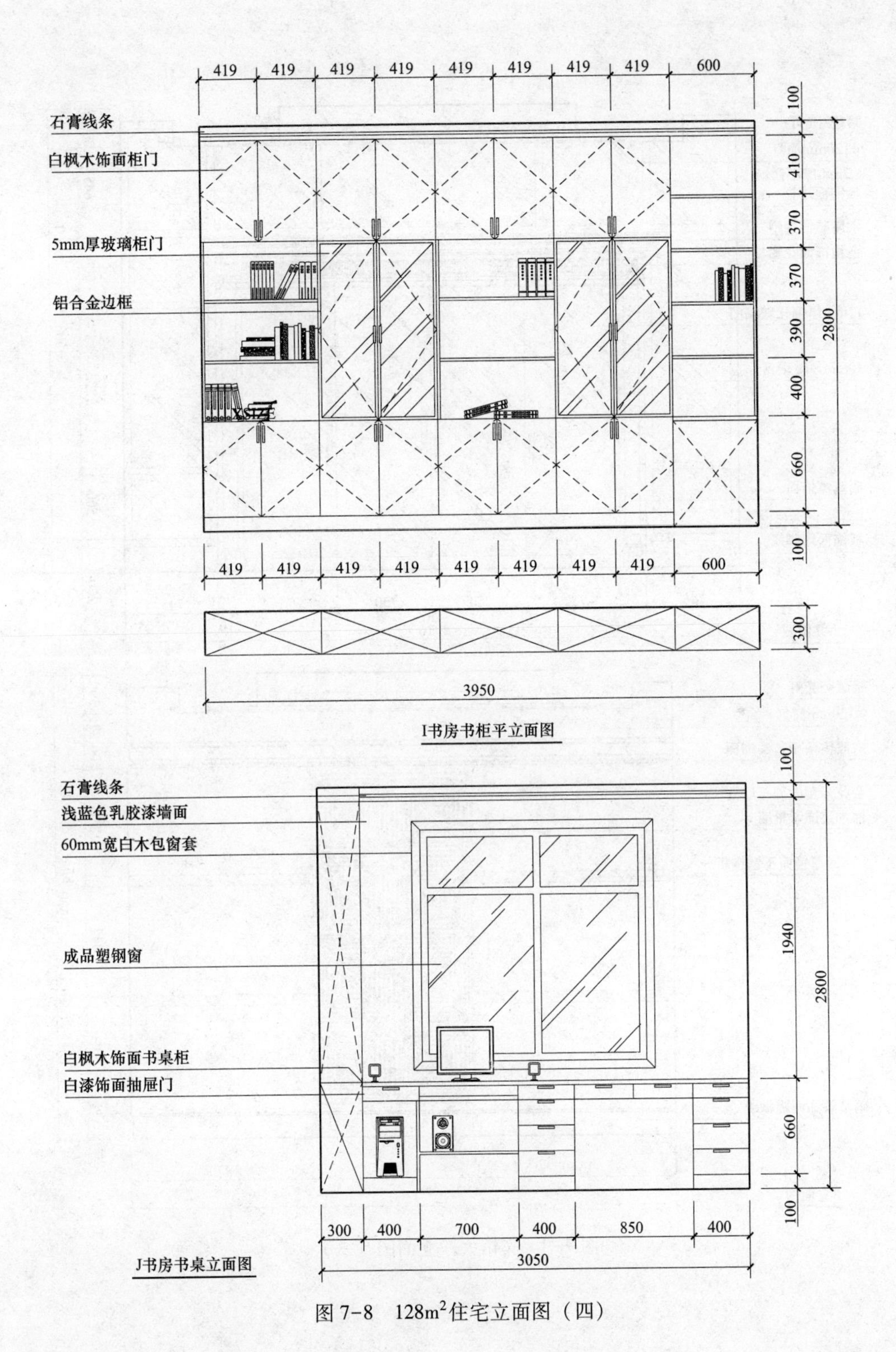

图 7-8　128m^{2}住宅立面图（四）

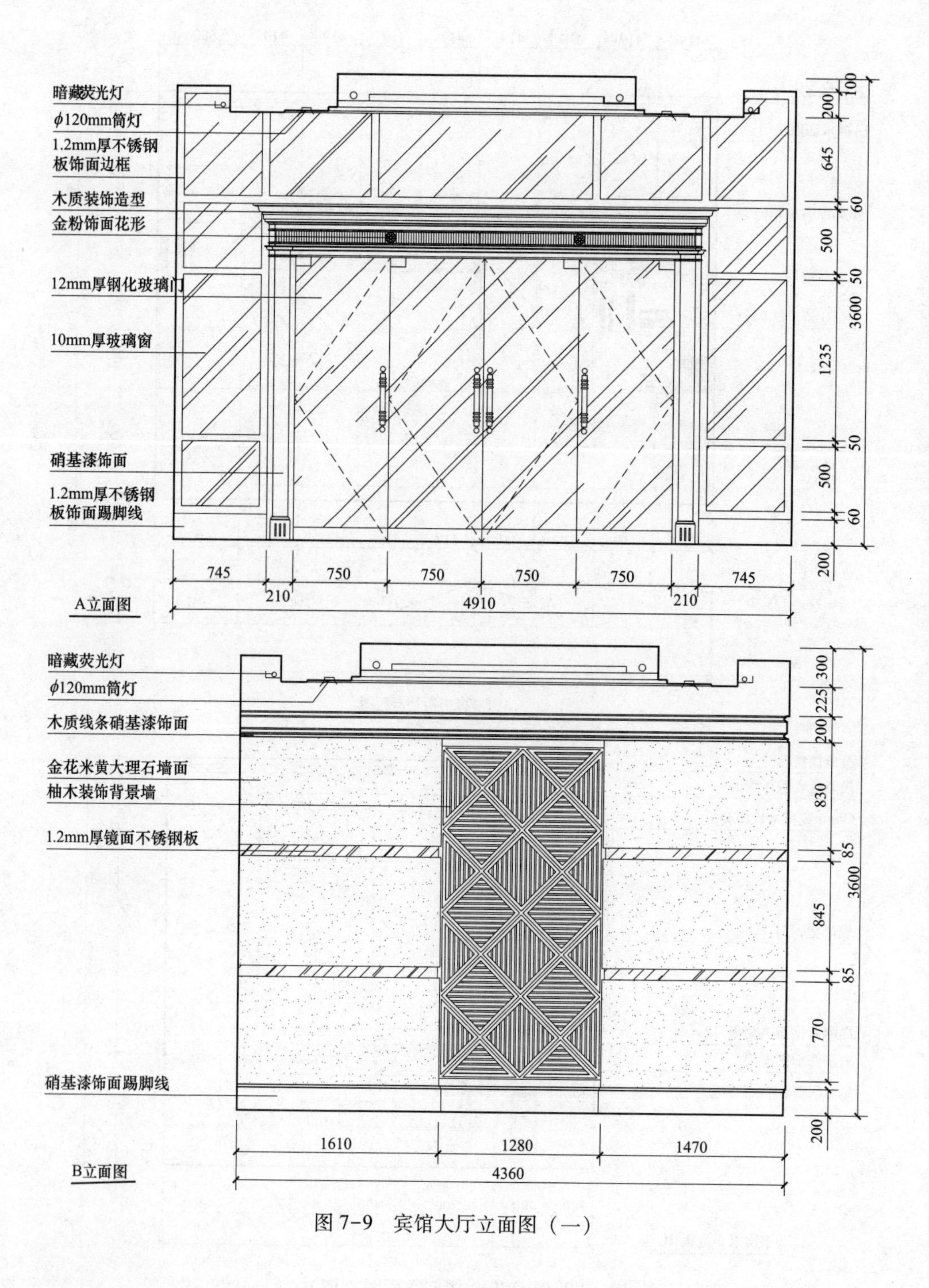

图 7-9　宾馆大厅立面图（一）

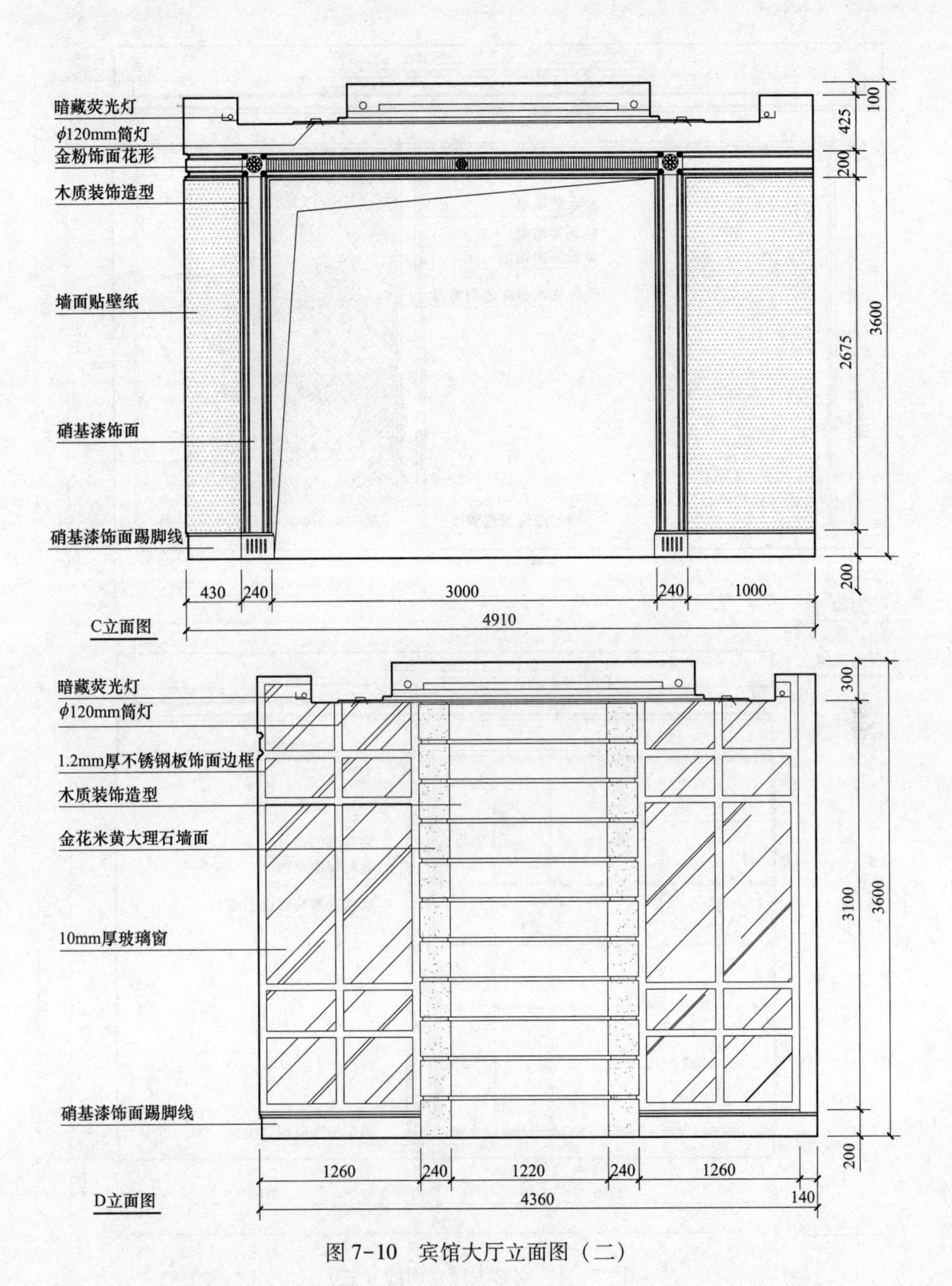

图 7-10 宾馆大厅立面图（二）

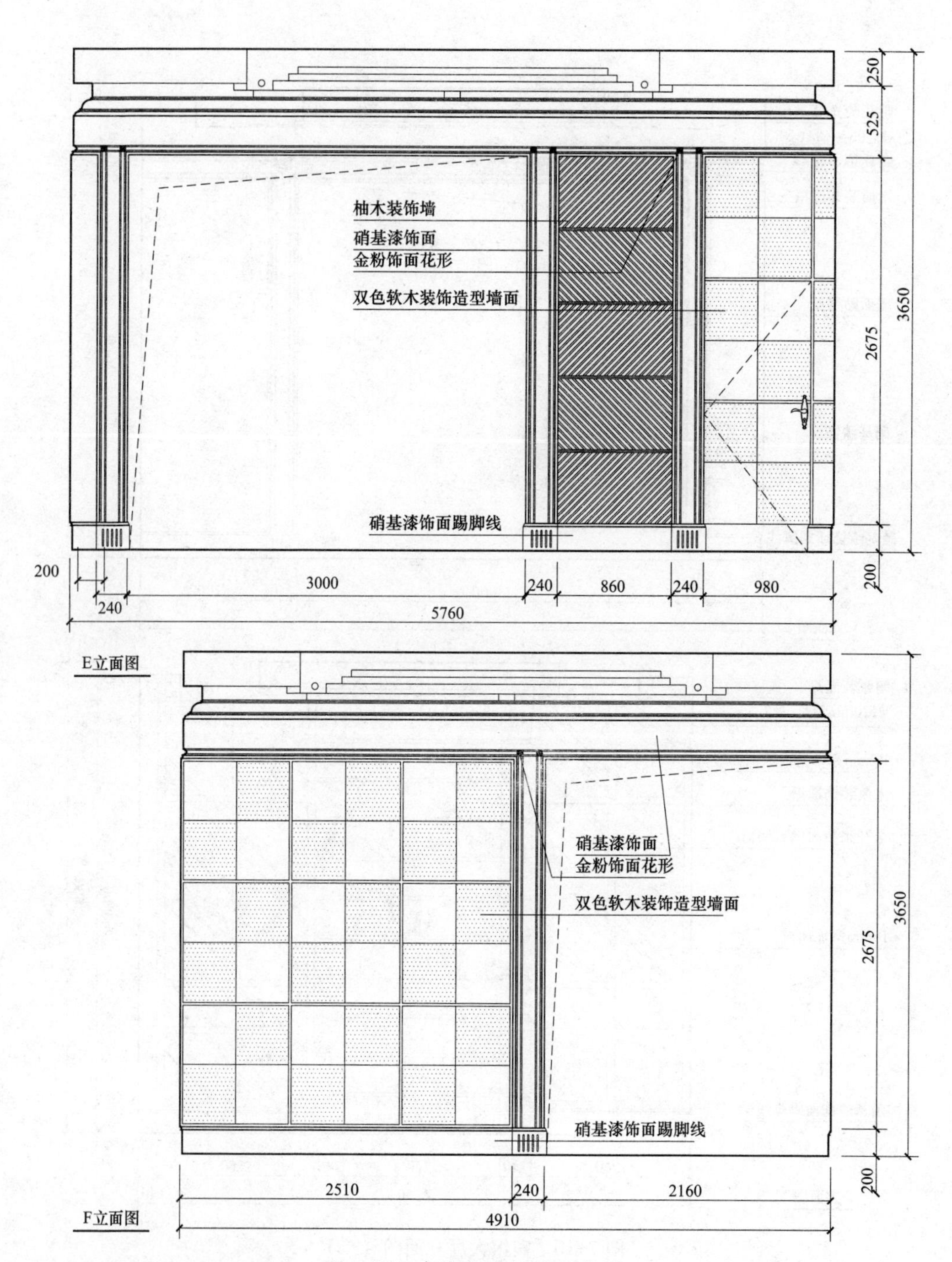

图 7-11　宾馆大厅立面图（三）

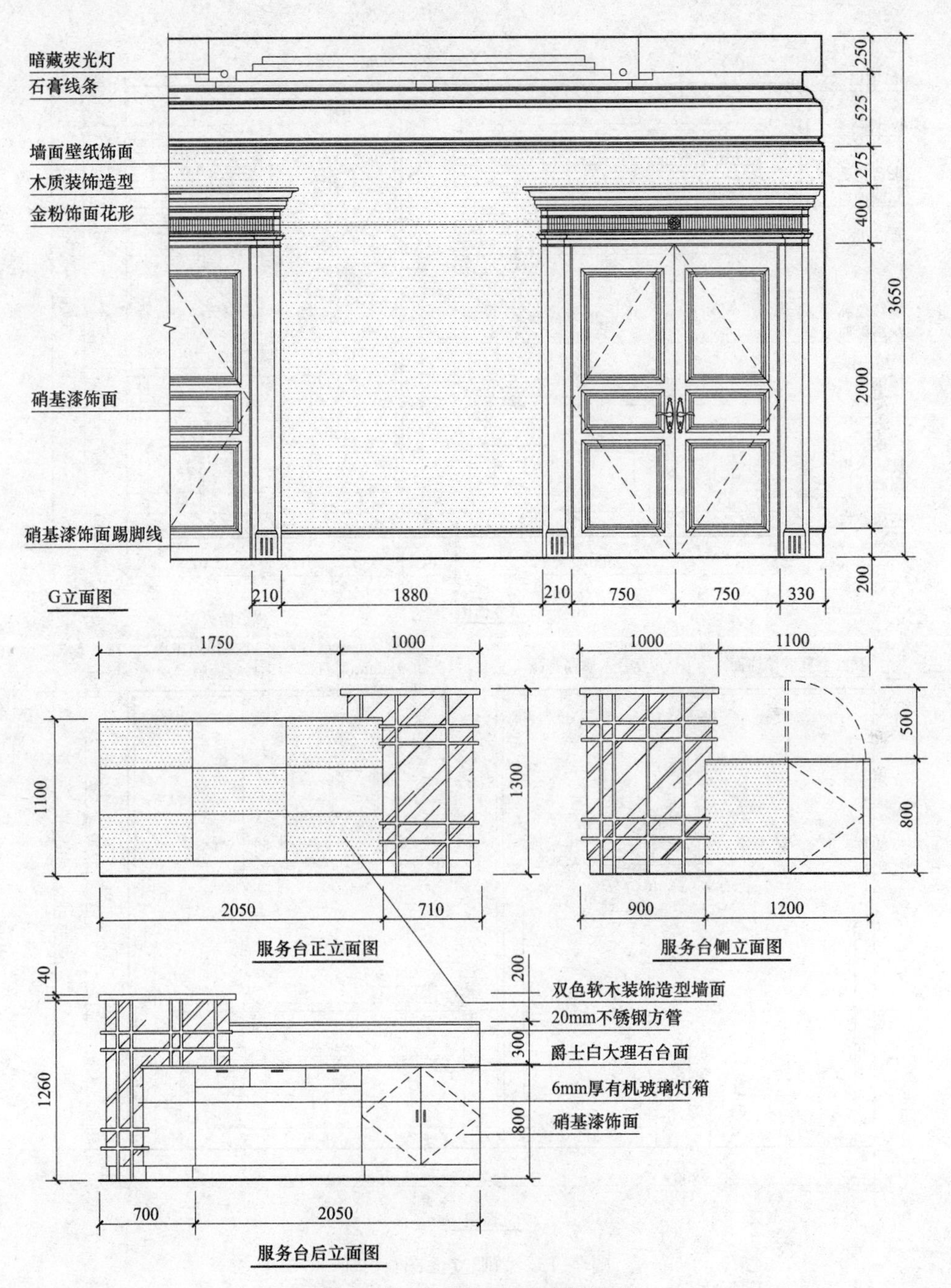

图 7-12 宾馆大厅立面图（四）

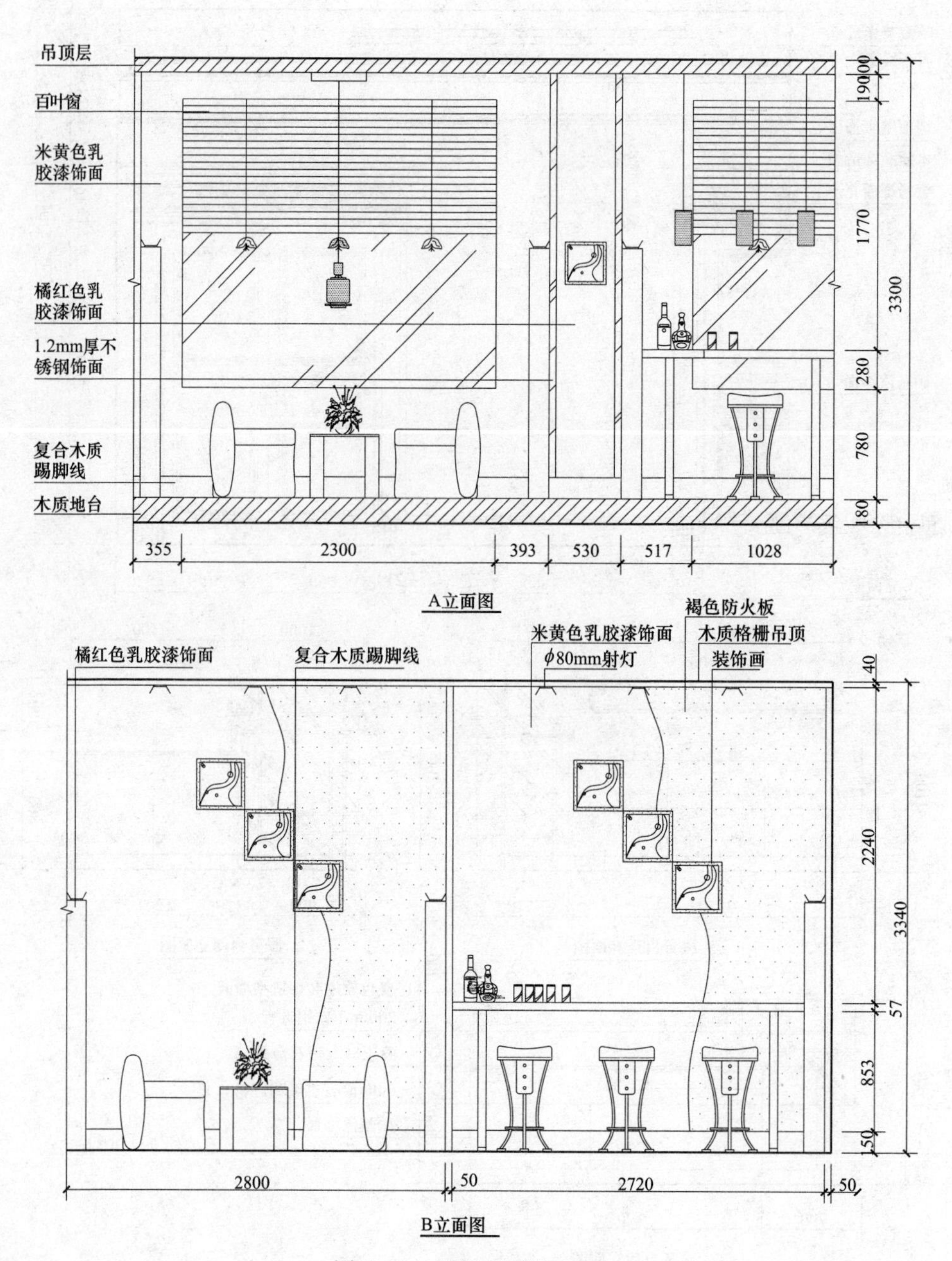
吊顶层
百叶窗
米黄色乳
胶漆饰面
橘红色乳
胶漆饰面
1.2mm厚不
锈钢饰面
复合木质
踢脚线
木质地台
100
190
1770
3300
280
780
180
355
2300
393
530
517
1028
A立面图
褐色防火板
米黄色乳胶漆饰面
木质格栅吊顶
橘红色乳胶漆饰面
复合木质踢脚线
φ80mm射灯
装饰画
40
2240
3340
57
853
50
2800
50
2720
50
B立面图

图 7-13 酒吧立面图（一）

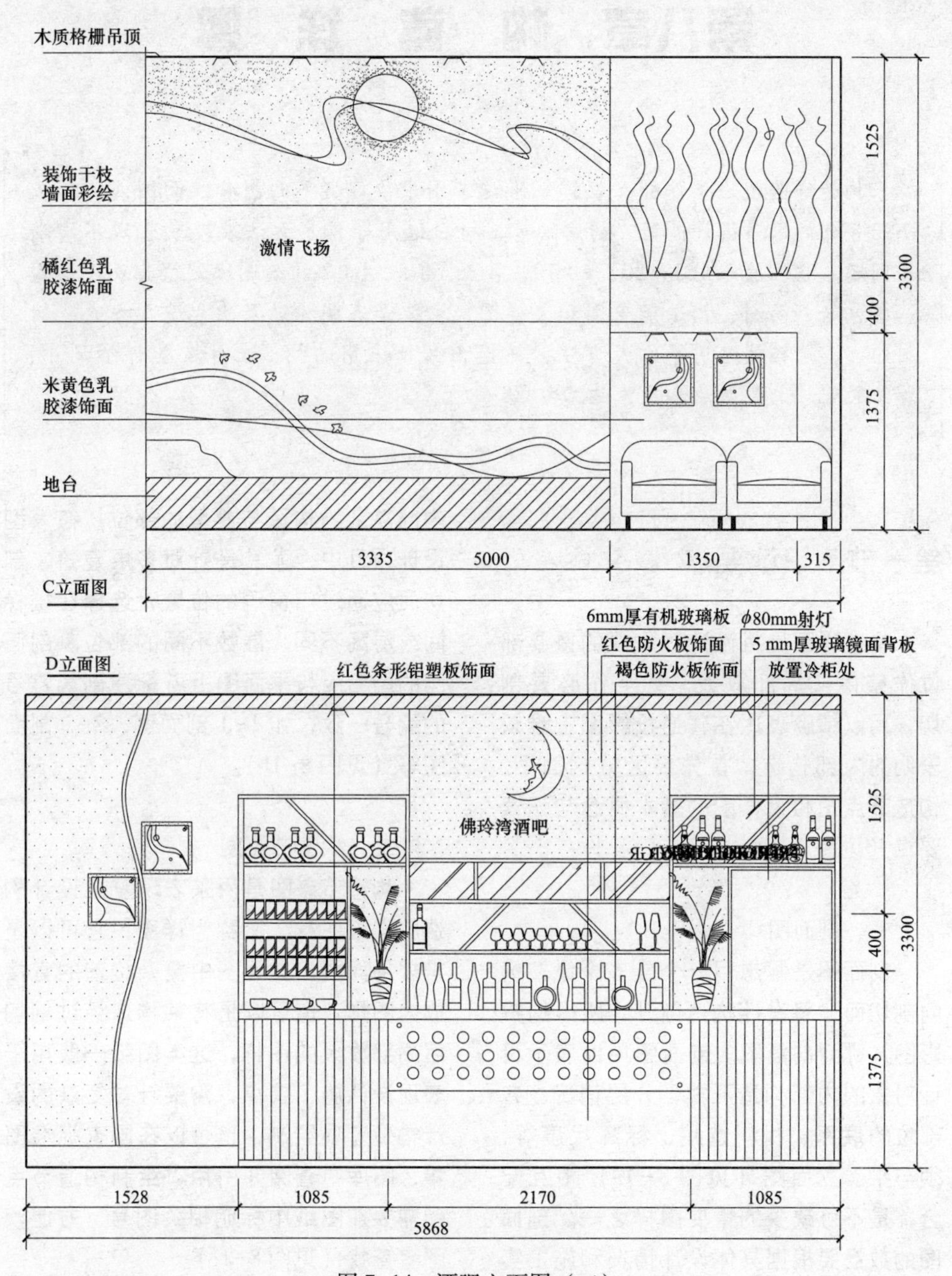
木质格栅吊顶
装饰干枝
墙面彩绘
激情飞扬
橘红色乳
胶漆饰面
米黄色乳
胶漆饰面
地台
1525
400
1375
3300
3335
5000
1350
315
C立面图
D立面图
6mm厚有机玻璃板
ϕ80mm射灯
红色防火板饰面
5 mm厚玻璃镜面背板
红色条形铝塑板饰面
褐色防火板饰面
放置冷柜处
佛玲湾酒吧
1525
400
3300
1375
1528
1085
2170
1085
5868

图 7-14 酒吧立面图（二）

第八章 构 造 详 图

构造详图是为了弥补在装饰装修施工图中，各类平面图和立面图因比例较小而导致的很多设计造型、创意细节、材料选用等信息无法表现或表现不清晰等问题。它一般采用1:20、1:10，甚至1:5、1:2的绘制比例。其表现形式一般包括剖面图、构造节点图和大样图，主要是表明构造层次、造型方式、材料组成、连接件运用等方式方法，并提出必须采用的构、配件及其详细尺寸、加工装配、工艺做法和具体施工要求。

第一节 识读要点

构造详图是将设计对象中的重要部位作整体或局部放大，甚至作必要剖切，用以精确表达在普通投影图上难以表明的内部构造，首先要区分剖面图、构造节点图和大样图的基本概念与识读要点（见图9-1）。

一、剖面图

剖面图是假想用一个或多个纵、横向剖切面，将设计构造剖开，所得的投影图，称为剖面图。剖面图用以表示设计对象的内部构造形式、分层情况、各部位的联系、材料选用、标高尺度等，须与平、立面图（见图8-1a）相互配合，是不可缺少的重要图样之一。剖面图的数量要根据具体设计情况和施工实际需要来决定。剖切面一般横向，即平行于侧面，必要时也可纵向，即平行于正面，其位置选择很重要，要求能反映内部复杂的构造与典型的部位。在大型设计项目中，尤其是针对多层建筑，剖切面应通过门窗洞的位置，选择在楼梯间或层高不同、层数不同的部位。剖面图的图名应与平面图上所标注剖切符号的编号一致，如1-1剖面图、2-2剖面图等（见图8-1b）。

二、构造节点图

构造节点图是用来表现复杂设计构造的详细图样，又称为详图，它可以是常规平面图、立面图中复杂构造的直接放大图样，也可以是将某构造经过剖切后局部放大的图样，这类图纸一般用于表现设计施工要点，需要针对复杂的设计构造专项绘制，也可以在国家标准图集、图库中查阅并引用。绘制构造节点图需要在图纸中标明相关图号，方便读图者查找（见图8-1c）。

三、大样图

大样图是指针对某一特定图纸区域，

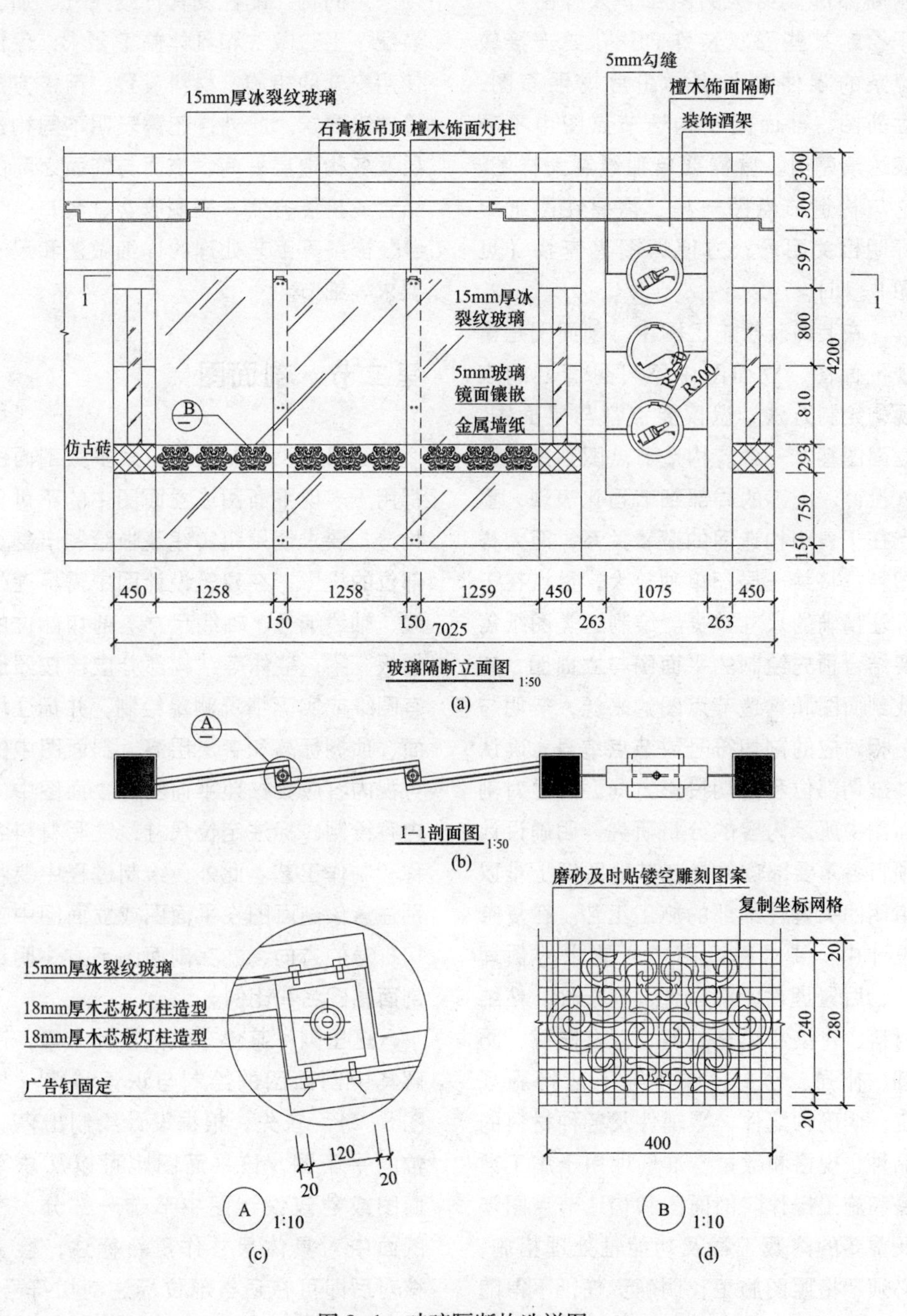

图 8-1 玻璃隔断构造详图

进行特殊性放大标注，能较详细地表示局部形体结构的图纸。大样图适用于绘制某些形状特殊、开孔或连接较复杂的零件或节点，在常规平面图、立面图、剖面图或构造节点图中不便表达清楚时，就需要单独绘制大样图。它与构造节点图一样，需要在图纸中标明相关图号，方便读图者查找（见图8-1d）。

在装饰装修施工图中，剖面图是常规平面图、立面图中不可见面域的表现，绘制方法、识读要点都与平面图、立面图基本一致。构造节点图则是对深入设计、施工的局部细节强化表现，重点在于表明构造间的逻辑关系，而大样图特指将某一局部单独放大，重点在于标注精确的尺寸数据。绘制这类图纸需要结合预先绘制的平面图与立面图，查找剖面图和构造节点图的来源，辨明与之相对应的剖切符号或节点编号，确认其剖切部位和剖切投影方向。通过对剖面图中所示内容的分析研究，明确设计项目各重要部位或是在其他图纸上难以审明的关键性细部的施工工艺。在复杂设计中，要求熟悉图中所要求的预埋件、后置埋件、紧固件、连接件、粘结材料、衬垫和填充材料，以及防腐、防潮、补强、密封、嵌条等工艺措施规定，明确构配件、零辅件及各种材料的品种、规格和数量，准确地用于施工准备和施工操作。剖面图和构造节点图涉及重要的隐蔽工程及功能性处理措施，必须严格照图施工，明确责任，不得随意更改。

剖面图、构造节点图与大样图主要是表明构造层次、造型方式、材料组成、连接件运用等方式方法，并提出必须采用的构、配件及其详细尺寸、加工装配、工艺做法和具体施工要求，保证使用安全的措施、材料设置、衔接方法等明确要求。此外，还需表明不同构造层及各构造层之间、饰面与饰面之间的结合或拼接方式，表明收边、封口、盖缝、嵌条等工艺处理的详细做法和尺寸要求等细节。

第二节　剖面图

在日常设计制图中，大多数剖面图都用于表现平面图或立面图中的不可见构造，要求使用粗实线清晰绘制出剖切部位的投影，在建筑设计图中需标注轴线、轴线编号、轴线尺寸。剖切部位的楼板、梁、墙体等结构部分应该按照原有图纸或实际情况测量绘制，并标注地面、顶棚标高和各层层高。剖面图中的可视内容应该按照平面图和立面图中的内容绘制，标注定位尺寸，注写材料名称和制作工艺。此外，绘制过程中要特别注意该剖面图在平面图或立面图中剖切符号的方向，并在剖面图下方注明该剖面图图名和比例。

这里列举某停车位的设计方案，讲解其中剖面图的绘制与识读步骤（见图8-2）。首先，根据设计绘制出停车位的平面图，该平面图也可以从总平面图或建筑设计图中节选一部分，在图面中对具体尺寸作重新标注，检查核对后即可在适当部位标注剖切符号。绘制剖切符号的具体位置要根据施工要求来定，一般选择构造最复杂或最具有代表性的部位，该方案中的剖切符号定在停车位中央，作纵向剖切并向右侧观察，这样更具有代表性，能够清晰反映出地面铺装构造。然后，绘制剖切形态，根据剖切符号的标示绘制剖切轮廓，包括轮廓内的各种构造，绘制时应该按施工工序绘制，如从下向上、由里向外等，目的在于分清绘制层次和图面的逻辑关系，然后分别进行材料填充，区分不同构造和材料。最后标注尺寸和文字说明。剖面图绘制完成后要重新检查一遍，避免在构造上出现错误。此外，要注意剖面图与平面图之间的关系，图纸中的构图组合要保持均衡，间距适当。

识读提示

国家建筑标准设计图库

在实际设计工作中，需要绘制的构造详图种类其实并不多，为了提高制图效率，保证制图质量，中国建筑标准设计研究院制作了GB/TK2006《国家建筑标准设计图库》（以下简称《图库》）。《图库》以电子化形式集成了50年来国家建筑标准设计的成果，旨在通过现代化的技术手段，使国标设计能更好地服务于整个设计领域乃至整个建设行业，缩短设计周期，节约设计成本，保证设计质量。《图库》收录了国家建筑标准设计图集、全国民用建筑工程设计技术措施、建筑产品选用技术三大基础技术资源，形成了全方位的信息化产品。

《图库》提供了图集快速查询、图集管理、图集介绍、图集应用方法交流等多项功能，而且可以以图片方式阅览图集全部内容。设计者可以迅速查询、阅读需要的图集，并获得如何使用该图集等相关信息。《图库》充分利用网络技术优势，实现了国标图库动态更新功能。用户可通过互联网与国家建筑标准设计网站服务器链接，获取标准图集最新成果信息、最新废止信息，并可下载最新国标图集。通过动态更新功能，使《图库》中资源与国家建筑标准设计网保持同步，设计者可在第一时间获取国标动态信息。

《图库》采用信息化手段，为国标图集的推广、宣传、使用开辟了新的途径，有效地解决了由于信息传播渠道不畅造成的国标技术资源没有被充分有效地利用，或误用失效图集的问题，使国家建筑标准设计更加及时地服务于工程建设。

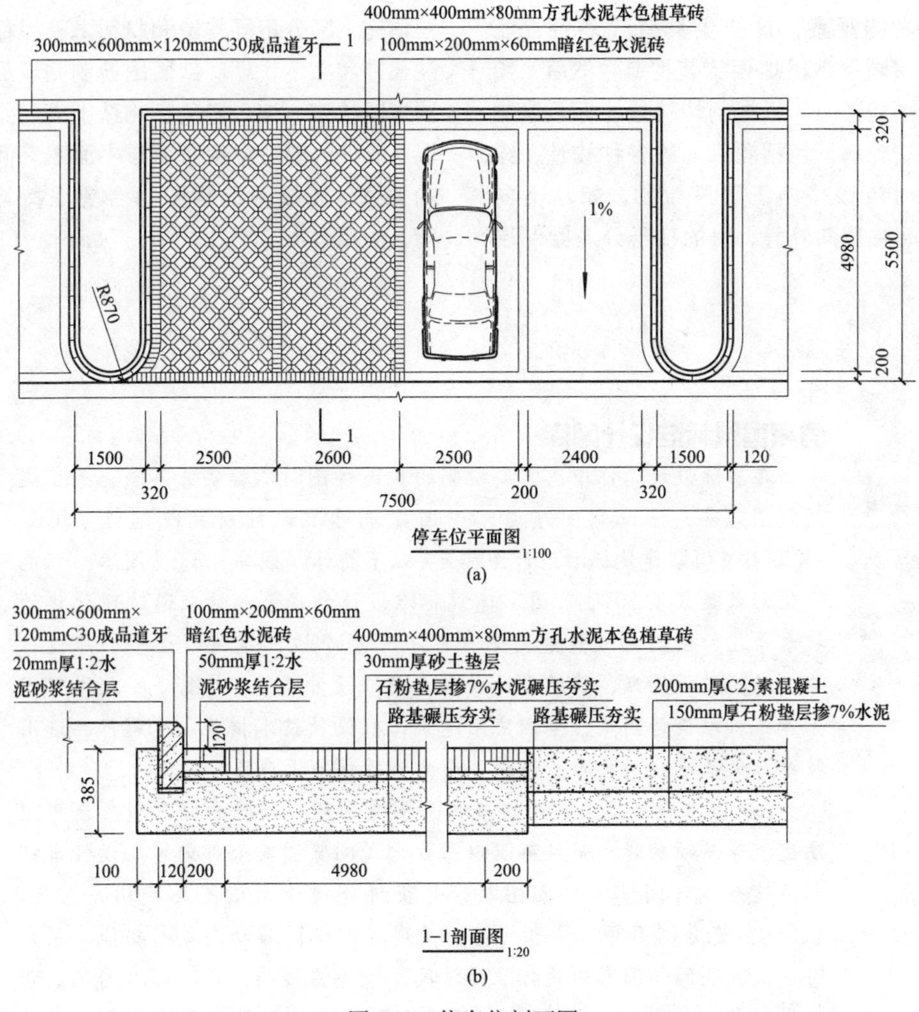

图 8-2 停车位剖面图

第三节 构造节点图

构造节点图是装修装饰施工图中最微观的图样，在大多情况下，它是剖面图与大样图的结合体。构造节点图一般要将设计对象的局部放大后详细表现，它相对于普通剖面图而言，比例会更大些，以表现局部为主，当原始平面图、立面图和剖面图的投影方向不能完整表现构造时，还需对该构造作必要剖切，并绘制引出符号。绘制构造节点图时须详细标注尺寸和文字说明，如果构造繁琐，尺寸多样，可以不断扩大该图的比例，甚至达到 2∶1、5∶1、10∶1，最终目的是为了将局部构造说明清楚。构造节点图中的地面构造和主要剖切轮廓采用粗实线绘制，其他轮廓采用中实线绘制，而标注和内部材料填充均采用细实线。构造节点图的绘制方向主要有各类设计构造、家具、门窗、楼地面、小品与陈设等，总之，任何设计细节都可以通过不同形式的构造节点图来表现。

这里列举某围墙的正立面图来讲解构造节点图的绘制步骤（见图 8-3 和图 8-4）。首先，绘制围墙的正立面图，做好必要的尺寸标注和文字说明，对需要绘制构造节点图的部位作剖切引出线并标注图号。针对复杂结构，一般需要从纵、横两个方向对该处构造剖切放大。然后，根据表现需要确定合适的比例和图纸幅面，同一处构造的节点图最好安排在同一图面中。接着，依次绘制不同剖切方向的放大投影图，一般先绘制大比例图样，再绘制小比例图样。单个图样的绘制顺序一般从下向上，或从内向外，根据制作工序来绘制，不能有所遗漏，由于图样复杂，可以边绘制边标注尺寸和文字说明。当全部图样绘制完成后再作细致检查，纠正错误。最后，标注图名、图号和比例等图纸信息。

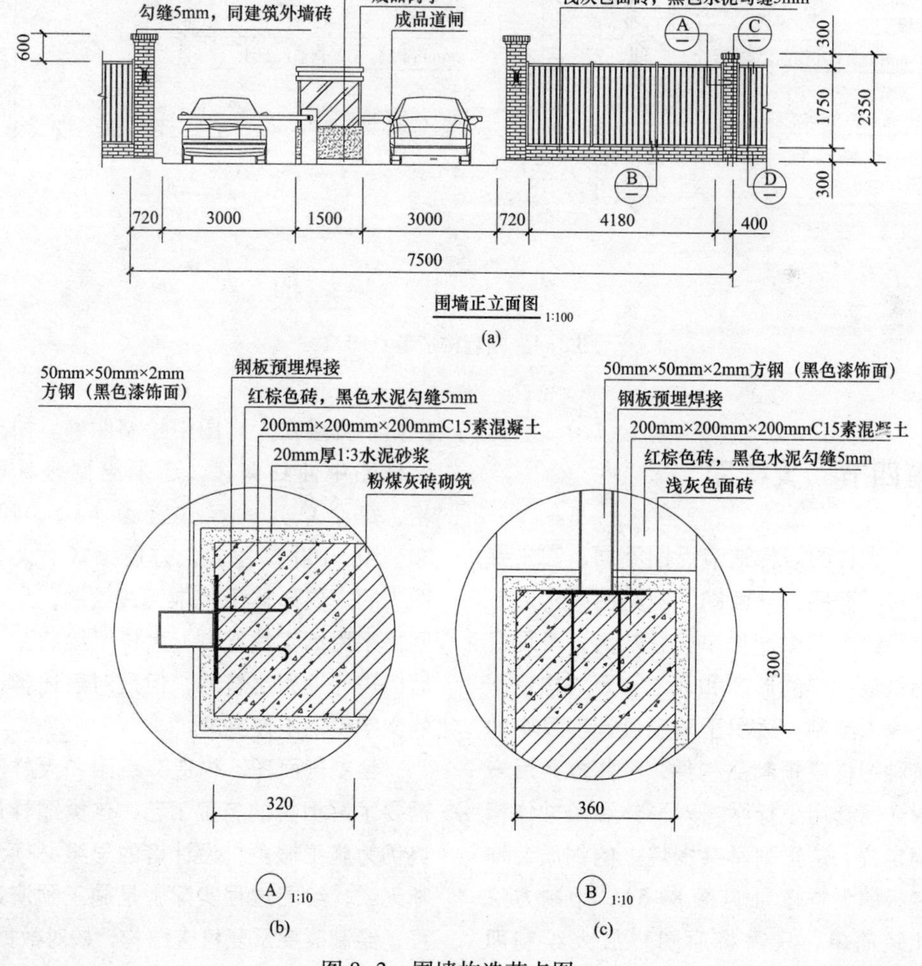

图 8-3 围墙构造节点图一

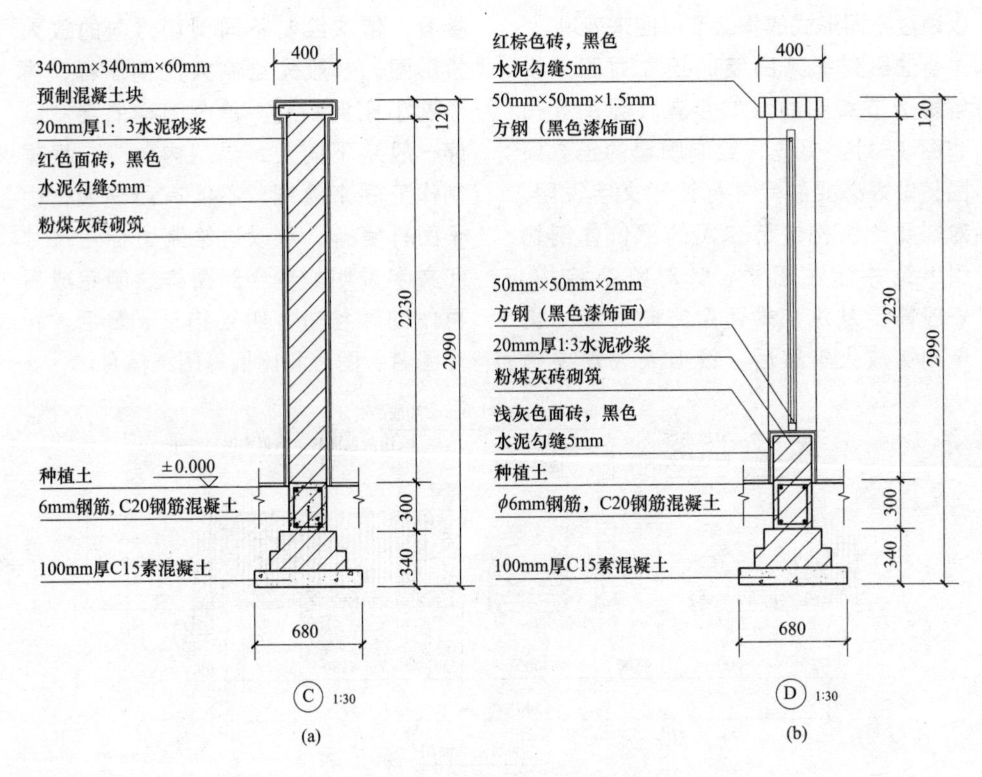

图 8-4　围墙构造节点图二

第四节　大样图

大样图与构造节点图不同，它主要针对平面图、立面图、剖面图或构造节点图的局部图形作单一性放大，表现目的是该图样的形态和尺寸，而对构造不作深入绘制，适用于表现设计项目中的某种图样或预制品构件，将其放大后一般还需套用坐标网格对形体和尺寸作精确定位。这里列举某围墙上的铜质装饰栏板的大样图（见图 8-5），绘制方法比较简单，只需将原图样放大绘制即可，在手绘制图中，原图样也可以保留空白，直接在大样图中绘制明确。如果大样图中曲线繁多，还须绘制坐标网格，每个单元的尺寸宜为 1、5、10、20、50、100 等整数，方便缩放。大样图中的主要形体采用中实线绘制，坐标网格采用细实线绘制。大样图绘制完成后仍需标注引出符号，但是对表述构造的文字说明不作要求。

绘制剖面图、构造节点图和大样图需要了解相关的施工工艺，这类图样最终仍为施工服务，设计者的思维必须清晰无误，绘图过程实际上是施工预演过程，绘制时要反复检查结构，核对数据，将所绘制的图样熟记在心。经过长期训练，可以建立属于设计者个人的图集、图库，在日后的学习、工作中无需再重复绘图，能大幅度提高制图效率。为了强化训练，这里还列举了某自助餐台的构造设计详图（见图8-6、图8-7），其中包含剖面图（见图8-6b）、构造节点图（见图8-7a～图8-7c）和大样图（见图8-7d），供进一步学习参考。

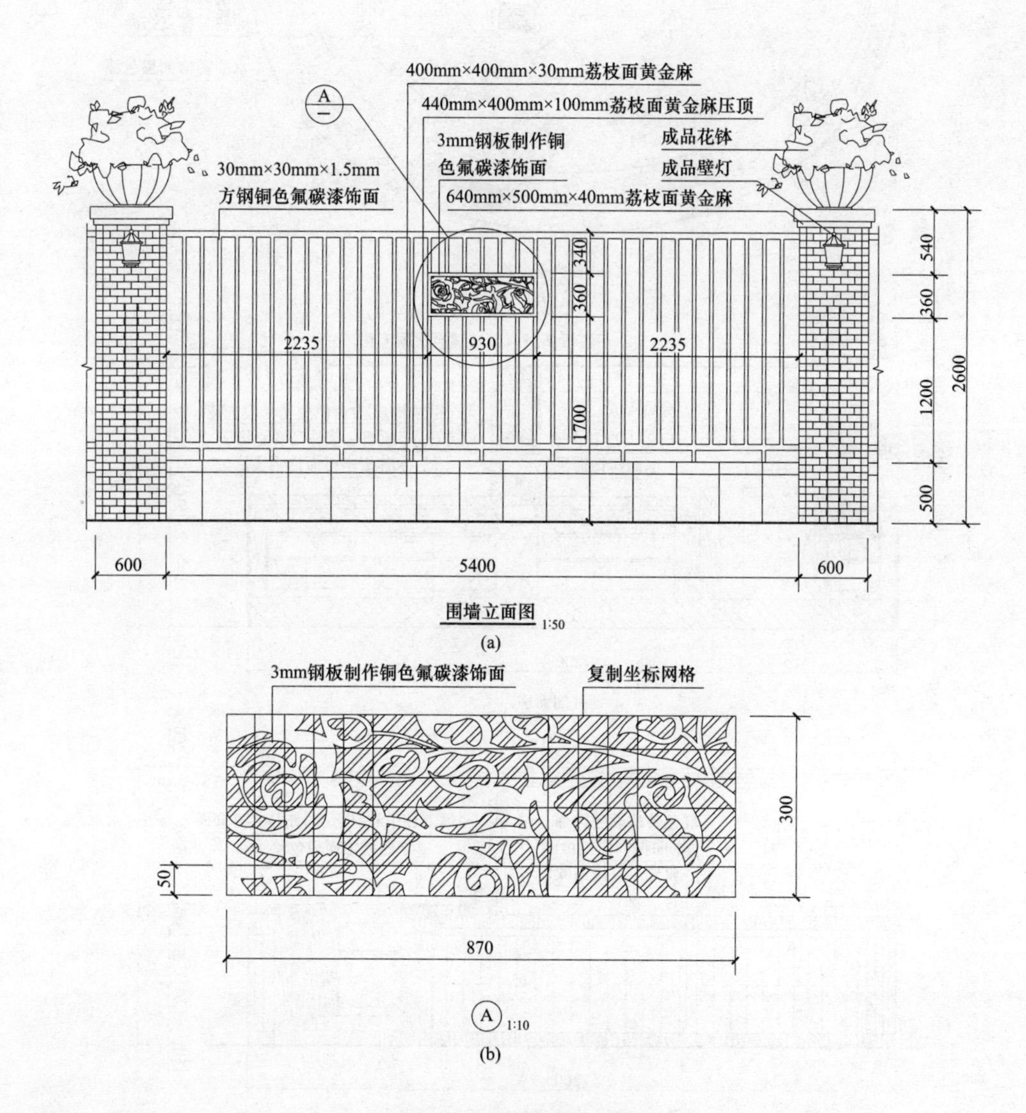

图8-5　围墙栏板大样图

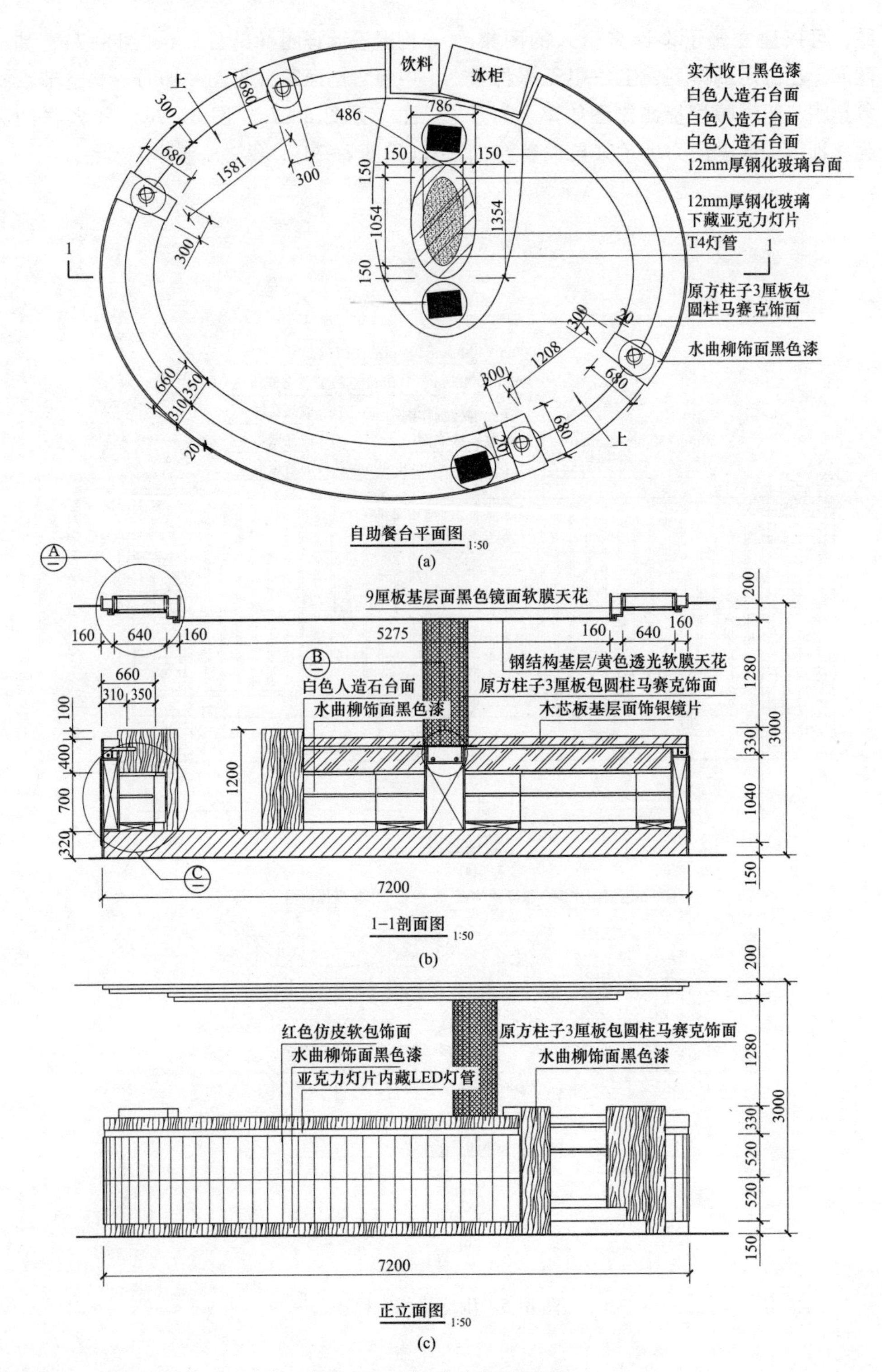

(a)

(b)

(c)

图 8-6　自助餐台构造详图一

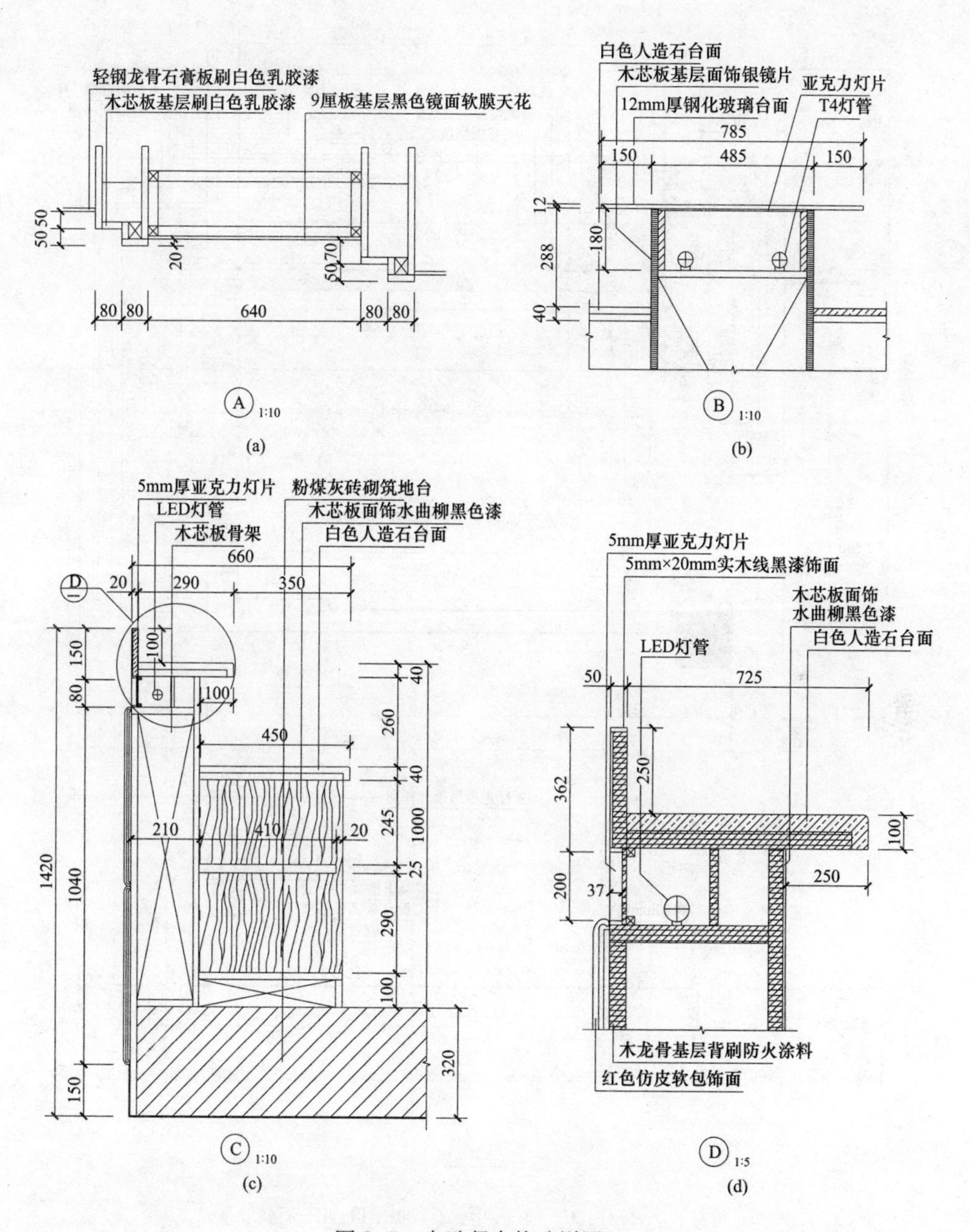

图 8-7 自助餐台构造详图二

附：构造详图施工图展示（图 8-8～图 8-12）

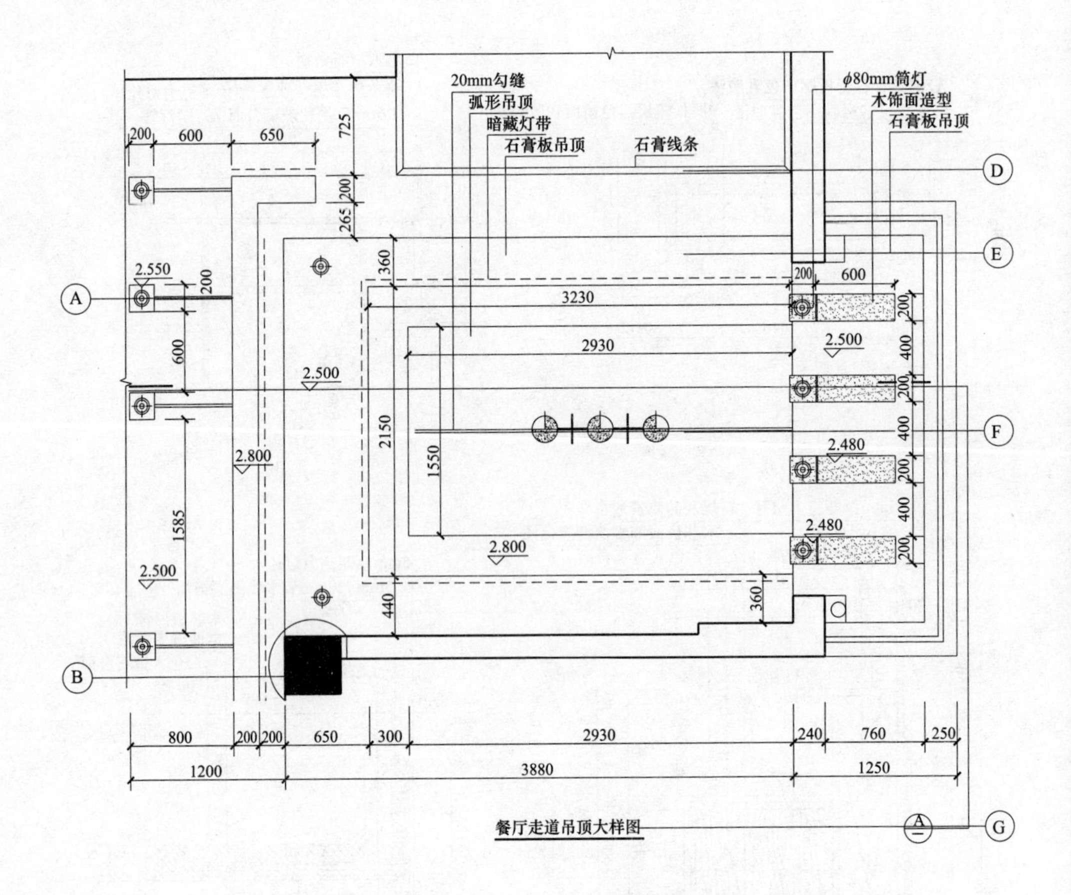

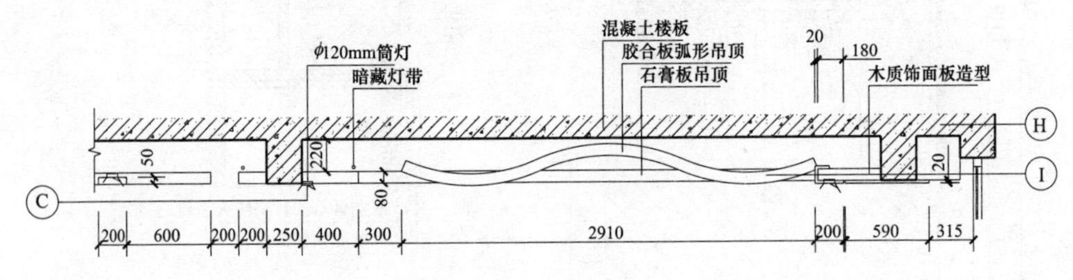

A—筒灯；B—立柱；C—筒灯；D—石膏板吊顶；E—石膏线条；F—吊灯；G—图示；H—混凝土楼板；I—胶合板弧形吊顶

图 8-8　138m²住宅构造详图

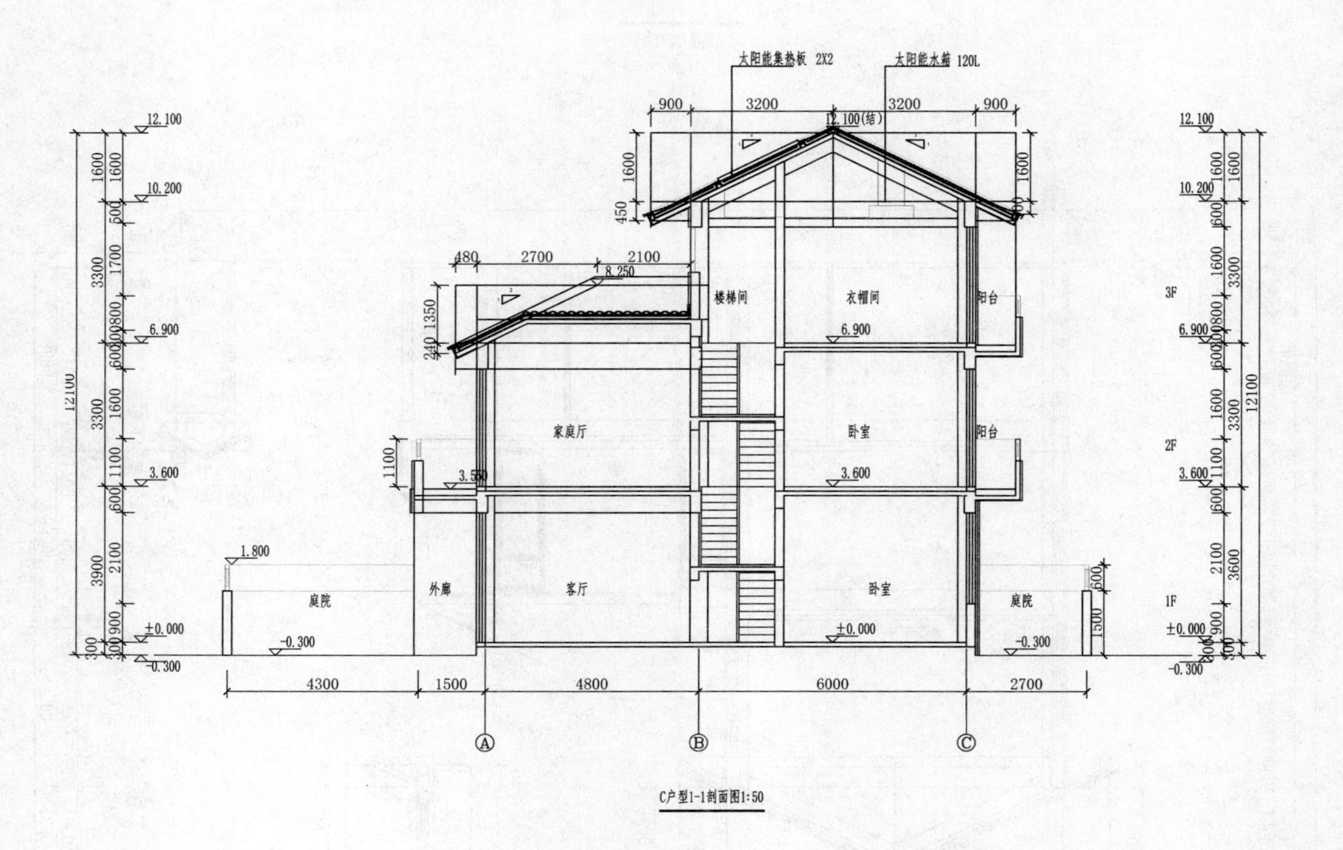

图8-9 180m²住宅剖面图（一）

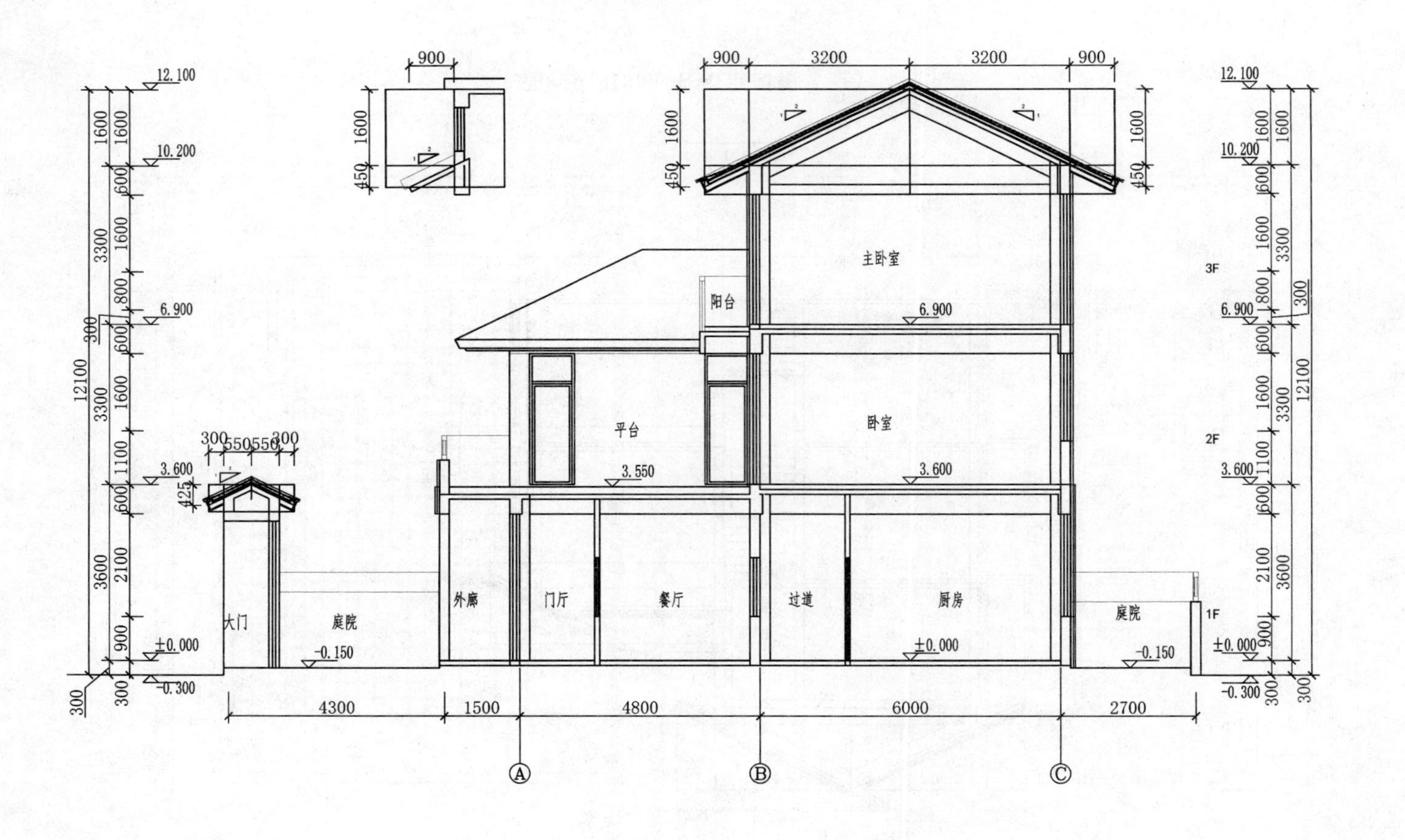

C户型2-2剖面图1:50

图8-10　180m²住宅剖面图（二）

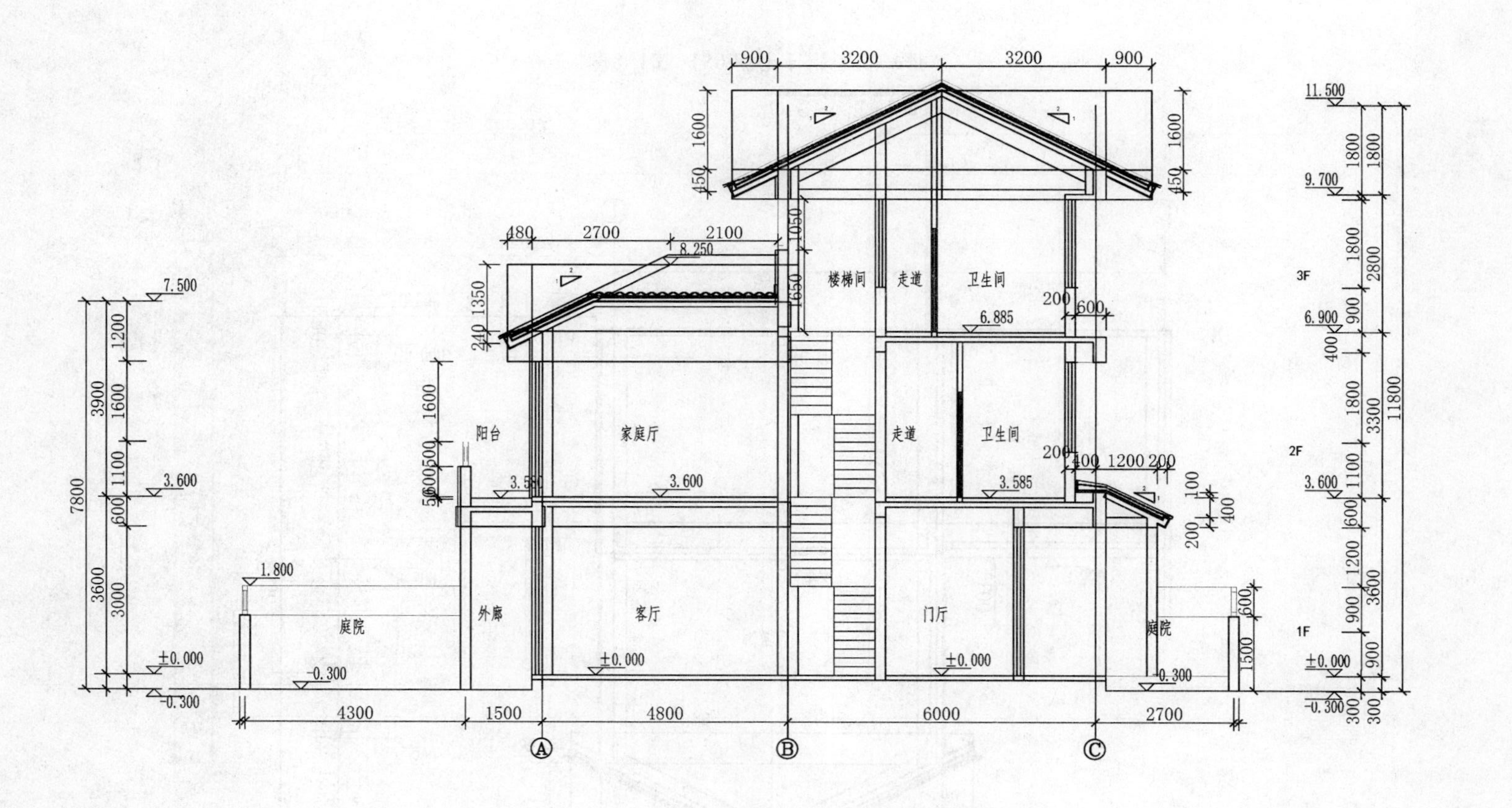

图8-11 180m²住宅剖面图（三）

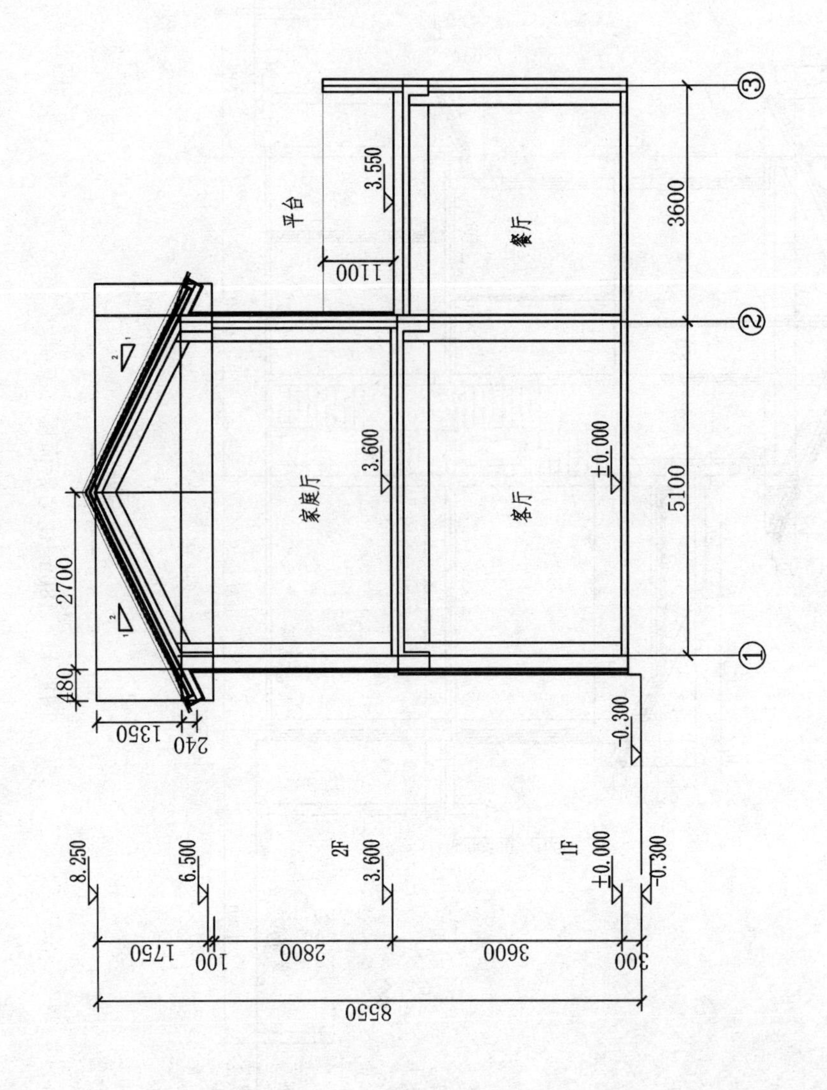

图8-12　180m²住宅剖面图（四）

第九章　轴　测　图

轴测图是一种单面投影图，在一个投影面上同时反映出物体三个坐标面的形状，并接近于人们的视觉习惯，形象、逼真，富有立体感。但轴测图一般不能反映出物体各表面的实形，因而度量性差，同时作图较复杂。根据投射线方向和轴测投影面的位置不同，轴测图可以分为正轴测图和斜轴测图两大类。根据不同的轴向伸缩系数，这两大类又可分为正等测、正二测、正三测、斜等测、斜二测、斜三测。

第一节　轴测图的概念

轴测图是指用平行投影法将物体连同确定该物体的直角坐标系一起，沿不平行于任一坐标平面的方向投射到一个投影面上所得到的图形。它不仅能反映出形体的立体形状，还能反映出形体长、宽、高三个方向的尺度，因此是一种较为简单的立体图。

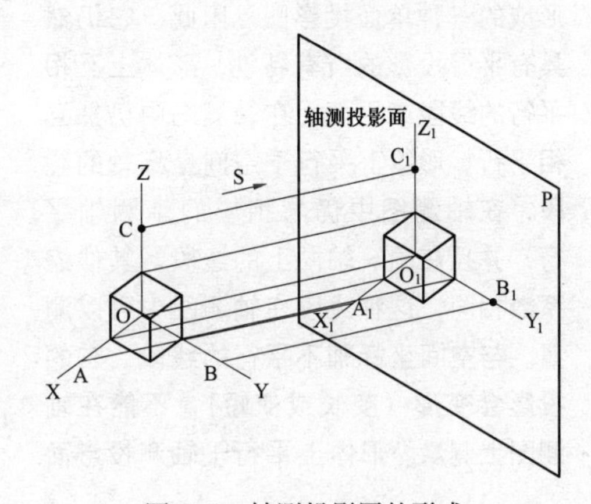

图 9-1　轴测投影图的形成

一、轴测图术语

（1）轴测投影面　轴测投影的平面，一般称为轴测投影面，见图 9-1 的轴测投影面 P。

（2）轴测投影轴　空间直角坐标轴 OX、OY、OZ 在轴测投影面上的投影 O_1X_1、O_1Y_1、O_1Z_1 称为轴测投影轴，一般简称为轴测轴（见图 9-1）。

（3）轴间角　轴测轴之间的夹角 $\angle X_1O_1Z_1$、$\angle X_1O_1Y_1$、$\angle Y_1O_1Z_1$，可以称为轴间角（见图 9-2a）。

（4）轴向伸缩系数　轴测轴与空间直角坐标轴单位长度的比值，称为轴向伸缩系数，简称伸缩系数，图 9-2a 中三个轴向伸缩系数均为 0.82。图中，三个轴的轴向伸缩系数常用 p、q、r 来表示。

（5）简化系数　为作图方便，常采用简化的轴向伸缩系数来作图，如正等测的轴向伸缩系数由 0.82 放大到 1（即放大了 1.22 倍），一般将轴向伸缩系数“1”称为简化系数。用简化系数画出的轴测图和用伸缩系数画出的正等测轴测图，其形状是完全一样的，只是用简化系数画出的轴测图在三个轴向上都放大了 1.22 倍（见图 9-2a）。

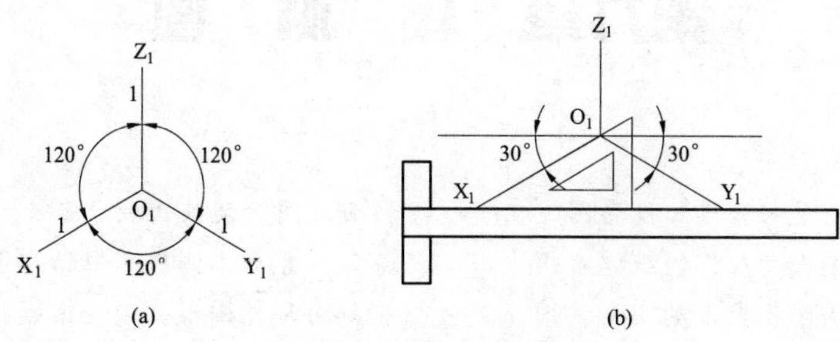

(a)　　(b)

图 9-2　正等测轴测图

（a）轴测轴和伸缩系数；（b）轴测轴的画法

二、轴测图的特性

轴测图是用平行投影法进行投影所形成的一种单面投影图。因此，它仍然具有平行投影的所有特性，形体上互相平行的线段或平面，在轴测图中仍然互相平行。形体上平行于空间坐标轴的线段，在轴测图中仍与相应的轴测轴平行，并且在同一轴向上的线段，其伸缩系数相同，这种线段在轴测图中可以测量。与空间坐标轴不平行的线段，它的投影会变形（变长或变短），不能在轴测图上测量。形体上平行于轴测投影面的平面，应在轴测图中反映其实际形态。

三、轴测图的分类

按平行投影线是否垂直于轴测投影面，轴测图可分为两类。

（1）正轴测投影　平行投影线垂直于轴测投影面所形成的轴测投影图，称为正轴测投影图，简称正轴测图（见图 9-3a、图 9-4）。根据轴向伸缩系数和轴间角的不同，又分为正等测和正二测。

（2）斜轴测投影　平行的投影线倾

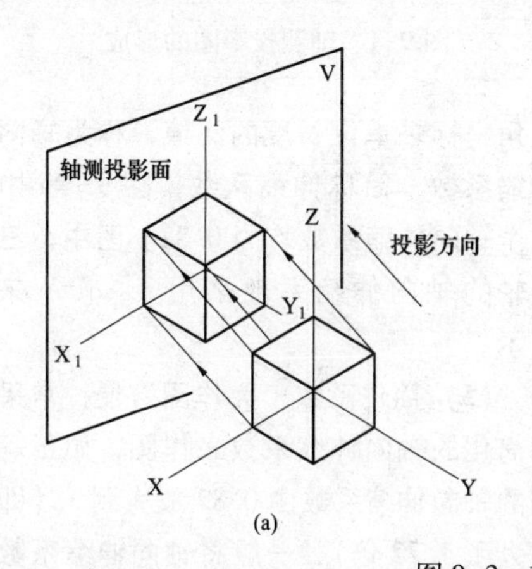

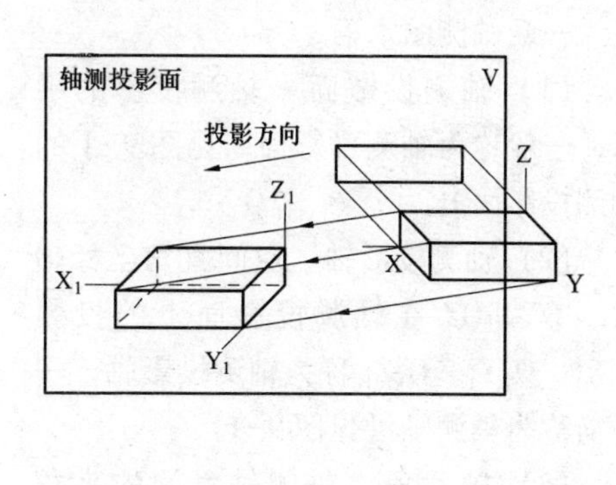

(a)　　(b)

图 9-3　轴测投影图的分类

（a）正轴测投影；（b）斜轴测投影

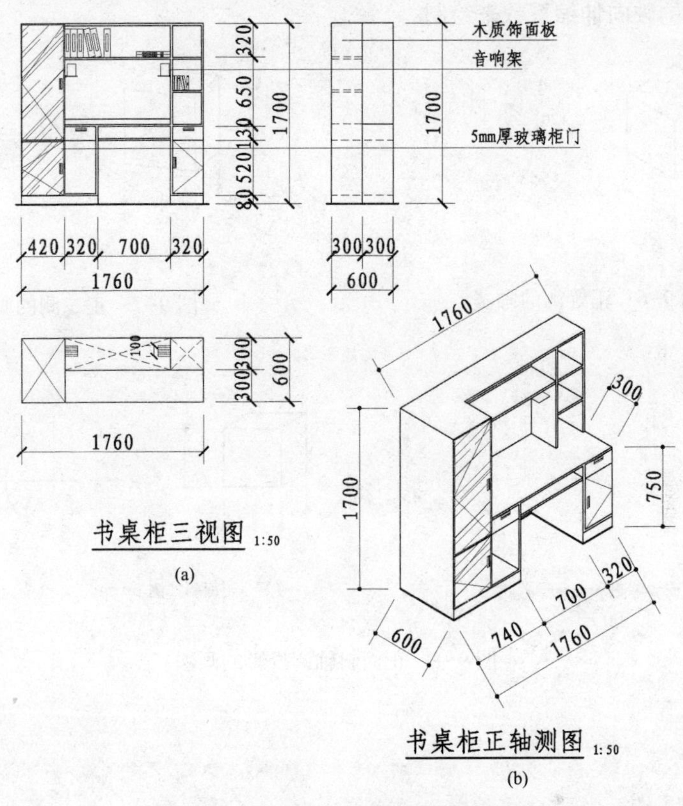

图9-4 书桌柜三视图与正轴测图

斜于轴测投影面所形成的轴测投影图，称为斜轴测投影图，简称斜轴测图（见图9-3b、图9-5）。斜轴测又分为正面斜轴测投影和水平斜轴测投影。

2800
2000
1450
2250
800
2250
550
400 400 400 400 400 650
650 400
550

橱柜斜轴测图 1:50

图9-5 橱柜斜轴测图

第二节 国家标准规范

GB/T 50001—2010《房屋建筑制图统一标准》中对轴测图的绘制作了明确规定，绘制轴测图要严格遵守。本节就简要介绍轴测图的国家标准规范。

一、种类

房屋建筑的轴测图宜采用正等测（见图9-6）、正二测（见图9-7）、正面斜等测（见图9-8a）和正面斜二测（见图9-8b）、水平斜等测（见图9-9a）和水平斜二测（见图9-9b）等轴测投影并用简化的轴向伸缩系数来绘制。

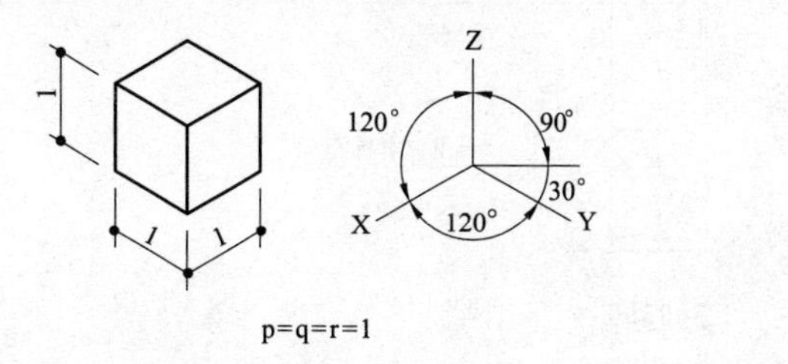

图 9-6　正等测的画法

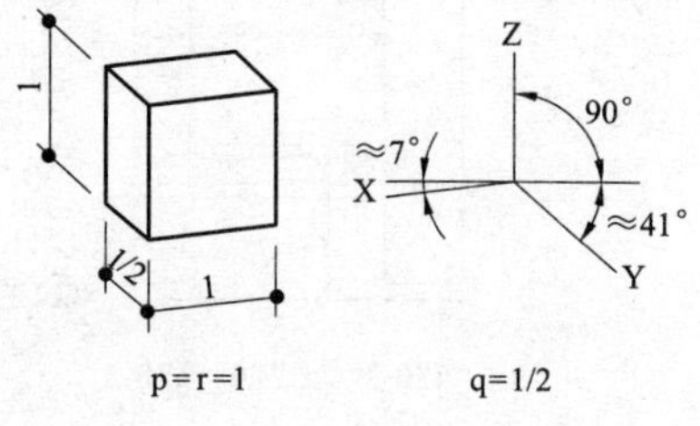

图 9-7　正二测的画法

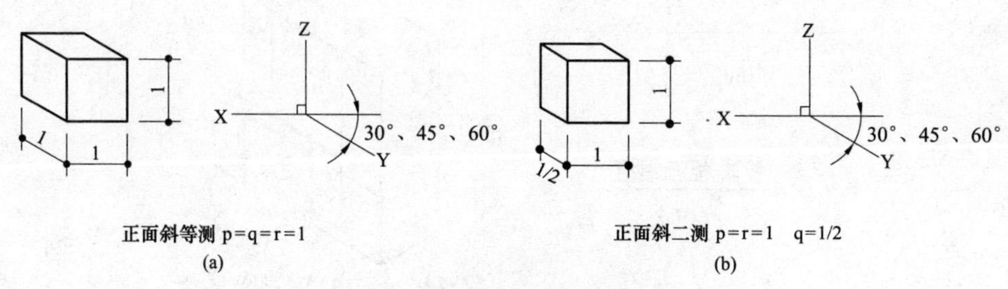

图 9-8　正面斜轴测投影的画法

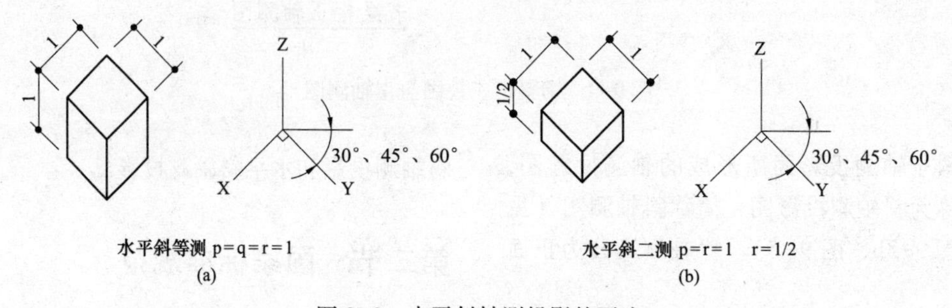

图 9-9　水平斜轴测投影的画法

二、线型

轴测图的可见轮廓线宜采用中实线绘制，断面轮廓线宜用粗实线绘制。不可见轮廓线一般不必绘出，必要时，可用细虚线绘出所需部分。轴测图的断面上应画出其材料图例线，图例线应按其断面所在坐标面的轴测方向绘制，如以45°斜线绘制材料图例线时，应按图 9-10 的规定绘制。

三、尺寸标注

轴测图线性尺寸，应标注在各自所在的坐标面内，尺寸线应与被注长度平行，尺寸界线应平行于相应的轴测轴，尺寸数字的方向应平行于尺寸线，如果出现字头向下倾斜时，应将尺寸线断开，在尺寸线断开处水平方向注写尺寸数字。轴测图的尺寸起止符号宜用小圆点（见图 9-11），轴测图中的圆径尺寸，应标注在圆所在的坐标面内，尺寸

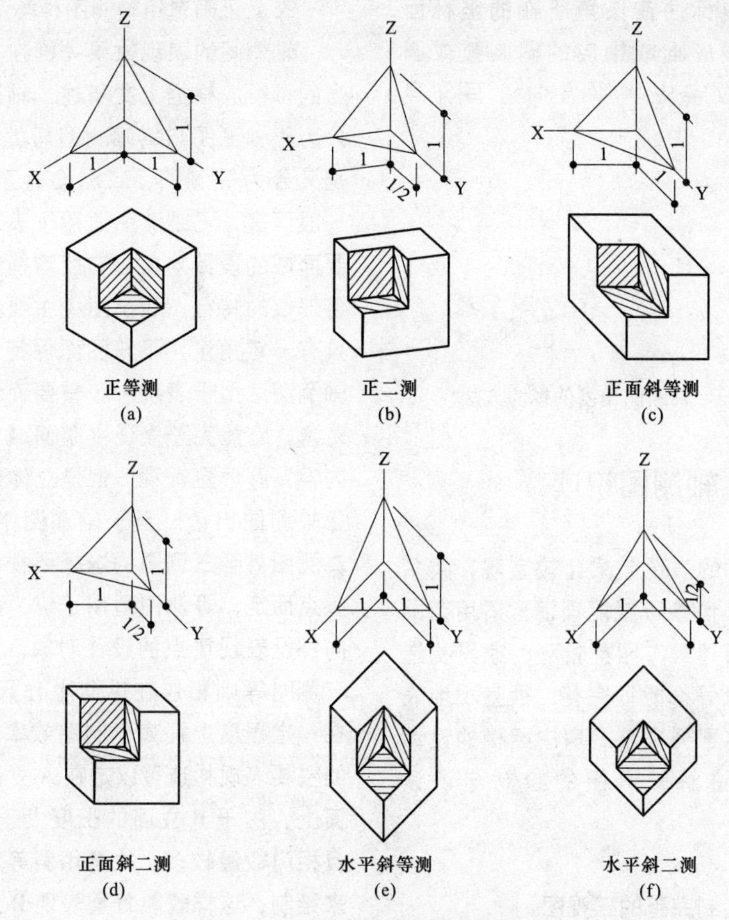

图 9-10　轴测图断面图例线画法

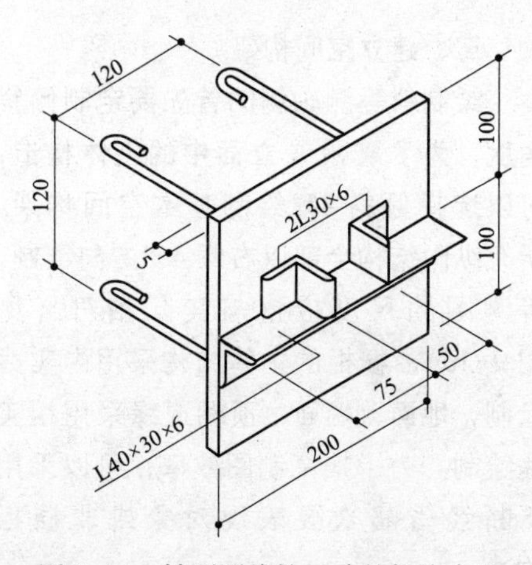

图 9-11　轴测图线性尺寸的标注方法

线与尺寸界线应分别平行于各自的轴测轴。圆弧半径和小圆直径尺寸也引出标注，但尺寸数字应注写在平行于轴测轴的引出线上（见图 9-12）。轴测图的角

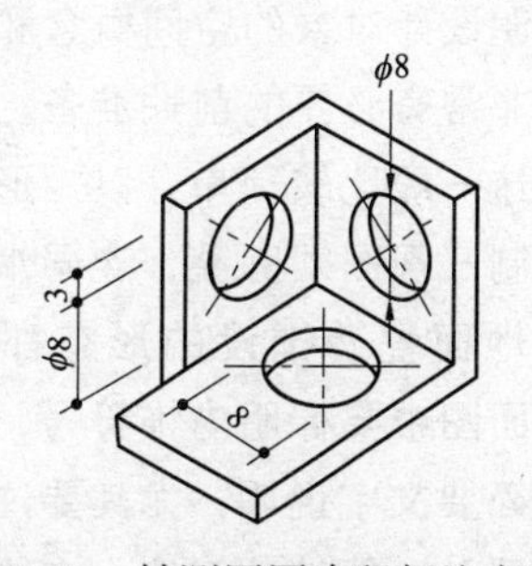

图 9-12　轴测图圆直径标注方法

度尺寸，应标注在该角所在的坐标面内，尺寸线应画成相应的椭圆弧或圆弧。尺寸数字应水平方向注写（见图 9-13）。

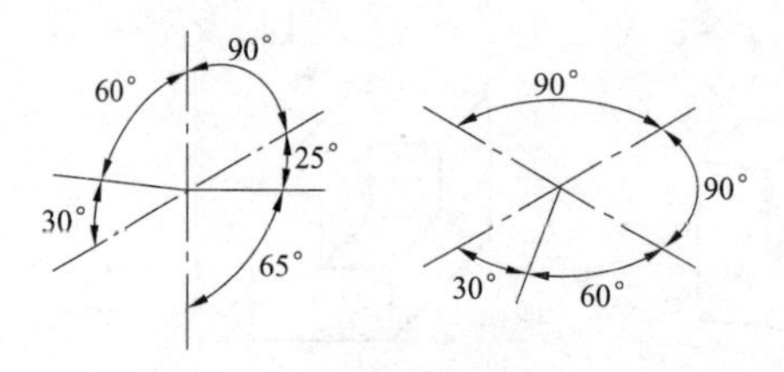

图 9-13　轴测图角度的标注方法

第三节　轴测图识读

轴测图的表现效果比较直观，大多数人无需其他参考就能读懂，适用范围很广。高层建筑、园林景观、家具构造或饰品陈设等都能很完整、很直观地表现出来。这里列举某厨房中橱柜的设计方案详细讲解轴测图的绘制与识读方法。

一、绘制完整的三视图

绘制轴测图之前必须绘制完整的投影图，平面图、正立面图、侧立面图是最基本的投影图，又称为三视图，它能为绘制轴测图提供完整的尺寸数据（见图 9-14）。此外，绘制三视图还能让绘图者辨明设计对象的空间概念和逻辑关系，是非常有必要的前期准备。厨房的橱柜构造一般比较简单，以矩形体块为主，绘制三视图须完整，连同烟道、窗户、墙地面瓷砖铺设的形态都绘制出来。平面图中要标明内饰符号，并标注尺寸与简要文字说明，尤其要注意三视图的位置关系须彼此对齐，在绘制轴测图时才能方便识别。

二、正确选用轴测图种类

轴测图的表现效果关键在于选择适当的种类。根据上文所述，轴测图一般分为正轴测图与斜轴测图两类，其中分别又分为等测图、二测图甚至三测图。一般而言，正轴测图适用于表现两个重要面域的设计对象，它能均衡设计对象各部位的特征，但是图中主要结构线都具有一定角度，不与图面保持水平。斜轴测图适用于表现一个重要面域的设计对象，它能完整表现平整面域中的细节内容，阅读更直观，但是立体效果没有正轴测图出色。至于轴测图中等测图、二测图甚至三测图的选择要视具体表现重点而定，等测图适用于纵、横两个方向都是表现重点的设计对象，二测图和三测图等则相应在纵向上作尺寸省略，在一定程度上提高了制图效率。该橱柜的主要表现构造可以定在 A 立面和 B 立面上，由于 B 立面的长度大于 A 立面，且柜门数量较多，故选用斜等测轴测图来绘制，这样既能着重表现 B 立面又能兼顾表现 A 立面。

三、建立空间构架

绘制斜等测轴测图首先要定制倾斜角度，为了兼顾 A 立面中的主体构造，可以选择倾斜 45°绘制基本空间构架。所有纵向结构全部以右倾 45°方向绘制，等测图的尺度应该与实际相符（见图 9-15）。橱柜的主体结构采用中实线绘制，地面、墙面、顶棚边缘采用粗实线绘制。为了提高制图效率，可以采用折断线省略次要表现对象或非橱柜构造。

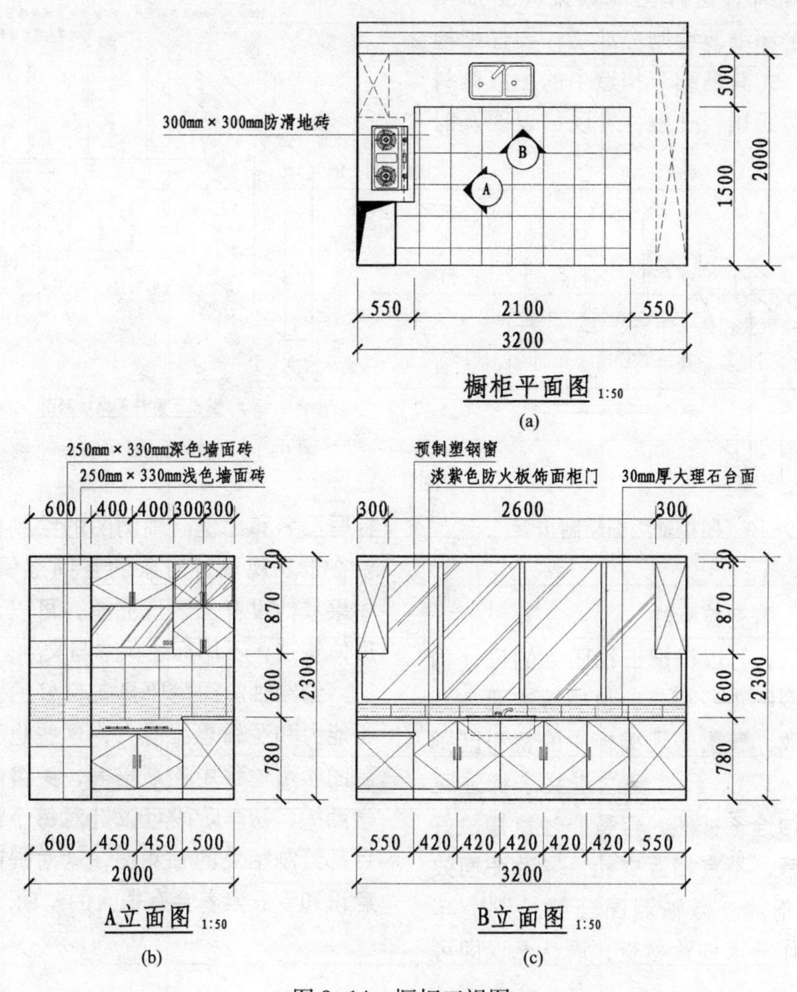

图 9-14 橱柜三视图

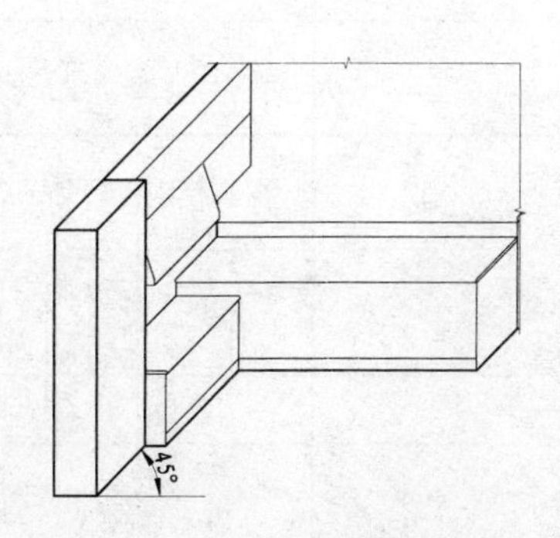

图 9-15 橱柜轴测图绘制步骤一

四、增添细节形态

对已经绘制完成的空间构架可以逐一绘制橱柜的细节形态，一般先绘制简单的平行面域，再绘制倾斜面域，或者由远及近绘制，不要遗漏各处细节（见图 9-16）。在斜轴测图中，平行面域中的构造可以直接复制或描绘立面图，如该橱柜三视图中的 B 立面图，只是要注意细节的凸凹。抽油烟机、水槽、炉灶等成品构件只需绘制基本轮廓形态，或指定放置位置即可，当然，也可以调用成品模型库，这样图面效果会更加精美。当全部细节绘制完成后，要仔细检查一遍，尤其是细节构造中的图线倾斜角度是否正确、一致，发现错误要及时更正。

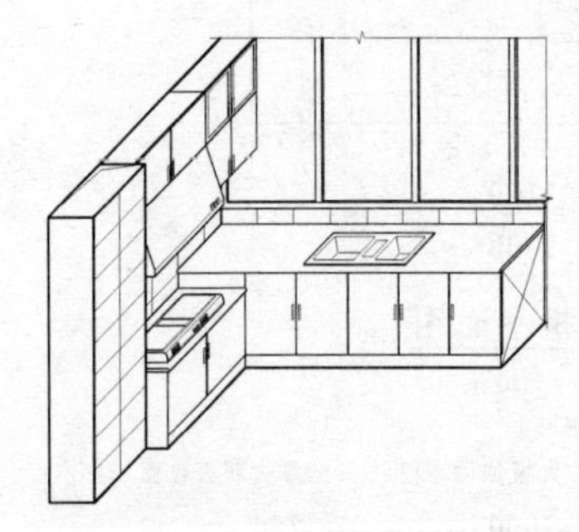

图 9-16　橱柜轴测图绘制步骤二

五、填充与标注

最后，可以根据三视图中的设计构思对轴测图进行填充，材质填充要与三视图一致，着重表现橱柜中的材料区别（见图 9-17）。尺寸标注与文字标注可以直接抄绘三视图，但是要注意摆放好位置关系，不宜相互交错，导致图面效果混淆不清。当轴测图全部绘制完毕后，再作一遍细致检查，确认无误即可

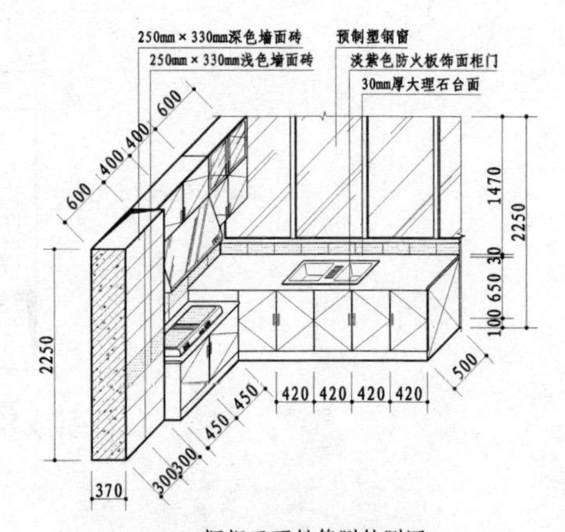

图 9-17　橱柜轴测图绘制步骤三

标写图名和比例。轴测图的绘制目的主要在于表现设计对象的空间逻辑关系，如果其他投影图表现完整，可以只绘制形体构造，不用标注尺寸与文字。

绘制轴测图需要具备良好的空间辨析能力和逻辑思维能力，这些也可以在制图学习过程中逐渐培养，关键在于勤学勤练，初学阶段可以针对每个设计项目都绘制相关的轴测图，这对提高空间意识和专业素养会有很大的帮助。

附：轴测图施工图展示（图 9-18 和图 9-19）

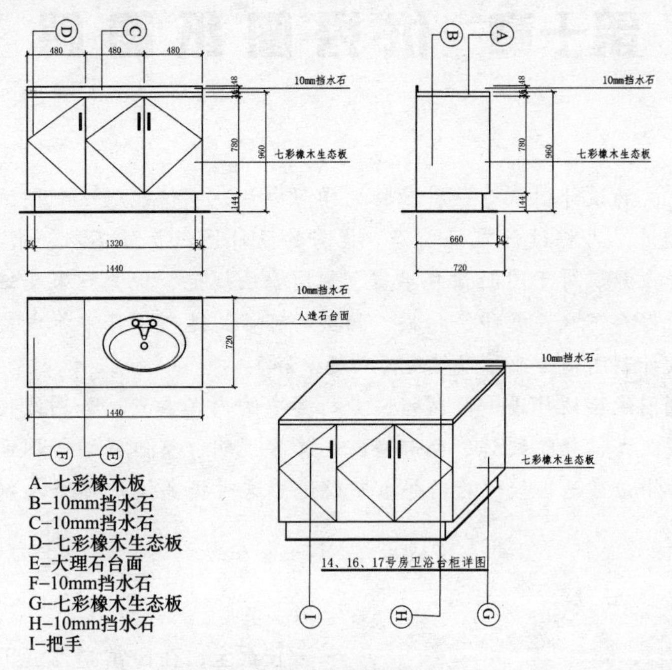

图 9-18　卫浴台柜轴测图（一）

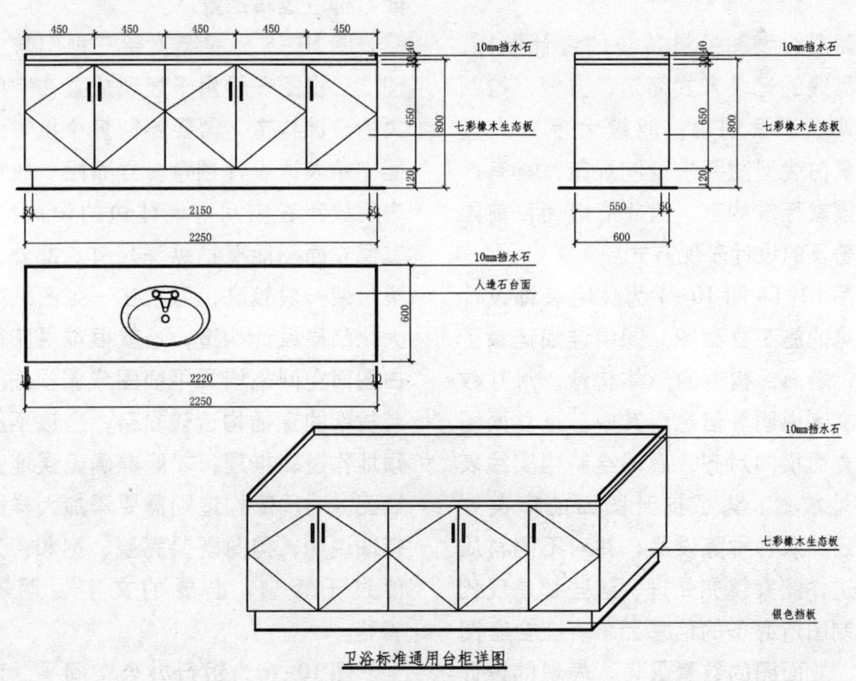

图 9-19　卫浴台柜轴测图（二）

第十章 优秀图纸图解

收集优秀的设计图纸是一种独特的学习方法，不仅能领略制图方法，还能紧跟时尚潮流，占据设计市场前沿。优秀的设计图纸无处不在，书籍、杂志、网络等都是来源。对于图面信息丰富、制图手法规范、视觉效果良好的设计图纸应该及时保存下来，复印、扫描、拍摄均可。关键在于日常养成良好的收集习惯，将设计制图由专业学习转变为兴趣爱好。

收集到图纸后须作进一步阅读，分析其中的内容要点，如图线使用、比例选择、构图版式、装饰配饰、色彩搭配、文字说明、整体策划等图面信息。在学习、工作中应该适当模仿应用并不断改进，这对提高设计师个人制图水平有很大帮助。

第一节 黑白线型图

黑白线型图是最传统的设计制图，白纸黑线的记录方式简洁、方便，绘制效率高，识读明确，能被大多数人接受。黑白线型图要求绘制规范，具有严格的国家标准约束，因此能成为目前国内最普及的设计表现方式。

图 10-1~图 10-4 为住宅装饰设计中常见的施工立面图。图中详细记录了家具、墙面、构造的形体构造、尺寸数据、文字说明等信息。其中，正立面图与侧立面横向对齐，底部绘制粗实线表示落地放置。为了提升图面的审美效果，还加入各种陈设品，并对不同材质的构造作图案填充处理，这些都是现代设计制图所必备的信息元素。在全套图纸中，立面图的数量最多，表现的设计部位最全，在日常学习、工作中，尽量多识读、临摹施工立面图，了解尺寸分配与构造逻辑是重点。

图 10-5 为服装货架三视图与立面图。三视图一般用于表现放置在空间中央的设计构造，需要绘制多个投影面才能完整表达设计创意。立面图一般用于表现放置在空间内墙体边的设计构造，其侧立面图能概括纵深尺寸。此外，这类货架一般较高，为了在一张图纸中最大化凸显设计构造，这就很难再获得空白图面空间来增添平面图或俯视图。服装货架的穿插构造较复杂，应该不厌其烦地作逻辑推理，才能准确无误地完成制图。对局部构造则需要添加大样图来辅助说明，构图既要完整、饱和，又不能过于繁琐，必要的文字说明不能省略。

图 10-6 为银行办公空间平、顶面

布置图。空间功能完善，结构划分合理，具有很强的商业适用性。隔墙柱体、家具构造、装饰细节的线宽搭配适当，形成清晰、明朗的图面效果。内部交通流线清晰，地面铺设材料填充严谨，可以看出设计师具备很高的设计修养和丰富的工作经验。设计绘制此类特殊行业的办公空间需要进行大量实践考察，并听取认真客户意见，才能找准设计方向，避免反复修改图纸。

图 10-7~图 10-10 为办公空间平面布置图与各主要立面图。这是一套较完整的图纸，全面表现室内空间的装饰设计构造，平面图与立面图严谨对照，指引、标注方式整齐，详细记录装饰材料与施工工艺，能顺利指导工程施工。这类图面形式与表现效果能满足大多数室内设计、施工的需求。

图 10-11 和图 10-12 为围墙景观设计详图。针对体积较大且构造复杂的设计对象，需要绘制剖面图、大样图来补充平、立面图的不足。详图不仅要求构造详细，而且还要配置相应的尺寸数据和文字说明，正确的指引符号也是提升图面效果的重要因素。

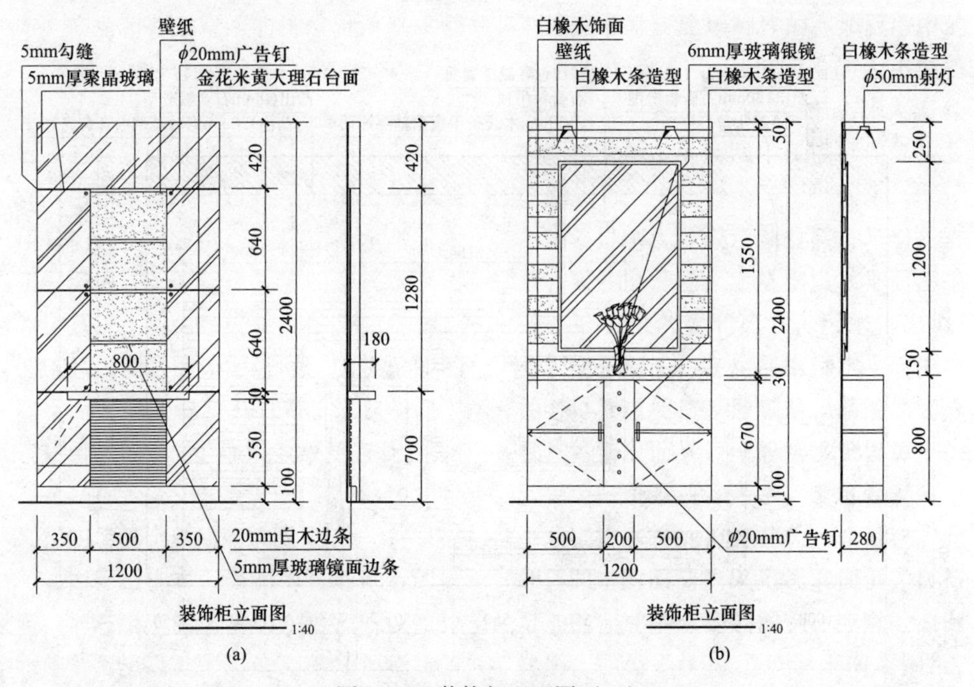

图 10-1　装饰柜立面图（一）

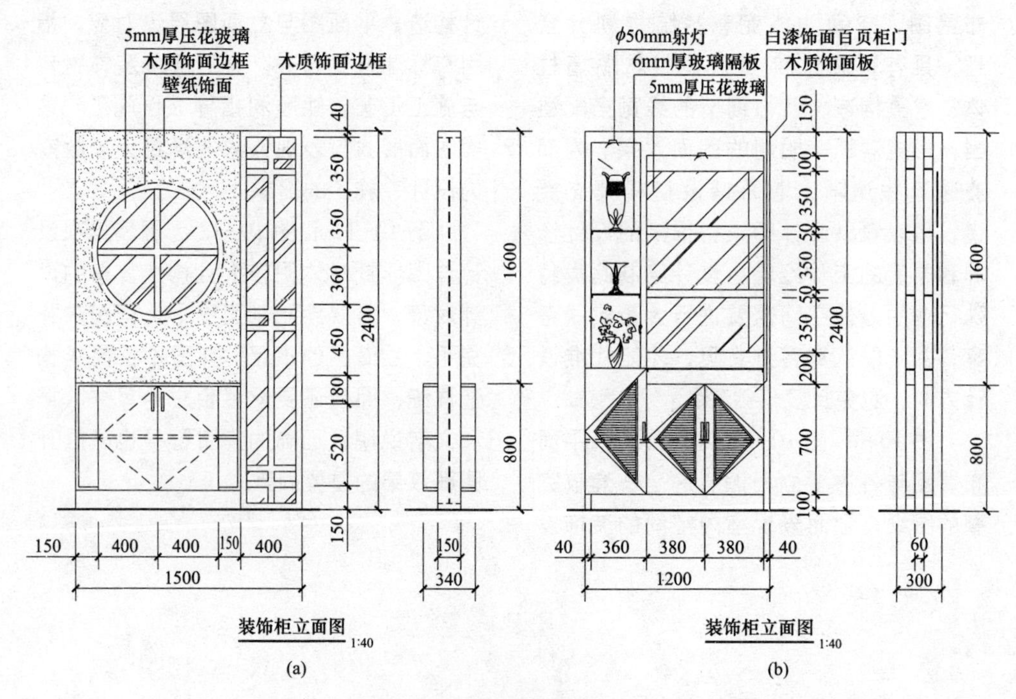

图 10-2　装饰柜立面图（二）

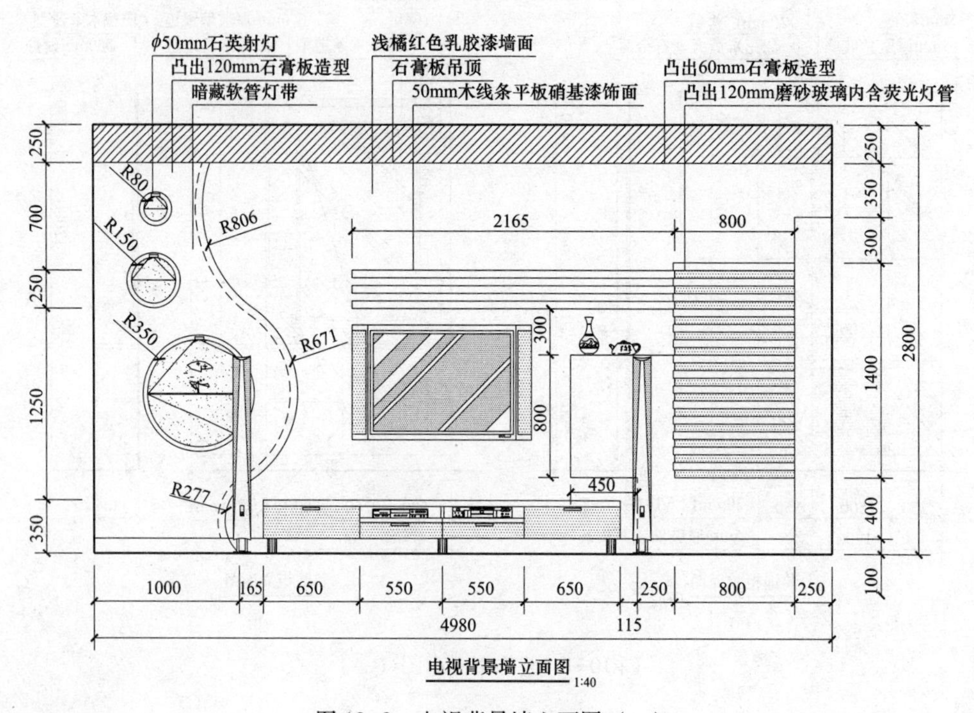

图 10-3　电视背景墙立面图（一）

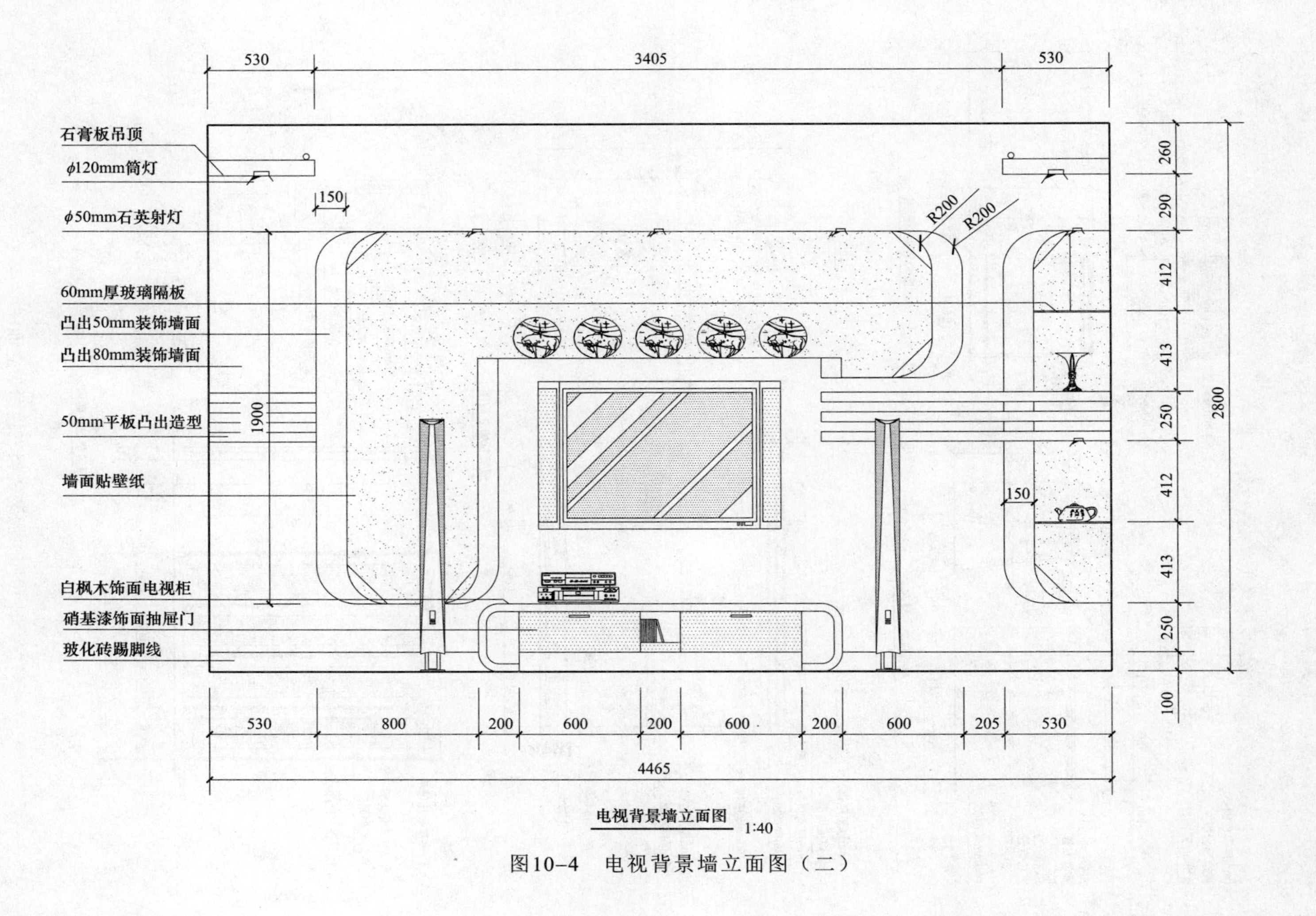

图10-4 电视背景墙立面图（二）

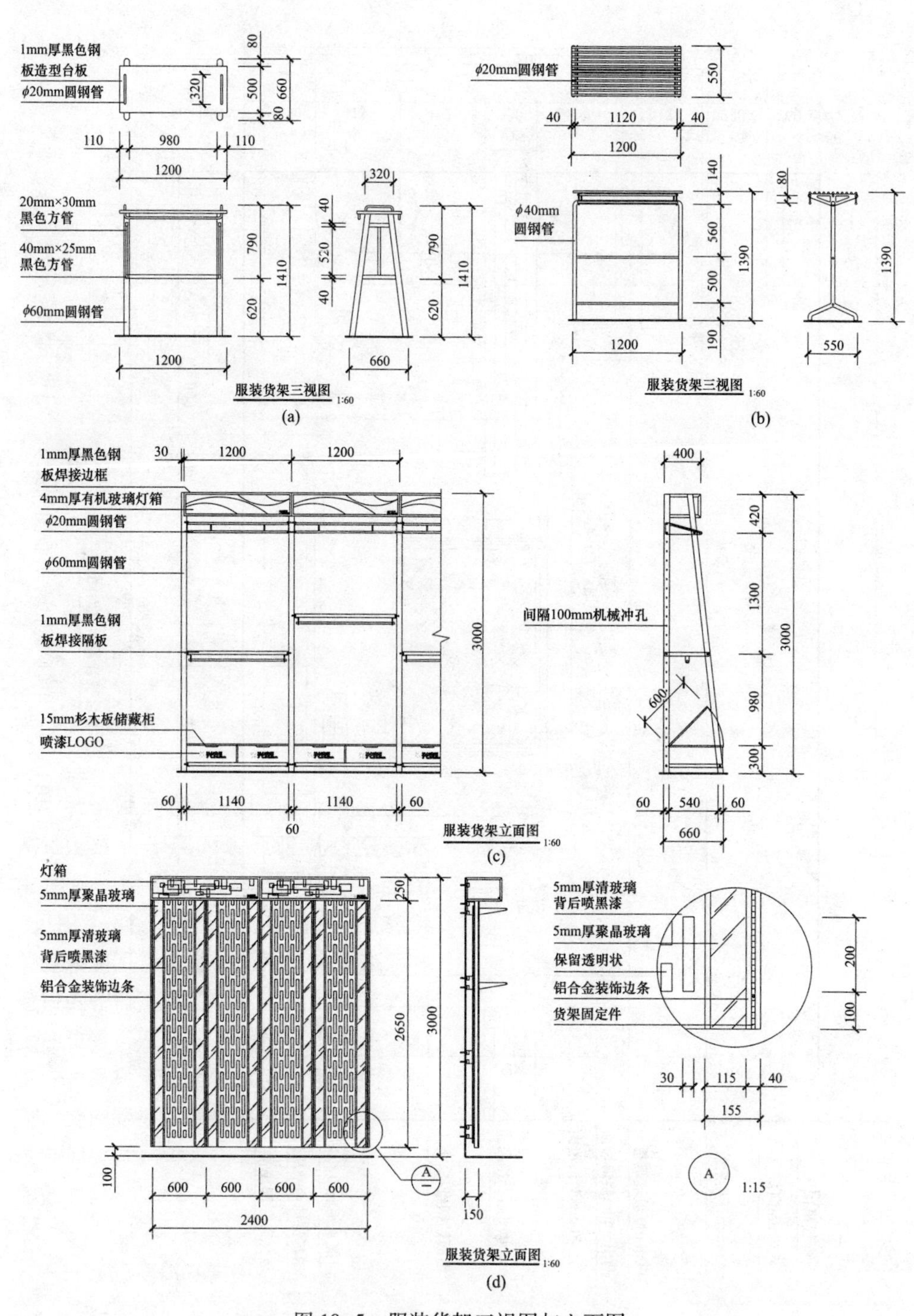

图 10-5　服装货架三视图与立面图

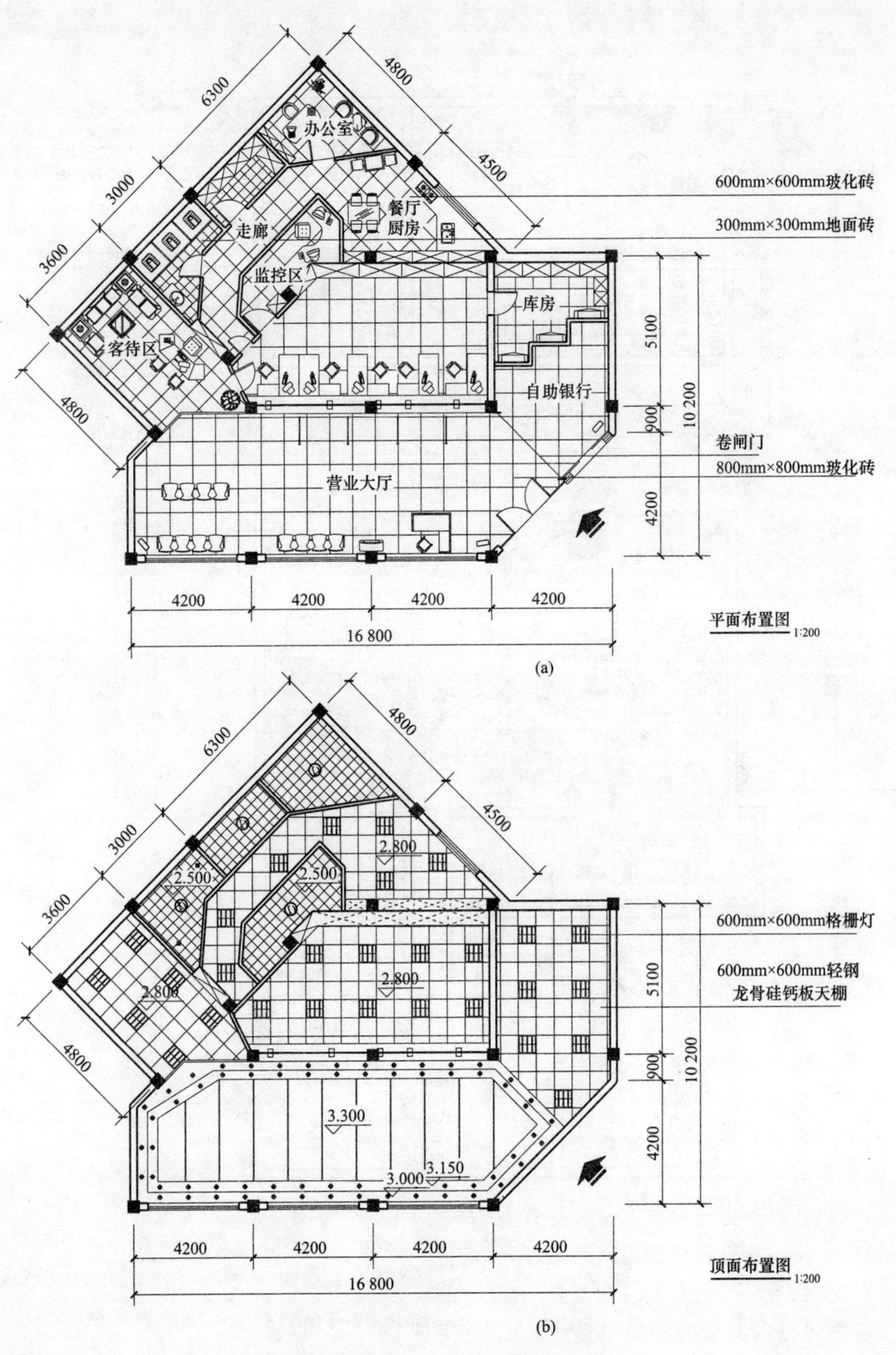

图 10-6　办公空间平、顶面布置图

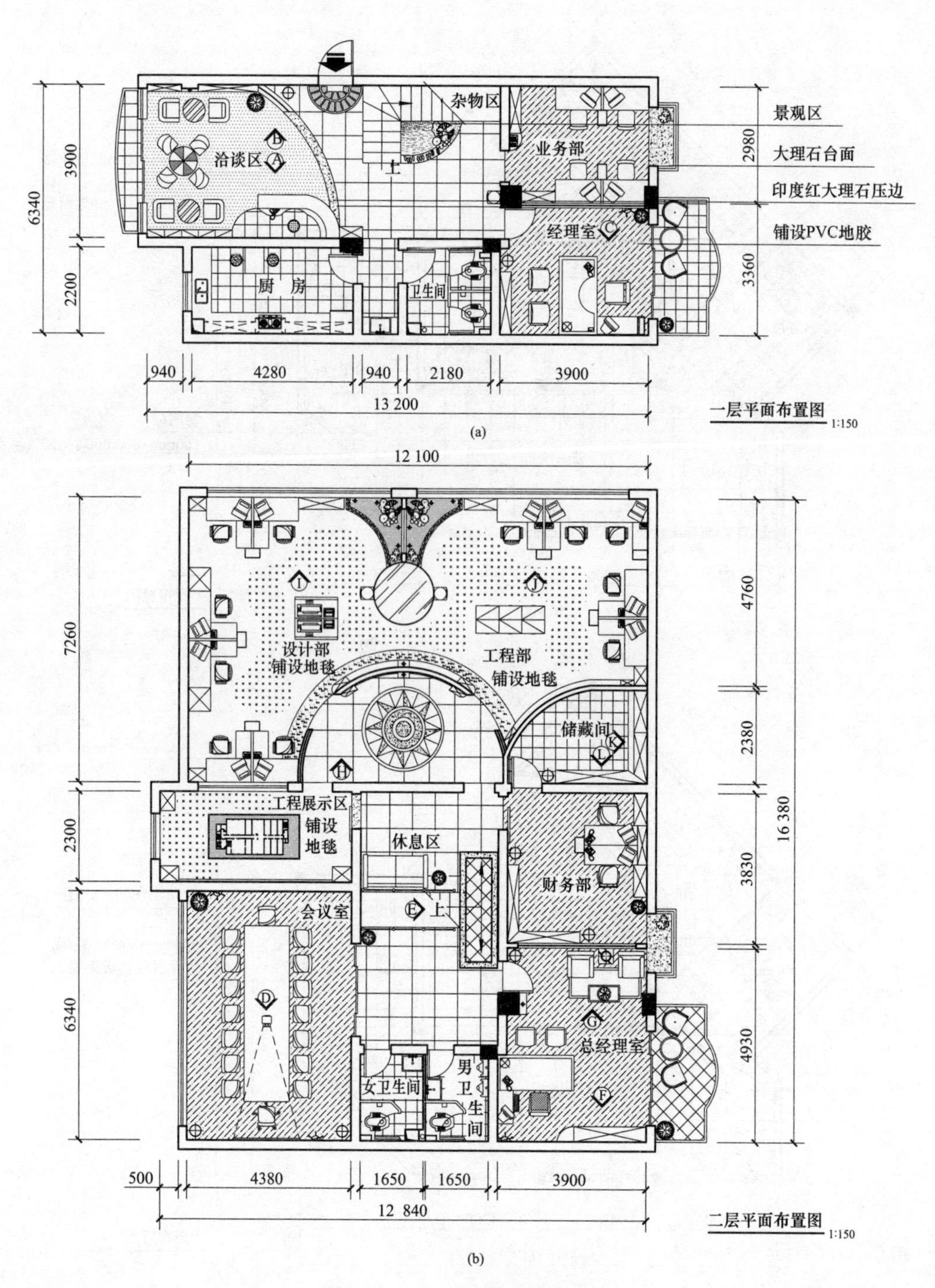

图 10-7 办公空间平面布置图

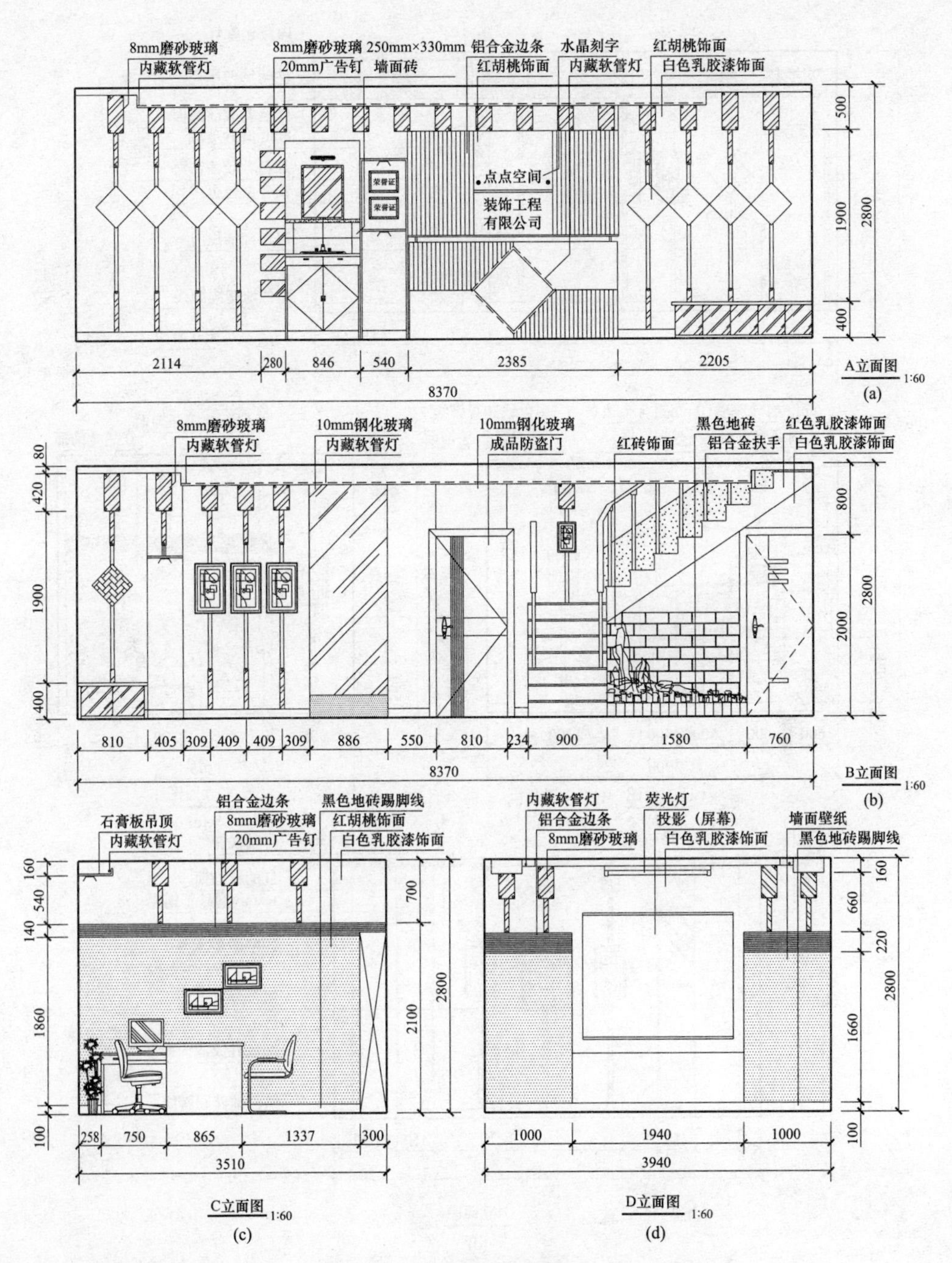

图 10-8　办公空间立面图（一）

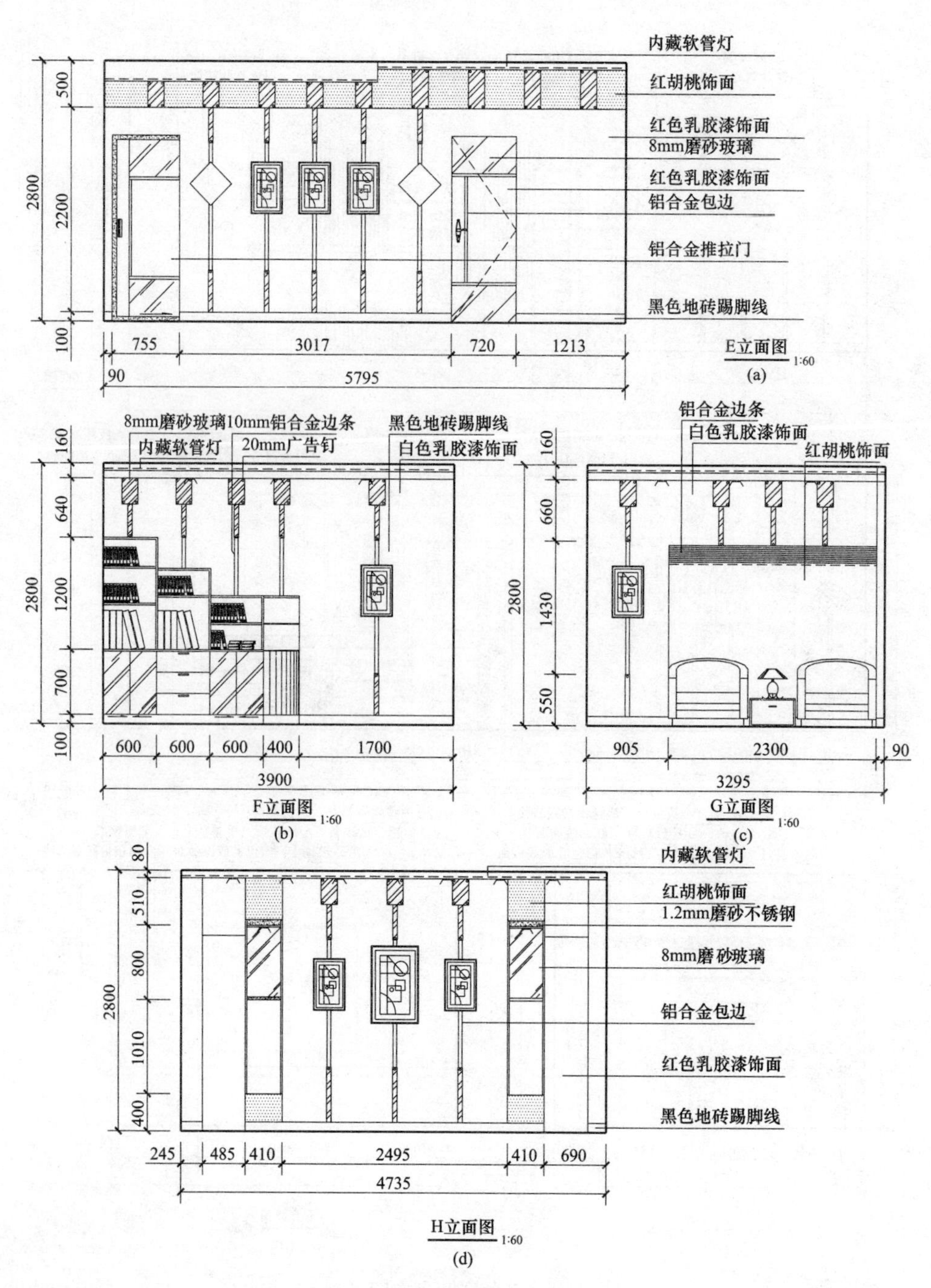

图 10-9　办公空间立面图（二）

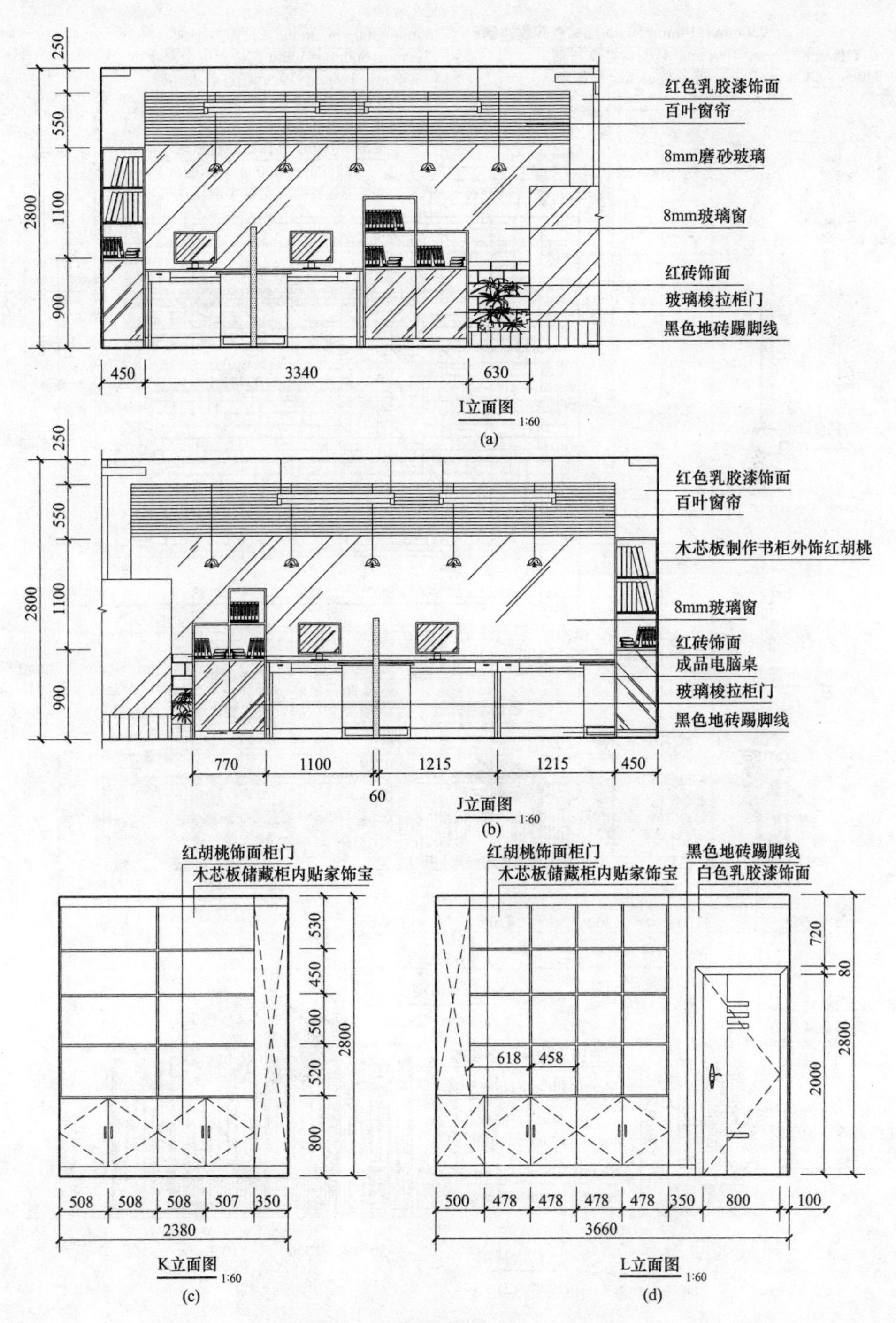

图 10-10 办公空间立面图（三）

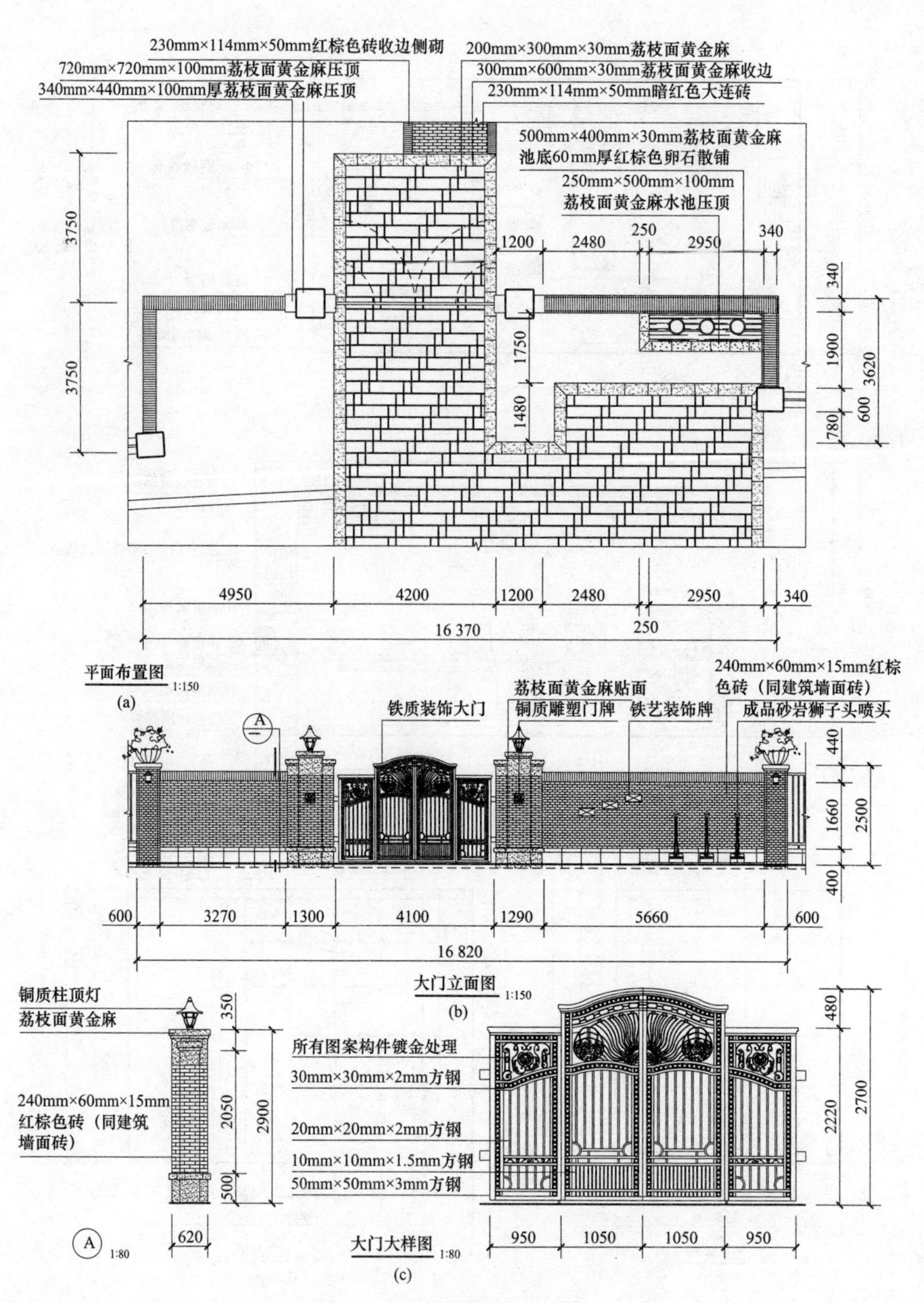

图 10-11　围墙景观设计详图

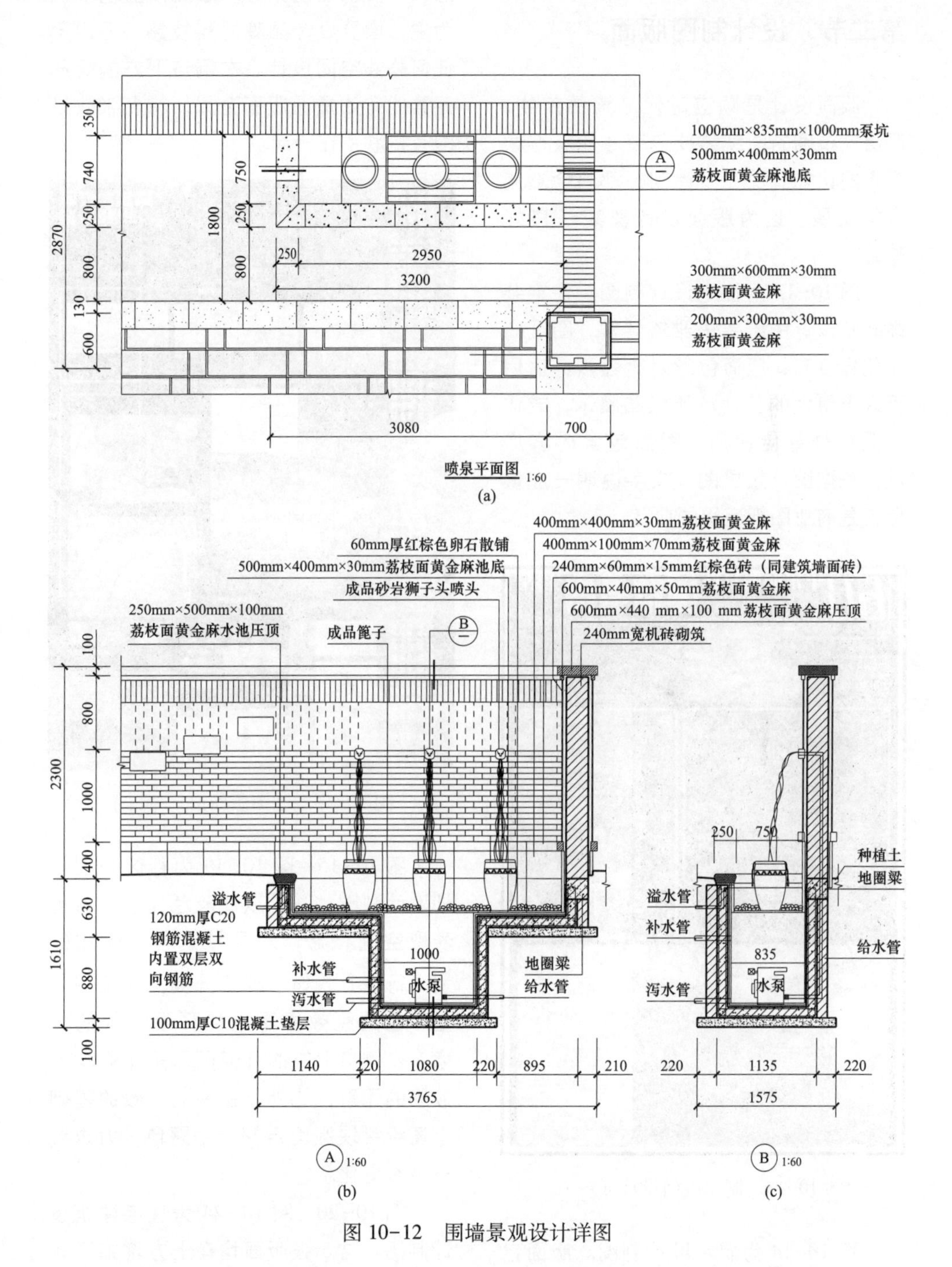

图 10-12　围墙景观设计详图

第二节　设计制图版面

版面设计是顺应时代潮流的产物，严谨、精确的图纸需要包装才能获得读图者的认知。现在设计制图都向全彩化方向发展，这为版面设计奠定了良好基础。

图 10-13 为住宅设计制图。住宅装饰装修设计图纸要求雅俗共赏，图纸商业化程度高，版面色彩对比强烈，适用于人流量大的公共场所张贴展示，或作为促销样宣传使用。图面包含内容广泛，线型图、效果图、文字说明一应俱全，是商业图纸运用的典范。

图 10-13　制图版面设计（一）

图 10-14 为展示设计制图。版面包含平面图、手绘效果图、计算机渲染效果图与摄影图片，目的在于传达设计创意和平面功能区划分。版面以蓝色基调为主，增显设计品牌的科技感，适用于任何公共空间设计。左侧与下方的矩形元素能有效贯通版面全局，将多张效果图有机联系在一起。

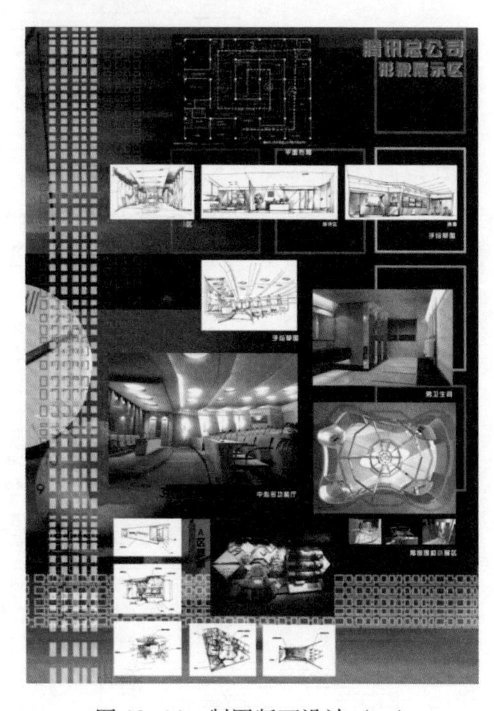

图 10-14　制图版面设计（二）

图 10-15～图 10-19 为社区公园规划设计制图。基调以浅灰色为主，着重表现空间概念，对区域功能、绿化配置、行走方式作了详细分类，并运用大量彩色透视效果图来诠释设计师的创意。左侧与下方的几何图形是版面均衡效果的元素，此外，在基调一致的基础上还给每块版面定制了主题色，力求统一中有变化。

图 10-20～图 10-24 为住宅建筑设计制图。这 5 张版面均在上方增加了题头装饰，给每个版面的内容作了归纳，如同标题一般醒目，既丰富了版面效

果，又辅助标题引出了版面传达的中心思想。设计作品从建筑的地理环境开始步入正题，分析功能空间，最后表现细节，逻辑思维清晰明朗，这一切都通过版面来划分、编排，方便读图者接受方案的核心内容。

图 10-25～图 10-27 为城市公园规划设计制图。设计构思引入我国传统装饰图案，在传统中求创新，版面色彩朴质。文字与图片相互穿插，利用直线迂回分隔，使主体内容有条不紊地传达给读图者。设计流程从整体到局部，从宏观到微观，逐层深入，引导读图者不由自主地展开联想。

图 10-28～图 10-30 为学校建筑设计制图。版面清新明快，与设计主题一致，白色是现代文明的主流，它能给设计带来无限思考空间。版面强调设计过程，经过严密分析后，追求设计中所获取的经验。建筑呈多角度、全方位展示，将线型图的表现效果发挥得淋漓尽致。

优秀的设计作品需要凭借敏锐的思维来不断发掘，收集并学习这些作品能快速提高个人设计能力和制图水平。

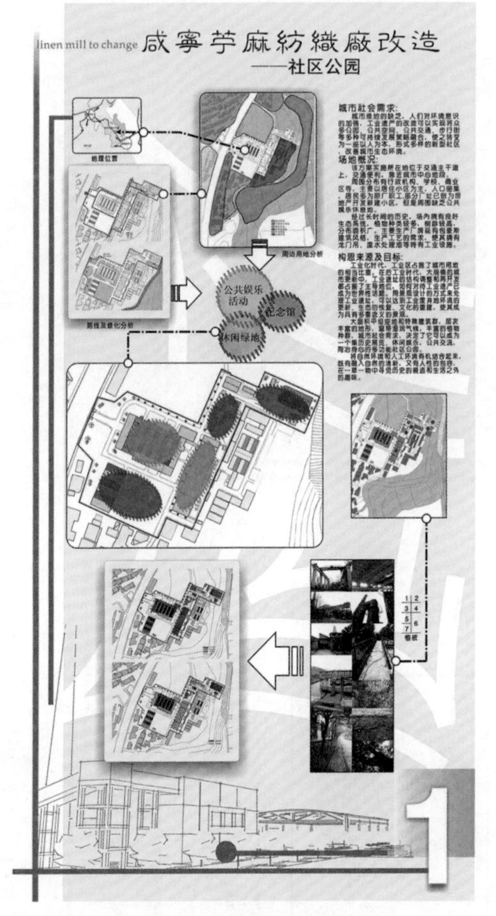

图 10-15　制图版面设计（三）

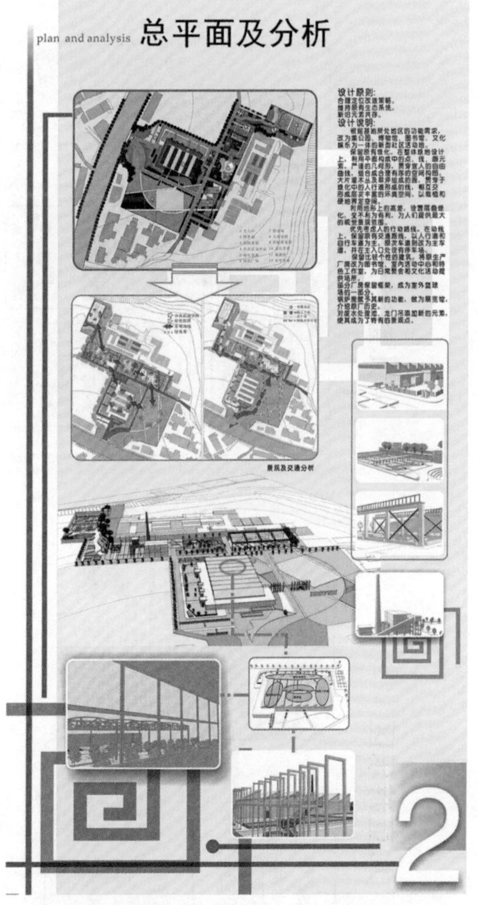

图 10-16　制图版面设计（四）

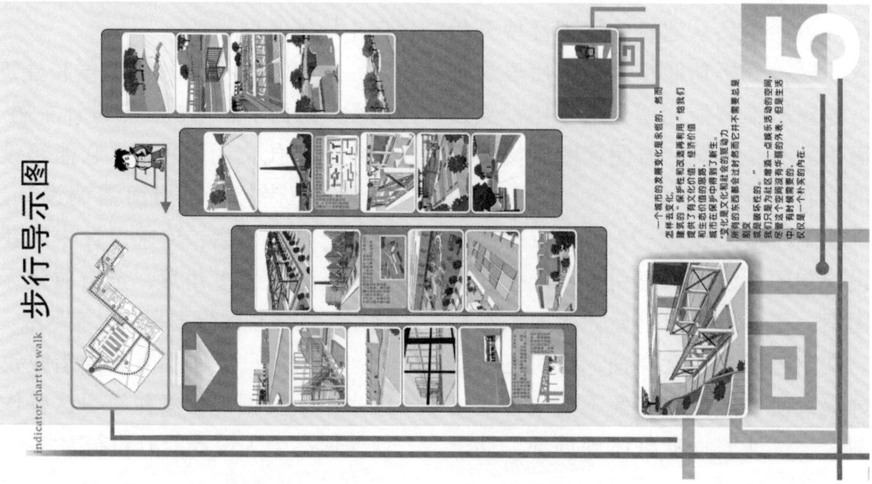

图 10-19　制图版面设计（七）

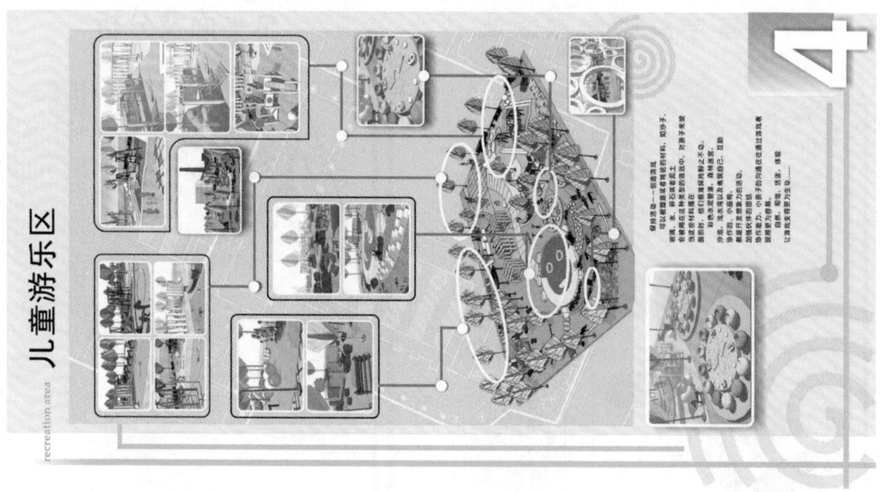

图 10-18　制图版面设计（六）

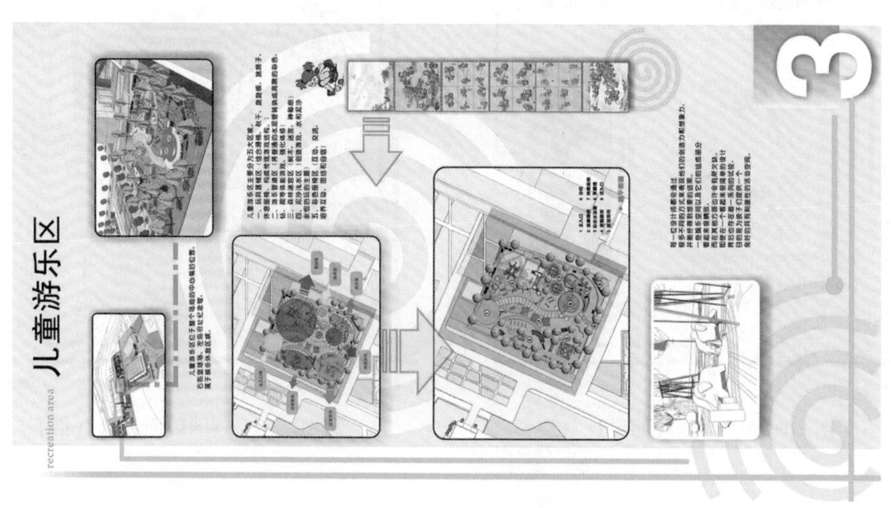

图 10-17　制图版面设计（五）

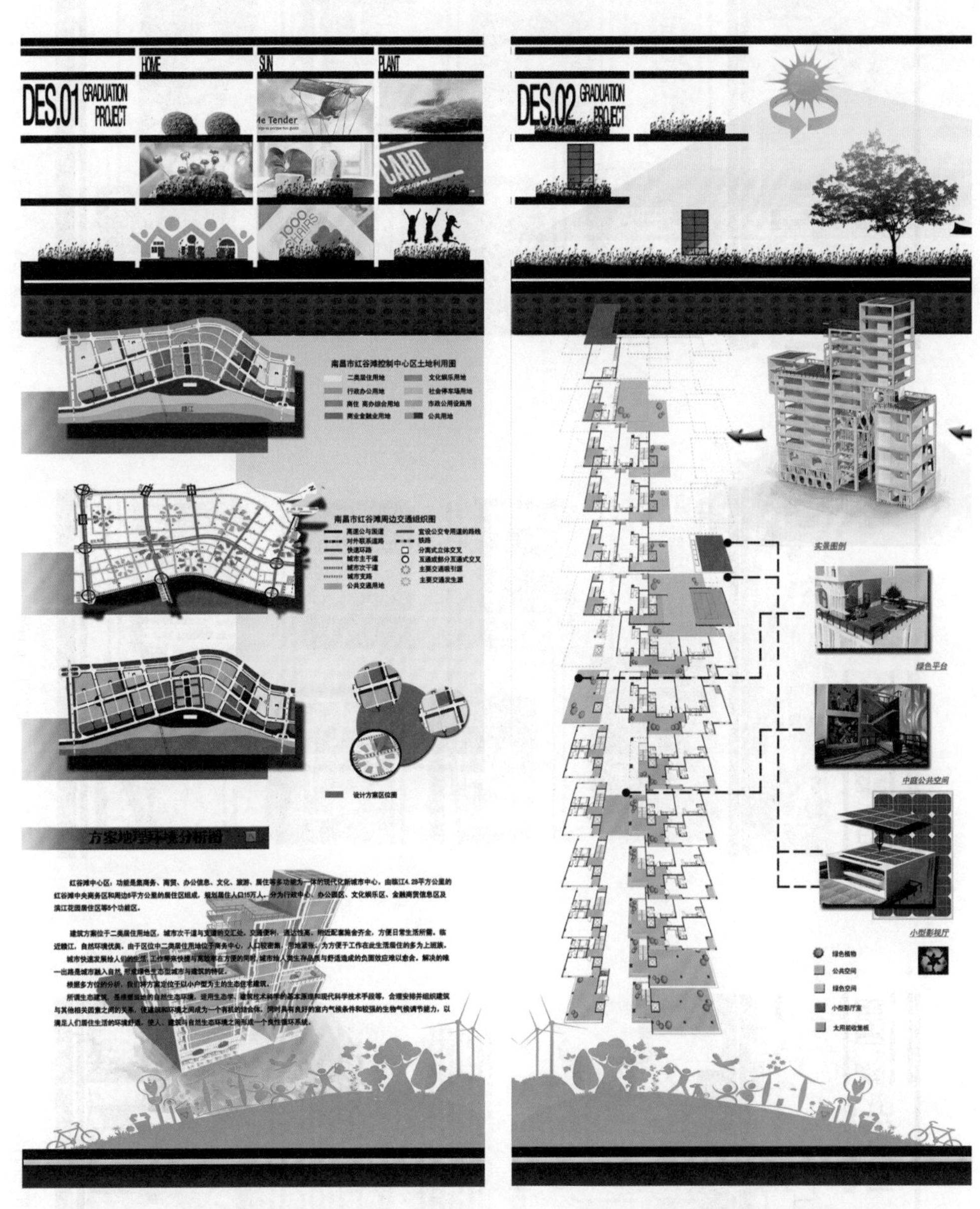

图 10-20 制图版面设计（八） 图 10-21 制图版面设计（九）

图 10-22　制图版面设计（十）

图 10-23　制图版面设计（十一）

图 10-24　制图版面设计（十二）

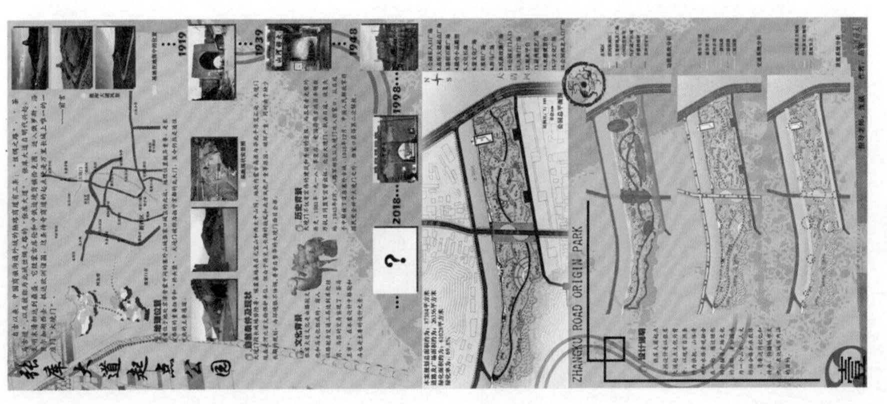

图 10-25　制图版面设计（十三）

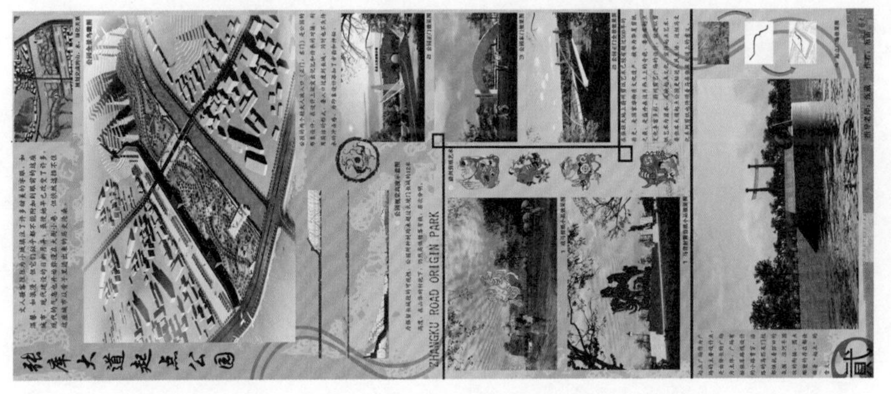

图 10-26　制图版面设计（十四）

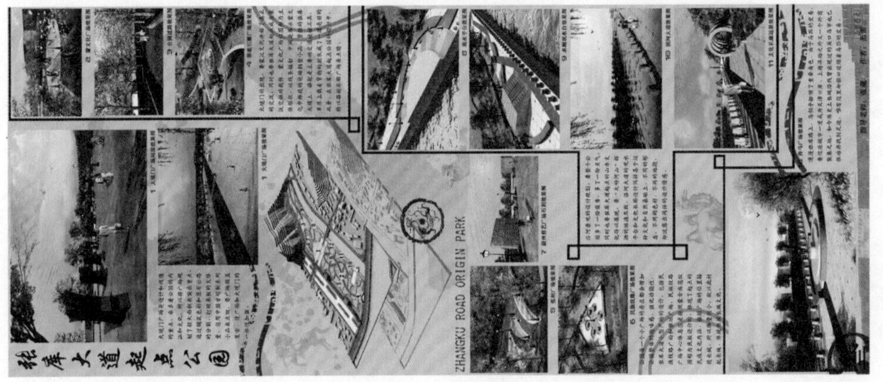

图 10-27　制图版面设计（十五）

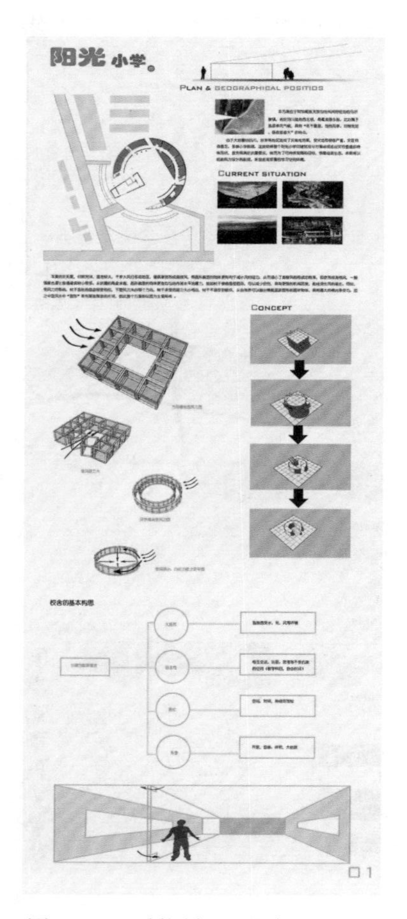

图 10–28　制图版面设计（十六）

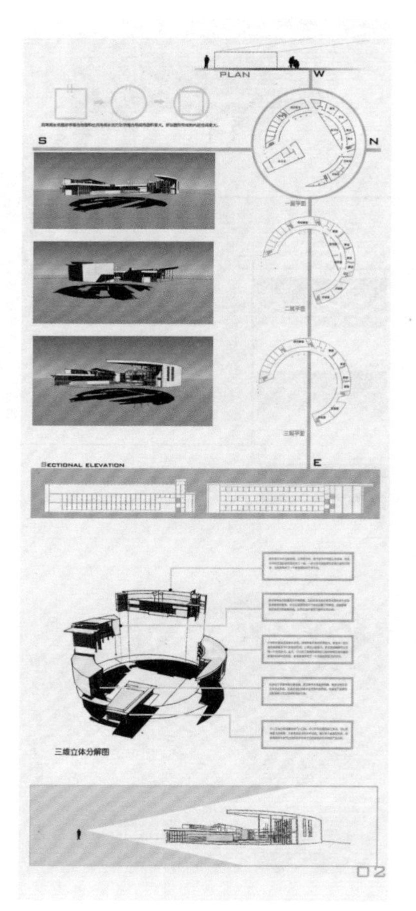

图 10–29　制图版面设计（十七）

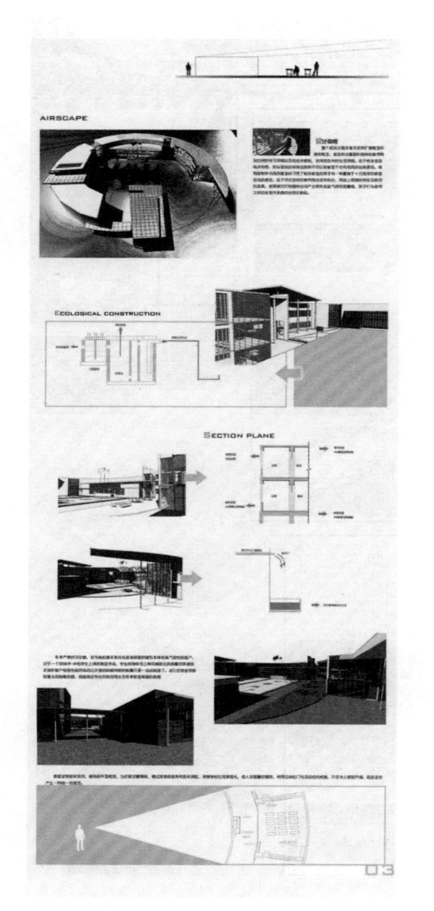

图 10–30　制图版面设计（十八）